水体污染控制与治理科技重大专项"十三五"成果系列丛书

U0383668

平原河网地区海绵城市建设技术研究与临港案例

张　辰　吕永鹏｜主编

上海市政工程设计研究总院（集团）有限公司｜组织编写

中国建筑工业出版社

图书在版编目（CIP）数据

平原河网地区海绵城市建设技术研究与临港案例 /
张辰，吕永鹏主编；上海市政工程设计研究总院（集团
）有限公司组织编写. — 北京：中国建筑工业出版社，
2022.4
（水体污染控制与治理科技重大专项"十三五"成果
系列丛书）
ISBN 978-7-112-27181-8

Ⅰ.①平… Ⅱ.①张…②吕…③上… Ⅲ.①城市规
划—研究—中国②城市—水污染防治—研究—中国 Ⅳ.
①TU984.2②X52

中国版本图书馆CIP数据核字（2022）第042914号

　　本书为"水体污染控制与治理科技重大专项'十三五'成果系列丛书"之一。本书内容主
要有：平原河网地区海绵城市建设需求与挑战、关键技术研究，上海临港海绵城市建设目标与
思路，水—陆—网耦合模型构建，海绵城市系统规划方案，海绵城市建设管控平台建设，海绵
城市建设保障措施探索，海绵城市建设典型案例，试点建设成效和经验启示，临港新片区系统
化全域推进展望。
　　本书可为海绵城市规划、设计相关技术人员提供技术指导，为政府和城市管理者提供决策
依据。

责任编辑：于　莉
版式设计：锋尚设计
责任校对：刘梦然

水体污染控制与治理科技重大专项"十三五"成果系列丛书

平原河网地区海绵城市建设技术研究与临港案例

张　辰　吕永鹏　主编
上海市政工程设计研究总院（集团）有限公司　组织编写
*
中国建筑工业出版社出版、发行（北京海淀三里河路9号）
各地新华书店、建筑书店经销
北京锋尚制版有限公司制版
临西县阅读时光印刷有限公司印刷
*
开本：787毫米×1092毫米　1/16　印张：21¾　字数：425千字
2022年4月第一版　　2022年4月第一次印刷
定价：**198.00** 元
ISBN 978-7-112-27181-8
（38806）

—————————— 编 委 会 ——————————

序

当前我国城镇化转型发展过程中，面临着生态环境、绿色低碳、安全韧性等众多需求，海绵城市建设理念是我国新时期城镇化发展转型的重要抓手。2015年以来，在国家有关部门的领导和指导下，在中央财政大力支持下，以试点引路，在全国不同地域选取了30个城市进行海绵城市建设试点。2016年4月，上海临港新城作为我国东部沿海、河网地区城镇化的典型代表，入选第二批国家海绵城市建设试点。

沿海、河网地区水网密度高，受到潮汐的作用，具有地下水位高、土壤渗透率低等水文特征。如何构建这类地区社会经济发展、城镇化建设与生态环境友好的和谐关系，因地制宜地探索此类地区海绵城市建设的发展模式，形成可复制、可推广的做法、经验和政策制度，正是上海临港新城海绵城市建设试点的关键所在。

临港试点区海绵城市建设领导小组提出"建成区问题解决、新建区规划管控、未利用区涵养保护"的总体建设思路，制定"一张蓝图干到底，景观海绵相协调，监测模型考效果，以湖定城法自然"的系统建设方案，采取"以水定城，四水共治，五个统筹"的模式有序推进试点工作。试点工作针对平原河网地区海绵城市建设需求与挑战，聚焦临港试点区海绵城市建设条件，分析其海绵城市建设需求，提出海绵城市建设目标和工作思路，开展了一系列的关键技术研究，构建水—陆—网耦合的水质水量数学模型，支撑汇水分区划分、后续规划方案优化和建设效果评估。根据临港试点区的特点，选取了老城区、新城区、物流园区、大学城等不同类型片区，以及以沪城环路海绵化改造为代表的平原河网地区开放空间滞蓄、行泄作为典型设计、建设案例，实现年径流总量控制率85%、年径流污染控制57%、排水能力从1年一遇提高到5年一遇的设计目标，为其他类似地区海绵城市建设提供案例样板。构建海绵城市建设监测体系和管控平台，对海绵城市从规划、设计、建设到运行实行闭环精细化管理，支撑实现试点区域海绵城市建设目标全面达标，年径流总量和径流污染控制80%以上，排水防涝能力达到5年一遇不积水、100年一遇不内涝，滴水湖水质稳定在Ⅲ类及以上地表水质标准。全面总结海绵城市建设"上海模式"，从组织机构、管理制度、规范标准、保障机制和宣传教育等方面，构建五位一体的保障措施，确保海绵城市建设长期有效。

上海临港新城海绵城市建设试点项目已入选联合国可持续城市发展案例，联合国南南合作办公室评价称"上海的实践为其他发展中国家提供了一个可以借鉴的成功案例"。《平原河网地区海绵城市建设技术研究与临港案例》一书系统总结了适用于东部沿海河网地区的海绵城市建设关键技术研究成果和上海三年海绵城市试点建设工作经验，可为平原河网地区海绵城市建设贡献"上海智慧"，亦为全国海绵城市建设和生态文明建设提供有益的经验。

中国城镇供水排水协会　会长

二〇二一年十一月于京华

前言

上海地处中国"江海之汇，南北之中"，因水而生、因水而兴。经历改革开放40多年快速发展，为建成卓越的全球城市和社会主义现代化国际大都市，不断迈进。面临城市发展转型、人口持续增长、环境资源约束等方面压力也日益凸显，亟须从城市发展模式上开辟新思路，运用新理念，打造人水和谐更可持续的韧性生态之城。

2007年8月，习近平同志视察临港作重要讲话："临港新城滴水湖可以做一个实践区的样板，应该有这样一种前瞻性，把它建成为一个生态的、非常合理的、非常美丽的、易于人居的一座新城。滴水湖就是新西湖，但要比西湖建得更好，一定要把它做成精品。"2013年12月，习近平总书记在中央城镇化工作会议上提出"建设自然积存、自然渗透、自然净化的海绵城市"，从生态文明高度为打造更可持续的韧性生态之城提供全新发展思路。上海抓住国家试点建设契机，开展平原河网地区海绵城市关键技术系列研究，以临港地区国家试点先行先试，以海绵城市理念打造人水和谐的现代化新城，发挥示范引领作用。经过三年多的试点建设，取得了积极成效，并带动全市海绵城市建设，城市水生态环境明显改善，居民满意度不断提升。2019年11月2日，习近平总书记在杨浦滨江实地察看了雨水花园项目和海绵城市建设工作。

为系统总结三年来上海海绵城市建设试点工作，为平原河网地区海绵城市建设贡献"上海智慧"，上海市政工程设计研究总院（集团）有限公司组织上海城市排水系统工程技术研究中心、上海市政工程设计科学研究所有限公司、长三角绿色建筑与韧性城市产业技术联合创新中心等单位联合编制了《平原河网地区海绵城市建设技术研究与临港案例》。本书共10章，内容包括平原河网地区海绵城市建设需求与挑战、关键技术研究，上海临港海绵城市建设目标与思路，水—陆—网耦合模型构建，海绵城市系统规划方案，海绵城市建设管控平台建设，海绵城市建设保障措施探索，海绵城市建设典型案例，试点建设成效和经验启示，临港新片区系统化全域推进展望，可为海绵城市规划、设计相关技术人员提供技术指导，为政府和城市管理者提供决策支持。

水体污染控制与治理科技重大专项海绵城市建设与黑臭水体治理技术集成与技术支撑平台课题（2017ZX07403001），构建了海绵城市建设适用技术体系，并应用于临港沪城环路海绵化改造、新芦苑海绵化改造（第10汇水分区）等典型案例，示范工程建成后，水生态环境质量得到提升，设施功能和景观效果充分融合，产生较好环境和社会效益，对城市内涝防治与水环境治理具有重要的意义与实践价值。此外，结合临港国家海绵城市建设试点区开展工程设施长期实施效能的评估和监测，构建海绵城市智慧管控平台，最终建成覆盖规划落地、建设实施、运行维护、效能评估全过程的海绵城市建设技术集成应用功能性平台，为海绵城市建设科学推进提供技术支撑和验证平台。

感谢住房和城乡建设部标准定额司、住房和城乡建设部城市建设司、上海市住房和城乡建设管理委员会、上海市水务局、上海市科学技术委员会、中国（上海）自由贸易试验区临港新片区管理委员会、中国城镇供水排水协会海绵城市建设专家委员会、中国工程建设标准化协会海绵城市建设工作委员会、上海临港新城投资建设有限公司、上海港城开发（集团）有限公司、上海临港南汇新城经济发展有限公司、上海临港现代物流经济发展有限公司、上海社会科学院、上海勘测设计研究院有限公司、华东师范大学、上海交通大学、上海市城市规划设计研究院、华东建筑设计研究院有限公司、上海绿化管理指导站、上海市水务规划设计研究院以及其他相关单位对本书编写的大力支持，感谢朱琳、郭烨、屈铭志、王坚伟等提供部分资料。感谢2019年上海市青年拔尖人才计划支持。由于时间仓促和作者水平有限，书中不足和疏漏之处在所难免，敬请同行和读者指正。

目录 _____

第3章 › 上海临港海绵城市建设目标与思路

第**6**章 ›　**海绵城市建设管控平台建设**

第**7**章 ›　**海绵城市建设保障措施探索**

第8章 ▸ 海绵城市建设典型案例

第9章 ▶ 试点建设成效和经验启示

第10章 › 临港新片区系统化全域推进展望

第1章

平原河网地区海绵城市
建设需求与挑战

城镇化是保持经济持续发展的强大引擎，是推动区域协调发展的有力支撑，也是促进社会全面进步的必然要求。然而，快速城镇化的同时，城市发展也面临巨大的环境与资源压力，外延增长式的城市发展模式已难以为继，《国家新型城镇化规划（2014—2020年）》明确提出，我国的城镇化必须进入以提升质量为主的转型发展新阶段。为此，必须坚持新型城镇化的发展道路，协调城镇化与环境资源保护之间的矛盾，才能实现可持续发展。党的十九大报告明确提出"坚持人与自然和谐共生。建设生态文明是中华民族永续发展的千年大计。必须树立和践行绿水青山就是金山银山的理念，坚持节约资源和保护环境的基本国策，像对待生命一样对待生态环境"。建设具有自然积存、自然渗透、自然净化功能的海绵城市是生态文明建设的重要内容，是实现城镇化和环境资源协调发展的重要体现，也是今后我国城市建设的重大任务。海绵城市建设是习近平生态文明思想在城市建设中的最佳实践，是适应新时代城市转型的新理念和新方式，是推进城市生态文明建设和绿色发展的重要抓手。习近平生态文明思想的核心理念是"坚持人与自然和谐共生"，海绵城市建设正是以这一核心理念为思想引领，在城市发展中，坚持以人为本、尊重自然、顺应自然、保护自然，围绕城市水生态文明建设，探索城市发展方式变革、治理体系创新与治理能力提升，构建人水和谐可持续发展的新格局。

平原河网地区多指我国东部河网最密集的地区，如长江三角洲和珠江三角洲。太湖流域是我国典型的平原河网地区，水利部根据太湖流域的河流水系、防洪除涝、地形地貌特征，将太湖流域划分为8个水资源三级分区（称为水利分区），包括太湖区、湖西区、浙西区、阳澄淀泖区、武澄锡虞区、杭嘉湖区、浦东区和浦西区，其中太湖区、湖西区及浙西区位于流域上游，其余位于流域下游。承载国家战略的国家级三大城市群——协同发展的京津冀、一体化发展的长三角以及粤港澳大湾区均有大面积的平原河网区。

1.1 › 平原河网地区海绵城市建设需求

传统城市建设模式引发了水灾害频现、水环境恶化等严重水问题，严重影响城市安全和人居环境。据住房和城乡建设部统计，2006～2017年，我国超62%的城市发生过严重内涝；截至2018年，40%的城市河道曾发生黑臭现象，径流污染是主要致因。作为中国城镇化快速发展的典型代表，平原河网地区的特征较为典型，主要表现为：河网众多，水系分割严重、水动力弱，雨后水灾害及水环境问题尤为严峻。以上海为例，分析说明平原河网地区海绵城市建设需求。

1.1.1 风暴潮洪多碰头内涝风险大

上海是国内最早建设现代雨水排水设施的城市之一，虽然市政排水系统的建设和管理在国内处于较领先地位，但与发达国家相比尚存在差距。至2019年，上海一般地区采用1年一遇、重要地区采用3~5年一遇排水标准，基本形成了外环线内以强排为主、其他地区以自排为主的排水格局。全市建成市政雨水管道总长度约12408km，合流管道总长度约1247km。全市市政泵排总流量约4305m³/s，其中雨水泵站286座，总流量约3487m³/s；合流泵站81座，总流量约818m³/s；调蓄池14座，总调蓄能力约13.16万m³，总服务面积约36.38km²。

据历史资料记载，2009年7~8月，上海遭遇了最大降雨强度超过100mm/h的大暴雨，造成全市7个区县共70多条段的马路最大积水深度达10~30cm，约3000户民居家中进水深度约5~10cm；祁连山路下立交和绥德路下立交因积水封闭。2012年8月8日，台风海葵在杨浦、虹口、普陀和闸北等四个区的总降雨量超过260mm，造成四个区共计400多条道路产生积水，轨交12号线沿线的22个下立交遭受不同程度淹水。2013年，上海市有172条道路积水时间超过1h，最长积水时间超过24h。

1.1.2 面源污染压力大及水质型缺水

在高速城市化建设过程中，上海面临水环境质量下降、老城区城市面源污染增加、河道水质堪忧、劣V类河段占比大等水环境方面问题。针对上述问题，上海市以河长制为抓手，深入推进水环境综合整治，以苏州河环境综合整治工程为引领，深入落实各项治理措施，包括河道轮疏、农村生活污水处理设施改造、住宅小区雨污混接改造、打通断头河、新建污水管网、设施截污纳管等。截至2019年，全市主要河流考核断面中劣V类断面占1.1%（比2018年下降了5.9个百分点），主要超标污染物为TP和氨氮，其平均浓度分别下降了35.1%和7.3%。

经调查，上海市中心城区的雨水泵站，每年汛期的放江总量为2.3亿m³，相当于62万m³污水处理厂全年满负荷运行水量。雨水泵站放江水质采样结果分析表明，非汛期放江水质污染物（TP和氨氮）浓度平均值大于汛期，两者均超过一级A排放标准和地表水V类标准。某监测站点的放江水质中TP非汛期平均值的峰值达到一级A排放标准的4倍，氨氮达到8倍，如图1-1所示。雨水泵站的放江污染已成为上海水环境污染的重要原因之一。

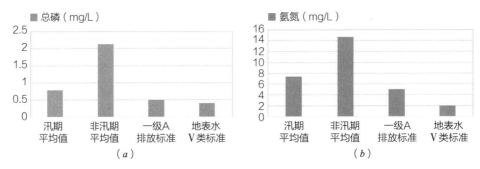

图1-1 上海市雨水泵站放江污染分析图

（a）TP；（b）氨氮

1.1.3 河湖海岸带生境破碎化

城市化过程带来社会、经济和物质文明的巨大提升，随之而来的问题也日渐凸显，人工建设的城市改变了原有的自然生态系统，也造成了自然环境的破坏。上海所在的长江三角洲城市群的快速崛起从根本上改变了区域原有的景观格局和地表结构，严重威胁区域的生物多样性。上海是长江三角洲最前缘典型的冲积平原，数千年来深受洪、潮之苦，为了城市安全及发展，兴塘筑堤、浚河置闸、开埠建港，城市河网水系发生了巨大的变化。据统计，到1950年，有记载的中心城区河道就消失了88条，总长度超过222km。到2003年，中心城区河道消失超过220条，总长度超过300km。在城市土地平整和河湖水系整治的过程中，生物生境遭到严重破坏，生物多样性也受到极大影响。近年来，随着生态文明理念的深入人心，越来越多的目光投向城市河湖水系生态系统持续、健康发展的方向上来，通过一系列工程举措和政策制度，保障人居环境的同时，积极修复水生态和生境，努力恢复生物多样性。

1.2 > 平原河网地区海绵城市建设的特殊条件

在城镇化快速发展的背景下，我国的平原河网地区普遍存在不透水下垫面比例高、河网密度高但水系割裂严重、水动力差等问题，同时，受自然地形、气候降水、土壤、地下水等多方面因素的影响，我国各地平原河网地区的海绵城市建设条件不同，下面以上海为例，详细说明各项限制条件。

1.2.1 不透水面积比例高

上海全市辖16区，南北长约120km，东西宽约100km，区域总面积为8368km²，行政区域面积6833km²。上海优越的地理区位和良好的自然条件，为土地利用提供了有利的自然基础。从滨海渔村到南宋咸淳三年（1267年）设立上海镇，1292年设立上海县，再到1927年正式设立上海市，上海土地开发利用有悠久的历史。中华人民共和国成立70多年来，上海积极开发土地及其他自然资源，使上海成为我国最大的经济中心城市和最大的工商业港口城市，工农业生产、城市建设和社会发展都取得了令人瞩目的成就。

目前，上海建设用地总规模接近规划限值，新增用地空间非常狭小。截至2017年，上海市建设用地总规模达3169km²，规划到2035年全市建设用地将控制在3200km²，仅有31km²的可新增建设用地，同时要求规划建设用地只减不增、生态用地只增不减。

与此同时，已有的土地利用结构不够合理，工业用地比重达27%，而公共设施和绿地的用地比例偏低，已建绿地占建设用地比例一般低于规划值。上海城市发展原主要采用传统城市建设模式，原有的绿地、水系等自然生态条件遭到破坏，城市遍布"钢筋混凝土"，不透水地面面积迅速增长，自然渗透地面减少，土地不透水面积比例高达70%甚至80%以上。

1.2.2 河网密度高

根据上海市水务局正式向社会发布的《2020上海市河道（湖泊）报告》，2020年，全市河湖面积共640.9310km²，河湖水面率10.11%，河网密度4.78km/km²。其中河道42237条，长28836.72km，面积513.0775km²；湖泊42个，面积74.0875km²；其他河道（指公园、绿地、小区或单位内自管的河道）5167条，长1473.11km，面积53.7660km²。

全市另有小微水体共计50902个，面积63.9880km²，主要包括面宽小于3m的灌排沟渠和公园、绿地、小区或单位等范围内面积小于1亩（约667m²）的水体。

1.2.3 地下水位高

上海市地势低平，地表水系发达，江、河、湖、海水位较高，地下水资源丰富，地下水位较高。上海地区有一个潜水含水层、五个承压含水层和一个基岩（岩溶—裂隙）含水层组。上海潜水可开采淡水资源有4亿m³/a，20世纪80年代由于工业发展，地下水开采量较大。近年来由于地面沉降严重，上海严格控制地下水开采，并进行人工回灌，以保证地下水位，防止地面沉降，各承压含水层地下水位总体上呈逐年上升的态势，上海市中心城区各承压含水层地下水位（以吴淞高程为基面）如图1-2所示。一般而言，地下潜水位受降雨、潮汐、人工排灌等影响稍有变化，上海市地下潜水位年平均埋深0.5~1.5m，且由于地势地平，自然潜水面平缓，水力坡度一般为万分之一，潜水径流条件差。

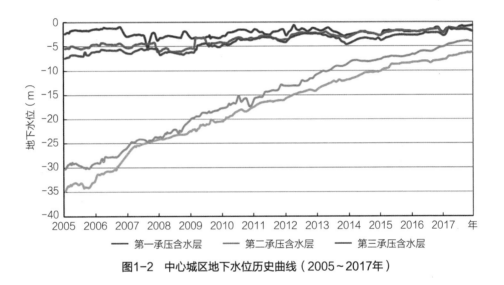

图1-2   中心城区地下水位历史曲线（2005~2017年）

1.2.4   土壤渗透率低

土壤是雨水渗滤系统中的重要组成部分，土壤入渗率可反映雨水渗滤能力的大小。上海地处长江三角洲前缘河口和杭州湾之间，除表层土壤或人工填土层外，自上而下依次为褐黄色黏土、灰色淤泥质粉质黏土、灰色淤泥质黏土、灰色黏性土、暗绿色黏性土和粉性土。

不同质地（粒径）的土壤对雨水的蓄渗能力不同，其稳定入渗率和平均稳定入渗率见表1-1。相关研究对上海市几类典型的城市绿地土壤剖面的研究结果表明：1）城市绿地土壤具有较混乱的土壤剖面结构与形态，土壤中人工粗骨质较多，包括建筑和家庭废弃物、碎砖块、木炭、煤渣、混凝土块、金属、陶瓷、骨头等，以及泥炭（堆肥混合物）与自然土壤的混合物，有些层甚至大部分由固体废弃物组成。2）城市绿地表土颜色深，有机质含量明显高于下层土壤和原状土，主要原因为城市绿地表层土壤都经过了一定的改良，城市绿地土壤入渗速率显著高于原状土。上海市目前主要采用山泥、泥炭和酸性栽培介质等作为绿地土壤改良材料，可改善土壤物理性质，增加土壤透水性。3）绿地土壤的土体构型比较复杂，城市绿地的土壤剖面大体上可以分为四类：第一类为表层改良土+混合土壤+建筑垃圾或渣砾层，此类土壤入渗速率较大；第二类为表层改良土+自然土壤（含少量侵入体），此类土壤稳定入渗速率低；第三类为表层改良土+自然土壤（含少量侵入体）+填埋土，此类土壤的入渗率相对第一类土壤来说要小一些；第四类是土壤水分限制层发生在表层，其下部存在较厚的建筑垃圾层，此类土壤入渗率极低。

不同质地土壤的渗透性能比较　　　　　　　　　　表1-1

土壤类型		稳定入渗率范围（mm/min）	平均稳定入渗率（mm/min）
砂土	砂土	12.4	—
	壤质砂土	1 ~ 2.57	1.07
壤土	砂质壤土	0.25 ~ 1.96	0.94
	砂质黏壤土	0.24 ~ 1.82	0.71
	黏质壤土	0.028 ~ 1.7	0.69
	粉砂壤土	0.22 ~ 1.1	0.52
黏土	壤质黏土	0.07 ~ 0.72	0.29

除了质地的不同，土地的不同用地类型和功能对土壤入渗速率的影响也很大。选取上海城市中心（1990年前建设）、近郊（1990~2000年建设）、远郊（2000~2010年之后）的代表城市不同开发进程的典型区域，并根据不同的用地类型和绿地服务功能，分别选择社区（黄浦瑞金社区、闵行莘城社区、松江方松社区）、公园、街道、广场、道路两旁、屋顶绿化、工业区、科教文卫、商务办公区等绿地中总计168个采样点（图1-3）进行土壤采样，测定土壤稳定入渗率。

研究结果（图1-4）表明，在上海现有绿地中，不同类型及功能绿地的土壤入渗速率存在较大差异，如文教和居住社区中的绿地由于受到人为活动的影响较小，其土壤入渗速率远大于其他功能绿地，但大部分绿地的土壤入渗速率都偏低，处于慢（1~5mm/h）和较慢（5~20mm/h）的级别。

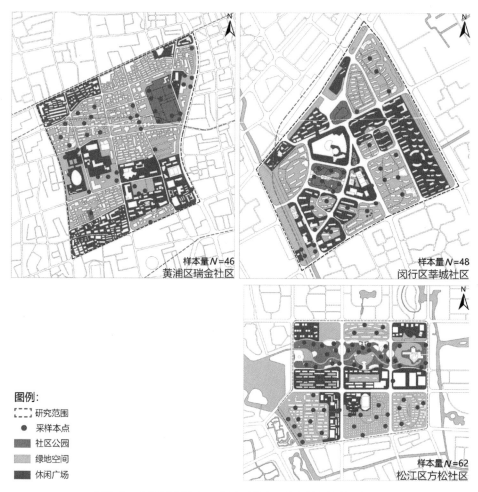

图1-3　上海城市社区及公园、道路、广场等绿地的采样点

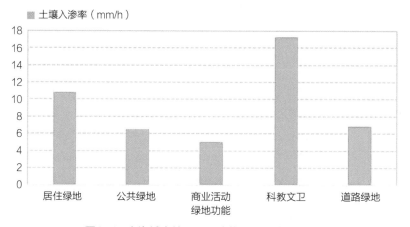

图1-4　上海城市社区不同功能绿地土壤入渗率比较

1.3 › 国内外研究启示

海绵城市建设涉及汇水区划分、非点源污染负荷评估、水质水动力模型构建等基础研究，低影响开发、排水防涝等技术研究，以及支持长期有效实施的政策法规制定等方面。国内外学者针对上述领域均已有探索，为平原河网地区海绵城市建设关键技术研究提供参考。

1.3.1　汇水区划分

平原河网地区产汇流机制复杂，水系纵横交错，同时受自然条件和城市建设的影响，为调控水系往往人为设置圩堤、泵闸等水工建筑物保障区域防洪除涝安全和提升水动力条件。平原河网受上游来水、过境客水和外江（海）水位等外部因素以及水工建筑物对水系的阻断、调控等内部因素影响。在划分汇水区时，平原河网地区需考虑的因素较山区更为复杂。山区的汇水区一般沿着地形图中的分水岭划分，通过流域出口控制断面的流量过程即可校验汇水区划分的准确性，而平原河网地区河道常分汊或呈网状，又受到人类活动的影响，很难通过断面流量监测划定汇水区。

目前，平原河网地区的汇水区划分方法大多单纯地基于数字高程模型（DEM），利用多流向算法、AGREE算法、DRLN算法或RIDEM模型、SWAT模型以及基于这些算法的各种改进措施，利用地形数据完成对平原河网地区汇水区边界的划分，但该方法易受地形和地物要素精度、算法的影响。

1.3.2　非点源污染负荷评估

20世纪90年代以来，发达国家已经基本对工业和生活污染源等点源进行了有效控制，非点源污染已成为水体污染的主要因素。

国内外已经开展了大量的非点源污染定量测算和模拟研究。最早起源于北美地区的输出系数法，主要是通过建立汇水区非点源污染负荷与土地利用或者降雨径流之间的数量关系，来定量测度汇水区非点源污染的简单模型。该方法经Johnes等学者的不断修正后，使其具有数据获取方式简单、所需参数少、结果精度较高等特征，目前该方法已经在全世界得到广泛应用，并已积累大量的输出系数数值。国内学者亦对输出系数法进行了有益改进，使其更符合国内各区域的实际情况。

与此同时，国外研究人员还开发了AGNPS、ANSWERS、GWLF、HSPF、SWAT、MUSIC、SWMM、WWHM等诸多非点源模拟模型，对非点源污染物的产生和污染物迁移全过程进行系统和综合模拟。近年来，这些著名的系统模型在国内得到了一定应用，某些关键参数也在各自研究区域内得到修正。

1.3.3 水质水动力数学模型

通过参数率定和模型验证，水质水动力数学模型能较为准确反应实际建设情况。利用模型分析找到关键问题，制定建设方案，在特定的降雨情境下评估各方案的实施效果，包括年径流总量控制率及年径流污染控制率的提升、管网排水能力的提升、水系除涝能力的提升以及城市整体内涝的缓解等。通过模型的运行计算来得到定性的趋势研判和定量的数据支撑，为城市排水、除涝、内涝防治、污染控制等方案制定提供更为准确、直观的参考。

为实现排水防涝、防灾决策和污染控制等目标，建模工作需涵盖城市排水管网系统及河道水系系统，模型需具备地表产汇流水文模型、一维管网及河网水力模型、二维地表漫流模型、水质模型及低影响开发（Low impact development，简称LID）模型等功能模块。

目前世界上知名的模型软件有美国EPA的SWMM（免费）、丹麦DHI的Mike、英国Wallingford的InfoWorks、美国Bentley的SewerGEMS以及我国自主开发或改进的模型（包含鸿业科技的HYSWMM模型、北京清控人居环境研究院有限公司的Digital Water模型等）。上述软件模型计算的原理相似，但在模型的参数设置方面稍有不同。以国内常用的SWMM模型为例，在水文产流模型计算时，需根据项目情况设置Horton入渗参数、总面积及不透水比例、透水区洼蓄量等；在管网模型中，需设置管道尺寸、坡降、水力粗糙系数等；在河网模型中，需设置河道断面、河床坡降、河床糙率及泵、闸、堰等参数；在低影响开发设施方面，需设置各类低影响开发LID设施的储蓄、渗透、蒸发等过程；在水质模型中，需设置各反应物降解速率、温度系数等。各地海绵城市建设的条件不一，地形地貌、水系分布、地下潜水水位、浅部底层土壤渗透性等都会对LID设施的选取和性能的发挥起决定性作用，模型参数的选择不可生搬硬套，需结合各地的实际情况和实践经验，经谨慎研究后才能得出。

1.3.4 低影响开发技术

发达国家在城镇化进程中，也曾出现过水体严重污染、内涝灾害频发、生态环境恶化等类似情况，这些国家通过实施雨水的综合管理，合理控制雨水径流，有效解决或缓解了上述问题。如美国在20世纪90年代初就提出了LID的理念，即通过分散的、小规模的源头控制来达到对暴雨所产生的径流和污染的控制，使开发地区尽量接近于自然的水文循环，其关键在于原位收集、自然净化、就地利用或回补地下水。LID从源头上对径流调控，通过入渗、过滤和蒸发等方式模拟自然水文条件，实现减少径流、降低污染负荷和保护受纳水体的目标，与城市生态建设有机结合，根本解决城市健康问题。

我国的海绵城市源于美国的"低影响开发""绿色基础设施"等理论和实践，但又不同于国外的概念，它的内涵更宽泛、更深入。我国在借鉴其他国家经验基础上，结合城镇化的特点，在城市建设和治水方面强调绿色、低影响开发和可持续发展等理念；推广低影响开发技术，采用源头削减、过程控制、末端处理的方法，降低雨水径流总量和径流峰值，减少对下游受纳水体的冲击；保护利用自然水系，保证透水地面比例，使土地开发时能最大限度地保持原有的自然水文特征和生态系统，通过工程措施和非工程措施，达到防治内涝灾害、控制面源污染、合理利用雨水资源的目的。

1.3.5　排水防涝技术

城市快速发展过程中，为了快速排除城市地表径流，城市雨水管渠系统应运而生。随着社会和经济的发展，为保障人民生命财产安全，城市排水防涝的重要性不断被提升到新的高度。

19世纪中期，在城市排水系统新建阶段，排水防涝系统的模式基本以沟渠的形式收集雨水后直接排放。随着工业和城市快速发展，原始的排水方式弊端逐渐显现，以英国为代表的国家开始大力发展城市排水系统，这个阶段的城市排水系统则采用直排式排水体制。随着水体被直排雨污水污染，其暴露的短板问题进一步凸显，甚至演变成大规模的公共安全事件。为应对这一系列问题，污水处理厂等污水系统随之诞生。20世纪70年代，雨水排水的"快排"理念逐渐向"全过程"转变，也说明了"尽快将雨水收集起来、输送转移"的传统模式已很难解决雨水径流带来的新问题，于是西方等发达国家将注意力放在了"源头控制"上，这也是当前雨水排水和海绵城市发展的新思路。

在排水防涝的做法上，国外也形成了一些特色的经验做法。在德国，广泛地采用人工湖、湿地等加强源头蓄水，减少地面产流；在广场、停车位等地使用透水铺装、加强城市下垫面的透水性；在城市地下空间修建大型蓄水池，在暴雨期间削减径流峰值，减轻市政管网的排水压力；对新建项目要求配备雨水处理系统，实现雨水零排放标准，否则将收取高额的市政排水费用；近年来又实行了"洼地—渗渠系统"，将排水管网和下凹式绿地连接，使下渗雨水储存在管网中并实现动态连通。德国模式提供了很好的"源头治理"的经验借鉴。在日本，为彻底解决内涝问题，政府耗巨资在东京修建了直径超10m的深隧和巨型蓄水池，并规定在新开发项目按每$1hm^2$土地修建$500m^3$的水池。该模式需要耗费大量的地下空间和资金投资，且需要在城市建设初期实施，城市建设完成后则很难再复制。

1.3.6　政策法规

国外对海绵城市建设的研究工作开展得较早，对相关制度及法规的建立也开展得较早。从总体的政策框架建立，到具体的激励机制、评估体系制定，都有较为成熟的经验。

1. 立法和政策框架

立法和政策框架的构建往往是从国家到地方自上而下多级展开的。以澳大利亚墨尔本市为例，该市的水敏城市设计（Water-Sensitive Urban Design，简称WSUD）立法与政策构建从澳大利亚联邦政府、维多利亚州政府和墨尔本市政府三个层级展开。三者在立法层级上存在由上至下、从宏观到微观的指导关系，构建了一套逐层细化的政策体系。

澳大利亚联邦政府层面主要从国家水倡议的角度，对各州的水系管理提出总体原则和管理目标，由澳大利亚国家水委员会负责推动。维多利亚州政府层面则是整合现有州政府所涉及的相关政策与法规，为地方政府的水敏城市设计提供立法与政策支持。墨尔本市政府主要以城市总体规划作为基础，搭建地方政策框架和行动纲要，通过编制墨尔本的总体城市流域规划，将可持续水管理目标进一步细化为水利目标、暴雨管理目标、代替水源目标、废水减排目标和地下水质目标，并制定相应的雨水管理策略及WSUD指南。

2. 工作小组建立

在政策框架确定后，如何确保政策的执行至关重要。以美国纽约市为例，纽约市政府在2010年《纽约绿色基础设施规划》发布后，迅速成立了一个跨专业跨部门的专项小组，并在市环境保护署设立专项办公室，负责推动包括LID设施在内的绿色基础设施建设，并先后推出相关资助计划、设计标准等。

3. 绩效评估体系

在建设效果评估方面，澳大利亚实施了水敏感城市建设绩效评估实践。目前已发展了两种水敏感城市评估指标体系（即水敏感城市指标和水敏感城市评分）。水敏感城市指标侧重于水敏感城市建设的综合性宏观评估，其理论依据是城市水管理转型、水敏感实践原则和水敏感成效等理论；而水敏感城市评分侧重于水敏感城市设计项目的微观评估，其理论依据是水敏感实践原则理论。

随着海绵城市理论的逐步形成，国内对政策建立及体制机制完善的讨论也逐渐展开，各地结合海绵城市试点也进行了探索。在机制制度方面，提出需建立将LID纳入建设项目规划、设计、审核、后评估等环节审批程序的管理机制，使其推广有法可依。此外，提出应成立由市政、建筑、园林、水利和环保等多部门、多专业领域专家组成的海绵城市规划建设咨询团队，并需要成立一个专门的工作领导小组，明确责任单位和责任人，将各行业有力地联系起来。在指标管控方面，提出将海绵城市建设和LID理念融入规范性文件，确定在推进海绵城市建设过程中以雨洪管控、削减污染为主要目标，规定新建、改建、扩建工程均应进行低影响开发技术的设计和建设，并增加降雨径流总量控制率目标的相关规定，强调新建区域应进行雨水综合调控规划和工程。在建设考核方面，建立海绵城市建设评价体系，严格按照海绵城市建设、雨水管理相关法律法规以及技术导则的详细内容进行评分，并制定相应的奖惩措施。

第2章

平原河网地区海绵城市建设关键技术研究

　　编者针对上海所在的平原河网地区不透水面积比例高、河网密度高、地下水位高、土壤渗透率低的"三高一低"特点开展了一系列海绵城市建设关键技术研究，摸索出一套适用的海绵城市关键技术，包括平原河网流域—子汇水区两级分区方法、基于地统计学模型的径流污染空间分布和污染负荷评估方法、平原河网地区海绵城市建设指标体系研究、上海海绵城市模型属地化参数研究、排水压差对排水防涝能力影响研究、海绵城市适用技术评估研究、源头海绵设施与绿色调蓄设施换算方法、自循环屋面蓝绿耦合雨水控制技术、适应"两高一低"的生物滞留设施技术、全再生骨料预制装配透水铺装技术、高地下水位的雨水浅层地下蓄渗技术、平原河网地区优化排水路径系统提标技术、延时调节雨水源头系统控制技术、雨后水质快速恢复的净水生态系统构建技术等，有效指导平原河网地区海绵城市规划、设计和建设。

2.1 > 平原河网流域—子汇水区两级分区方法

　　针对平原河网地区汇水区的特点，结合多年研究，编者提出了面向非点源污染调控的平原河网地区汇水区划分方法，即平原河网流域—子汇水区两级分区方法1.0版，在现有汇水区划分方法的基础上，综合考虑后续非点源污染调控和管理，以及各级行政区边界的影响。而后，进一步考虑水陆联动的关系，即陆地的建设会对水体汇流造成影响，同时水体的流态也会对陆地的建设形成反馈，进一步细化汇水分区，提出平原河网流域—子汇水区两级分区方法2.0版。

2.1.1　1.0版—面向非点源污染调控的平原河网汇水区划分方法

　　本方法是在经典的太湖流域模型基础上提出的。太湖流域模型将概化河网围成的封闭区域称为河网多边形，并提出了地表径流汇流机制的多边形算法，可为高程数据缺乏或精度不足的平原河网地区的产汇流计算奠定基础。然而，该模型比较适合于太湖流域此类大尺度的汇水区划分，应用于城市汇水区此类中小尺度的汇水区具有一定的局限性。

　　本研究基于平原河网地区特有的且已实施的水利分区/片管理体系，从空间尺度、汇流机制和调控强度3个维度开展，提出了面向非点源污染调控的平原河网地区城市汇水区四级划分体系。其中，一级汇水区从大尺度、高强度调控来体现研究区域与水利片的关系，重点关注重要外河，操作方法是在ArcGIS系统中，用研究区域图层裁切（Clip）水利片图层即可得到一级汇水区图层或者用交集操作（Intersect）来实现；二级汇水区从中尺度、中强度调控来体现功能分区和排水系统分布的关系，重点关注重要内河，操作方法是在一级汇水区的基础上，以排水系统和概化的部分重要河道所围成的闭合区域形成二级汇水区；三级汇水区从小尺度、低强度调控来体现小区域地形与汇水区出口的关系，重点关注小区域河流，操作方法是将二级汇水区、概化后重要河流及市政水利设施图合并得到三级汇水区；四级汇水区主要用于数据支持和微观机理阐释，重点关注末端小河流，操作方法是根据三级汇水区图层、监测点点位、汇水区出水口或雨水口分布特征、管网分布特征以及土地覆被情况，划分得到第四级汇水区。

以临港新城汇水区为例，在河网概化和市政水利设施勘察和规划的基础上，结合区域发展功能定位，划分了1个一级汇水区、13个二级汇水区、137个三级汇水区，结果如图2-1所示。二级汇水区与现有规划的功能分区基本一致，有利于后续调控策略的落实。

2.1.2　2.0版—平原河网子流域—汇水区两级分区技术

在1.0版划分方法的基础上，针对汇水区水陆不联动问题，基于多情景极小流速统计分析，耦合水陆空间、河网流态和开发强度，统筹分析地区水利分片、地形地貌特征、排水管网布局、河网分布、流态和开发建设时序等因素，基于具有城镇内涝防治系统模拟功能的二维水动力模型，首次提出平原河网子流域—汇水区两级分区技术。划分方法如下：1）构建具有城镇内涝防治系统模拟功能的二维水动力模型，并结合实测降雨、管道排口流量、河湖流量和水位等数据，开展参数率定和模型验证；2）采用通过参数率定和模型验证的模型，模拟不同典型降雨工况，获取区域内河网水体流态（包括流向和流量）；3）通过模拟区域整体流态分析，找到流速极小点（流速趋于0的点）；4）以流速极小点为边界，统计各出流点进入目标水体的水量（假定污染进到水里即混合均匀，因而污染量可以水量表示）占比；5）根据统计结果，划分汇水分区。

以临港试点区为例，根据典型降雨工况模拟，分析得到流速极小点，划分了11个汇水区（图2-2）。结合临港试点的雨量监测站监测数据，筛选118场降雨，计算各汇水区产流量Q_{1i}（$i=1\sim7$，下同），统计每场降雨下沿滴水湖布置的7个河道监测站监测到的进入滴水湖总流量Q_{2i}，计算经射河入湖水量百分比$\eta_i=Q_{2i}/Q_{1i}$，模型模拟结果与实际监测结果对比，汇水区精确度为85%～95%。

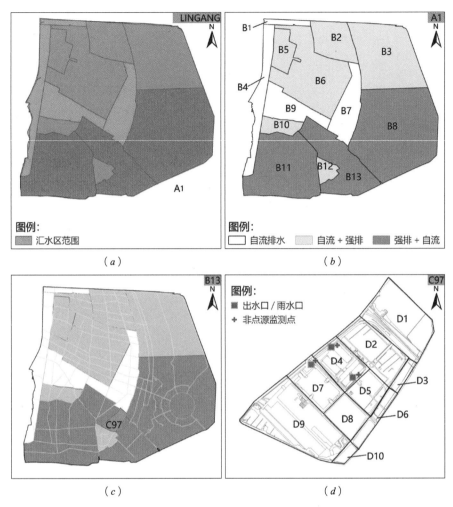

图2-1　面向非点源污染调控的平原河网地区城市汇水区四级划分结果

（a）一级汇水区；（b）二级汇水区；（c）三级汇水区；（d）四级汇水区

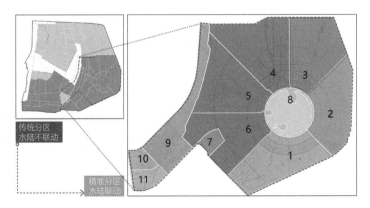

图2-2　临港试点区流域—子汇水区两级分区

2.2 › 基于地统计学模型的径流污染空间分布和污染负荷评估方法

由于地统计学模型在描述、模拟和预测环境因素的空间差异性所具有的优势，并在土壤学、生态学、环境污染等领域中成功应用；且用于评价降雨径流污染空间分布的最普遍的方法为污染输出系数法，其核心参数污染输出系数是典型的区域化变量，具有空间自相关性，因此，降雨径流污染特征分析符合地统计学的应用条件。

以上海市临港新城主城区为研究区域，研究提出基于地统计学模型的径流污染空间分布和污染负荷评估方法。首先确定区域内"有效不透水面"（effective impervious area，简称EIA），并将根据人为活动的空间关联性，将EIA分为屋面类EIA与道路广场类EIA，并对道路广场类EIA的面源污染输出系数进行微观分析；其次，采用地统计学模型对其进行空间模拟，并通过空间插值代替之前的均一赋值，分析其非点源污染的空间差异；最后准确定量其年污染负荷产生量。

1. 研究方法与技术路线

本研究以SMC（Site Mean Concentration，点位平均浓度）作为区域化变量，采用地统计学模型模拟SMC的空间差异性。将各监测点位的地理属性与SMC值输入GS+软件中；用GS+对SMC进行空间模拟，以决定系数（R2）值最大和残差平方和（RSS）值最小作为最优参数的筛选标准，选择最优半方差模型，得到最优参数，做出半方差图并进行分维数分析；将最优参数输入ArcGIS中，采用最常用的普通克里金法（Ordinary Kriging）进行最优化无差的空间插值，利用配对t检验（Paired t test）对空间差值结果与实测结果的进行精度检验，通过检验后对插值图进行裁剪与优化；根据插值结果，评价区域非点源污染空间差异性，通过插值图层栅格化计算临港新城一期工程区域的径流污染负荷，并得出适应性管理的启示。技术路线如图2-3所示。

2. 采样与分析

为避免雨水管网的沉积物对面源污染产生负荷的影响，本研究直接从雨水口处采集地表径流样品，采用自动雨水径流采样器NALGENE 1100-1000。所有水样采集后均立刻放入便携式采样箱冷藏保存（0～4℃），温度T、pH及电导率（EC）现场测定。样品运回实验室后，根据国家标准方法进行保存和分析测试。本研究主要关注物理因子T、pH、EC，化学因子COD_{Cr}、TP、氨氮、NO_3-N、

SS。降雨数据来源于研究区域内设置的自动雨量计RG3-M，其雨量分辨率为0.2mm。监测点位如图2-4所示。

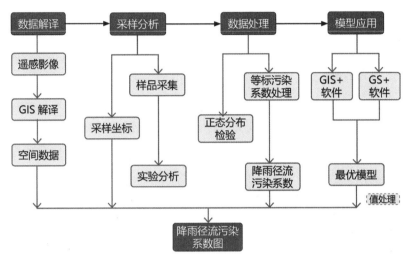

图2-3   地统计学模型的径流污染空间分布和污染负荷评估方法技术路线图

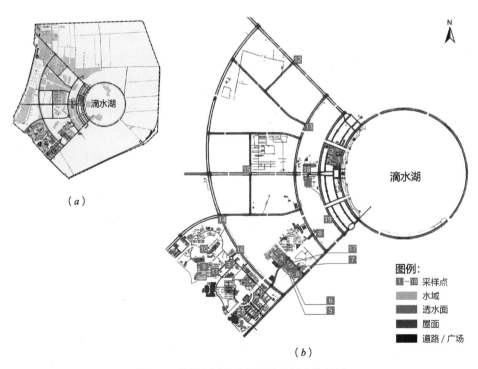

图2-4   临港新城的降雨径流监测点位总图

（a）临港二级集水区（主城区）；（b）采样点位置图

3. 地统计学模型构建与模拟分析

基于Pearson's rho相关系数分析各检测指标间的相关性分析，结果表明SS指标与COD、TP等呈现显著相关性。因此，本研究以SMC$_{SS}$为典型变量开展分析。利用半方差函数，对临港新城道路交通类EIA的SMC$_{SS}$的半方差值随步长变化的理论模型进行拟合，结果见表2-1。以残差平方和（RSS）最小和决定系数（R2）最大为最优模型的筛选标准，最终确定SMC$_{SS}$在空间模拟的最优模型为高斯模型。

临港径流SMC$_{SS}$的全方位的半方差模型及其参数　　表2-1

模型类别	块金效应 C0	基台值 C0+C	空间结构比率C0/（C0+C）	步长（m）	变程（m）	决定系数 R2	残差平方和 RSS
线性模型（Linear）	0.301	2.322	0.129	161	2333	0.517	5.15
球形模型（Spherical）	0.293	3.391	0.086	161	5110	0.506	5.36
指数模型（Exponential）	0.280	3.570	0.078	161	8568	0.481	5.56
高斯模型（Gaussian）	0.610	4.230	0.144	161	4817	0.543	4.87

将上述在GS+7软件中拟合的最优理论半方差模型及其参数，代入ArcGIS进行Ordinary Kriging空间插值分析，绘制临港新城道路广场类EIA的SMC$_{SS}$空间分布图，如图2-5所示。

插值结果直观显示在空间上，临港新城地表径流SMC$_{SS}$表现出显著的空间差异性，一方面，北部高于南部，这是由于在临港新城一期工程开发过程中，南部基础设施建设较北部完善，北部诸多地域均处于开发建设过程中；另一方面建筑过程的建筑垃圾，车流交通过程中带来的轮胎磨损颗粒、筑路材料磨损颗粒、运输物品的泄露以及其他人为活动，成为东部区域径流中SS的重要来源。

4. 径流污染总量核算

通过将地统计学模拟的空间矢量数据栅格化后，并按照道路广场类EIA与屋面类EIA进行分别计算，结果见表2-2。其中将经插值获取的SMC$_{SS}$带入公式计算得临港新城一期道路广场类EIA的SS年污染负荷为986.75t；采用经验系数模型计算屋面类EIA的SS年污染负荷为26.44kg，临港一期区域的SS的年产生负荷为1013.19t，其中道路交通类EIA的贡献率占据了97.39%。从整个临港新城一期工程区域考虑，一期区域占地22km^2，SS的整体平均输出系数为46.05g/（a·m^2）。

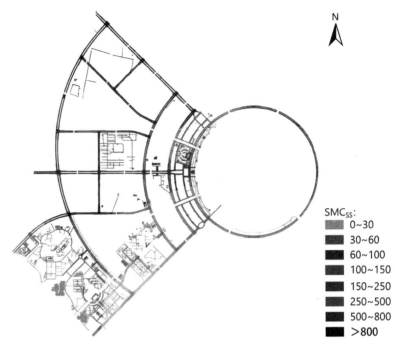

SMC$_{SS}$:
- 0~30
- 30~60
- 60~100
- 100~150
- 150~250
- 250~500
- 500~800
- >800

图2-5　利用普通克立格方法插值获得的临港新城地表径流SMC$_{SS}$分布图

临港新城主城区非点源SS的产生负荷　　　　　表2-2

EIA类型	面积（m²）	SS输出系数[g/（a·m²）]	L$_{SS}$（t/a）	贡献率（%）
道路交通类	5581446	24~1310（176.8）*	986.75	97.39
屋面类	1321878	20	26.44	2.61
合计	6903324	—	1013.19	100

* 括号内为均值。

2.3 › 平原河网地区海绵城市建设指标体系研究

　　合理分解雨水管控指标是区域海绵城市建设顶层设计的关键任务之一，也是海绵城市专项规划的工作难点和实用之处。平原河网地区由于开发建设较早，建成区占比较高，且河道密度高，若仅将年径流总量控制率分解至建筑与小区、公园与绿地、道路与广场，易造成指标过高且不易落实等问题。

　　为落实上位规划提出的年径流总量控制率75%、年径流污染控制率55%的预期性指标，在《海绵城市建设技术指南——低影响开发雨水系统构建（试行）》相关原则的基础上，通过研究，按照"规划引领、城乡一体、刚性约束、分类指导"的基本原则，因地制宜提出了适用于平原河网地区海绵城市建设指标体系。规划引领，是指统筹协调建筑与小区系统、绿地系统、道路与广场系统和水务系统等多系统，建立一套海绵城市建设指标体系。城乡一体是指根据本市新型城镇化建设的需要，分为新建和改建两类区域（项目）。刚性约束是指将指标体系分为约束性指标、鼓励性指标和技术性指标三种指标，其中约束性指标包括年径流总量控制率、年径流污染控制率、绿地占建设用地比例或绿地率、河面率四项一级指标，还包括透水铺装率、绿色屋顶率和下凹式绿地率等二级指标。分类指导是指分别对区域系统、建筑与小区系统、绿地系统、道路与广场系统和水务系统五大系统进行指导。区域系统和四大系统的指标体系见表2-3。

上海市年径流总量控制区域系统指标

表2-3

指标类别	一级指标	二级指标	新建	改建
约束性指标	年径流总量控制率	建筑与小区系统削减占比	35%～40%	30%～35%
		公园与绿地系统削减占比	25%～30%	15%～25%
		道路与广场系统削减占比	12%～15%	10%～12%
		河道与雨水系统削减占比	28%～15%	45%～28%

1. 建筑与小区系统

建筑与小区系统根据用地性质不同，分别按照住宅、公建和工业仓储进行规定。有鼓励性指标1项，为雨水资源利用率；并有集中绿地率、绿色屋顶率、透水铺装率、单位硬化面积蓄水量、下凹式绿地率和水体生态化等6项二级指标，见表2-4。

建筑与小区的技术性指标有：

（1）屋顶绿化持水层厚度，应大于或等于5cm。

（2）地下空间上方的绿地，应符合下列要求：

1）覆土厚度应满足绿化种植要求且大于或等于1.5m。

2）地下空间顶板为反梁构造的，反梁深度不计入有效覆土厚度，或采取有效的专用节点。

（3）建筑与小区竖向设计，应符合下列要求：

1）新建场地坡度，建筑入口大于或等于1%；硬地广场大于或等于0.5%；绿地大于或等于2%；小区道路大于或等于0.5%。

2）改建区域应对现有积水点进行改造。

（4）硬地雨水排放和生态雨水设施有效衔接，应符合下列要求：

1）传统雨水管道替代，以渗管、生态草沟等技术措施替代传统的雨水管道。

建筑与小区系统指标　　　　　　　　　　表2-4

指标类别	序号	指标名称	新建			改建（历史建筑保护改造除外）		
			住宅	公建	工业仓储⑦	住宅	公建	工业仓储⑦
约束性指标	1	集中绿地率	≥10%			—		
	2	绿色屋顶率①	—	≥30%		—	≥30%	
	3	透水铺装率②	≥70%			—	≥70%	
	4	单位硬化面积蓄水量③	250m³/hm²硬化面积			—		
鼓励性指标	1	集中绿地率	—			≥10%		
	2	下凹式绿地率④	≥10%			—		
	3	水体生态化⑤	是			—		
	4	绿色屋顶率	≥30%	—	≥30%	—		≥30%
	5	雨水资源利用率（建筑与小区）⑥	≥2%	—		—	≥2%	

①绿色屋顶率指屋顶绿化面积占宜建屋顶绿化的屋顶面积的比例。宜建屋顶绿化的屋顶是指建筑高度50m以下的混凝土平屋面，同时应结合屋顶平面布置，综合考虑比例、尺度、面积等指标。

②透水铺装率指透水铺装面积与公共地面停车场、人行道、步行街、自行车道和休闲广场、室外庭院等硬地面积的比例。

③单位硬化面积蓄水量指标在硬化面积达1hm²及以上的新建项目中适用；蓄水量应根据计算确定，如不具备计算资料，可按指标执行。

④下凹式绿地指具有一定下凹深度和调蓄容积的雨水花园、植草沟、生物滞留设施、湿塘等。下凹式绿地率指下凹式绿地建设面积占绿地总面积的比例。

⑤水体生态化包括小区原有自然水体保持和人工水体的生态处理；其中人工水体仅适用于单个水量大于5000m³的情况。

⑥雨水资源利用率（建筑与小区）指建筑与小区内年雨水利用总量占年降雨量的比例。

⑦危险废物和化学品的储存和处置地点、污染严重的重工业场地等工业园区，为避免径流污染地下水，严禁采用具有渗透功能的设施，因此下凹式绿地率、透水铺装率指标不作规定。

2）屋面雨水排水断接，以散水、水簸箕等形式，将屋面雨水的排放与生态雨水设施有效衔接，减少屋面雨水径流直接排入雨水管道。

2. 绿地系统

绿地系统有约束性指标2项，为建成区绿地率和年径流污染控制率；鼓励性指标1项，为雨水资源利用率；并有居住区绿地率、保障房绿地率、公共建筑绿地率、重要功能区绿地率、工业园区绿地率、下凹式绿地率、绿色屋顶率、透水铺装率等8项二级指标，见表2-5。

绿地系统的技术性指标有：

（1）地下空间开发面积控制，应符合下列要求：

绿地系统指标

表2-5

指标类别	序号	一级指标	二级指标	新建	改建
约束性指标	1		建成区绿地率①	≥34%	不低于现状
	1-1		居住区绿地率	≥35%	≥25%
	1-2		保障房绿地率	≥25%	
	1-3	—	公共建筑绿地率	≥35%	—
	1-4		重要功能区绿地率	25%~30%	
	1-5		工业园区绿地率	≥20%	
	2		下凹式绿地率②	≥10%	≥7%
	3		绿色屋顶率③	≥50%	
	4		透水铺装率④	≥50%	≥30%
	5		年径流污染控制率	≥47%	≥20%
鼓励性指标	1		雨水资源利用率（绿地）⑤	≥10%	≥5%

①建成区绿地率指在城市建成区的各类绿地面积占建成区面积的比例。改建区域（项目）中绿地率不应低于现状值。
②同表2-4④。
③同表2-4①。
④透水铺装率指绿地系统内硬质区域采用透水铺装的面积占绿地总面积的比例。
⑤雨水资源利用率（绿地）指绿地系统年雨水利用总量占绿地区域年径流总量的比例。

1）新建公园绿地面积小于或等于0.3hm²的，禁止地下空间商业开发。

2）新建公园绿地面积超过0.3hm²的，地下空间开发面积不得大于绿地总面积的30%，原则上用于建设公共停车场等项目。

（2）有地下空间的绿地，应符合下列要求：

1）绿化种植的地下空间顶板上标高应当低于地块周边道路地坪最低点标高1.0m以下。

2）地下空间顶板上覆土厚度应满足绿化种植要求，且应大于或等于1.5m。

3. 道路与广场系统

道路与广场系统分为道路系统和停车场广场系统。道路系统有约束性指标2项，为绿地率（道路红线内）和人行道透水铺装率；鼓励性指标2项，为专用非机动车道透水铺装率和步行街透水铺装率，见表2-6。

停车场广场系统有停车场透水铺装率和广场透水铺装率等2项指标，均为约束性指标，见表2-7。

指标类别	序号	指标名称	新建	改建
约束性指标	1	绿地率（道路红线内）①	≥15%（主干道≥20%）	—
	2	人行道透水铺装率	≥50%	≥30%
鼓励性指标	1	专用非机动车道透水铺装率	≥40%	≥20%
	2	步行街透水铺装率	≥70%	≥50%

道路系统指标　　　　　　表2-6

①绿地率（道路红线内）指道路红线内绿地面积占道路总面积的比例。

停车场广场系统指标　　　　　　表2-7

指标类别	序号	指标名称	新建	改建
约束性指标	1	停车场透水铺装率	≥70%	≥50%
	2	广场透水铺装率	≥70%	≥50%

道路与广场系统技术指标有：

（1）连通孔隙率：透水路面中相互连通并与外部空气相连通的空隙的体积占全部透水路面体积的比例；应大于或等于10%。

（2）面层透水系数：表征透水路面透水性能的指标；应大于或等于0.1mm/s。

4. 水务系统

水务系统有约束性指标1项，为河湖水系生态防护比例；鼓励性指标1项，为雨污混接改造率（市政），见表2-8。

水务系统指标　　　　　　表2-8

指标类别	指标名称	新建	改建
约束性指标	河湖水系生态防护比例①	≥75%	
鼓励性指标	雨污混接改造率（市政）	—	≥90%

①河湖水系生态防护比例指生态堤岸长度与堤岸总长度的比例。

2.4 〉上海海绵城市模型属地化参数研究

根据《海绵城市建设评价标准》GB/T 51345—2018，建成区范围内的海绵源头减排项目、排水分区及建成区整体的海绵效应均应结合模型开展评价，具体评价指标包括排水分区的年径流总量控制率、源头减排项目的径流峰值控制、内涝防治和年溢流体积控制率。模型的模拟结果与其中参数设定有直接关系，而上海缺乏属地化的模型参数。

　　针对上海"三高一低"的特点，以临港试点区为研究对象，结合实际建设情况，基于InfoWorks ICM水力模型，建立了海绵城市综合水质水量模型，包括河道—管网—二维地面漫流模型以及源头LID模型，如图2-6和图2-7所示。建模过程详见第4章。

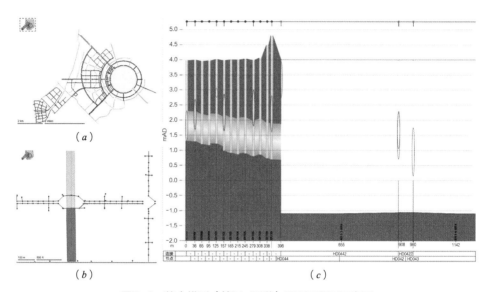

图2-6　整合模型（管网+河道）平面及断面示意图

（a）管网+河网综合模型图；（b）局部管道与河道交汇处模型图；（c）秋涟河纵断面模型图

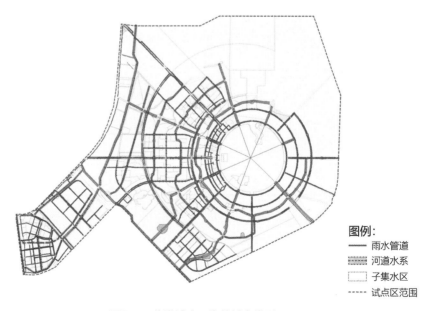

图2-7　临港试点区海绵城市模型

结合临港试点区海绵城市建设管控平台的在线监测数据，选择典型场次降雨及相应的河道水位、管道流量、典型项目及海绵设施的流量和SS水质数据，对数学模型开展LID、水文、水力和水质参数率定和模型验证，提出上海海绵城市数学模型属地化高敏参数，见表2-9。参数率定和模型验证过程详见第4章。

上海海绵城市数学模型属地化高敏参数　　　　　　　　　表2-9

分类	高敏参数		初设值	率定值
LID参数	土壤层的导水率		100mm/h	150mm/h
水文参数	径流参数	不透水表面　固定径流系数	0.9	0.95
		透水表面—Horton渗透模型　土壤初渗率	125mm/h	95mm/h
		稳渗率	6.3mm/h	3.5mm/h
		衰减率	2 1/h	2 1/h
	汇流参数	曼宁n值	不透水表面0.013 透水表面0.1	不透水表面0.013 透水表面0.1
水力参数	管道糙率（曼宁n值）		0.013	0.018
	河道糙率（曼宁n值）		0.025 ~ 0.035	0.035
水质参数	PS累积参数 [kg/（hm² · d）]		道路：65 居民区/文教/办公区：25 草地/公园：6 物流仓储：35	道路：80 居民区/文教/办公区：60 草地/公园：40 物流仓储：70
	C1（冲刷参数）		100000000	90000000

2.5 › 排水压差对排水防涝能力影响研究

由于平原河网地区多地势低平、河网密布，各地块降雨径流经管道收集后大多就近自排入河，雨水管道路径短、数量多、分布广，雨水排放口多位于河道常水位以下，以淹没出流为主。自排系统淹没出流情况下，排水压差可显著影响系统排水能力。

排水压差控制可通过控制地面高程和控制河道水位实现。具体措施可分为两方面：一是控制地面高程，主要针对待开发和改造地区，在开发建设的过程中，根据专业规划要求，提高地面高程；二是控制河道水位，通过区域水面积和配套除涝泵闸设施建设，确保河道最高除涝水位按照规划要求控制，同时有条件的地区可考虑进一步降低河道最高除涝水位，以提高已建排水管道排水能力。

对于已建排水系统，通过提高排水压差增强其排水能力需要进行系统核算。

对于自排系统而言，沿程损失：$h_f = \lambda \dfrac{l}{D} \dfrac{v^2}{2g}$。

不考虑局部损失，对于已建的 $P=1$ 的排水管道，当排水标准提高到3年一遇，即峰值瞬时降雨强度从2.67mm/min提高到3.75mm/min（以上海市暴雨强度公式计算），提高了1.4倍，沿程损失则提高到1.96倍。因此，原来的地面高程和河道水位之间的差值应提高到2~3倍以上，才能满足3~5年一遇排水标准的要求，见表2-10。

已建 $P=1$ 年白排管道不同排水标准下流速与沿程损失推算表　表2-10

重现期（年）	$P=1$	$P=3$	$P=5$
瞬时降雨强度（mm/min）	2.67	3.75	4.25
流速（m/s）	v_1	$1.4v_1$	$1.6v_1$
沿程损失（m）	h_f	$1.96h_f$	$2.56h_f$

根据平原河网地区自排系统的特征，自排管道不同排水压差下设施排水能力测算关系，见表2-11。由测算可知，针对目前已有的排水系统，现状按照1年一遇设计的管道可考虑通过提高排水压差，适当提高已建自排排水管道标准，实现排水系统的能力提升。

已建 $P=1$ 年自排管道不同排水压差下的排水能力（0.1%坡度）　表2-11

排水压差（m）	0.5	1.0	1.5
排水能力（年）	$P=1$	$P=3$	$P=5$

为验证排水压差对系统排水能力的影响，选取上海市临港新城自排系统管段为研究对象，建立排水管道水力模型，评估系统排水效果。研究管段起端地面高程为4.08m，起端至排放口管道长度为890m，管径为 $DN400 \sim DN1200$，设定排水压差为0.5m、1.0m、1.5m，对应内河水位值，分别为3.58m、3.08m和2.58m。

模型结果表明，在1年一遇设计暴雨重现期下，各排水压差条件下，管道的运行情况相似，各管点管段最大输送流量均可以满足系统的排水要求，区域内并未出现积水点。

在3年一遇设计暴雨重现期下，管道的运行情况出现差异。排水压差为0.5m时，管道并不能够达到3年一遇的排水标准，范围内出现积水、冒溢现象。当排水压差提高到1.0m时，积水情况得到大幅度改善。在排水压差为1.5m时，满足输送要求，区域内并未出现积水点。

在5年一遇设计暴雨重现期下，排水压差为0.5m时，管道不能够达到5年一遇的排水标准，出现大范围积水、冒溢现象。当排水压差提高到1.0m时，积水情况得到缓解、改善，但仍有部分管点不能达到要求。在排水压差为1.5m时，系统区域内并未出现积水点，排水能力得到提高，可以满足输送要求。此外，在积水各管段管径均增加100mm后，排水压差为1.0m时也可满足5年一遇的排水要求。

综上，通过提高排水压差的方式可实现系统的排水能力提升，具有用地需求较小、已建达标管道基本保留等优势，可以在保证效果的基础上，实现改造成本的有效节约。虽然该技术适用于已建自排地区，可以有效控制排水系统提标改造成本，但是同时由于河道水位的降低部分程度上降低了整体调蓄容量，且提标能力有限，当内河水位降至管底以下时，达到可调控的极限值。

2.6 › 海绵城市适用技术评估研究

海绵城市建设包括"渗、滞、蓄、净、用、排"等多种技术措施，涵盖源头减排、过程控制和系统治理，源头减排通过对雨水的渗透、储存、调节、转输与截污净化等功能，有效控制径流总量、径流峰值和径流污染，减少城镇开发对环境的冲击。美国的LID、德国的分散式排水（DRM）和英国的可持续排水（SUDs）的核心都是雨水的源头减排，主要措施包括绿色屋顶、透水铺装、生物滞留设施、植草沟、植被缓冲带等合理利用相关空间并采取相应措施对降雨径流进行控制的技术手段。过程控制是通过增设雨水调蓄设施或者优化排水管网的运行，蓄排结合提高原有市政排水系统的排水能力和对污染的截流输送能力。系统治理是指以海绵城市建设在水生态、水资源、水环境、水安全等方面的需求和目标为导向，在源头减排和过程控制的基础上，进一步采取系统治理措施。由此可见，源头减排技术是海绵城市建设的核心技术，是最能体现海绵城市建设区别于传统城市建设的技术特点。但源头减排技术受地域水文地形的影响，各地适用的技术或技术组合不同。

源头减排技术类型包括渗透、滞留、调蓄、净化、回用和排放，源头减排设施往往同时具有两至三项功能。针对上海市"三高一低"的特点，在源头减排技术方面，主要强调以"滞、蓄、净"为主，以"渗、用"为辅，以"排"托底。根据上海多年的实践经验，总结出在建筑与小区、城市绿地、城市道路和城市广场等地适用的源头海绵设施，包括：透水路面、绿色屋顶、生物滞留设施（含滞蓄型植草沟）、转输型植草沟、雨水表流湿地、雨水潜流湿地、调节塘、渗渠、雨水罐、延时调节设施、初期雨水弃流设施、调蓄设施、智能型调蓄设施、雨水口过滤装置、雨水立管断接。

2.7 ▸ 源头海绵设施与提标调蓄设施换算方法

《上海市城镇雨水排水规划（2020-2035）》提出了"绿、灰、蓝、管"多措并举的提标手段，对各区提出了建设提标调蓄设施的要求。提标调蓄设施一般布置在系统中上游，与市政排水管连接，用于调蓄市政管道的峰值流量，提高系统的排水能力。而源头海绵设施位于源头地块，雨水径流产生后即进入，可有效减少地块的径流量，间接影响市政管道的峰值流量和峰现时间，对排水系统提标有一定影响。目前，源头海绵设施对排水系统提标的作用以定性描述为主，大多描述为能削减径流峰值、减少径流总量。为避免重复建设，亟需明确源头海绵设施在排水系统提标方面的定量贡献，以统筹规划提标调蓄设施的建设量，实现高效能治理。

分析2.6节源头海绵设施的结构，可将其对排水系统提标的贡献分成三类：一是降低径流系数，包括透水路面、绿色屋顶；二是提供调蓄容积（即源头海绵调蓄设施），包括生物滞留设施（含滞蓄型植草沟）、雨水表流湿地、调节塘、雨水罐、延时调节设施、调蓄设施、智能型调蓄设施等；三是设施起转输作用或净化作用为主，其调蓄容积可不计，包括转输型植草沟、雨水潜流湿地、渗渠、初期雨水弃流设施、雨水口过滤装置、雨水立管断接等。

源头海绵设施主要目的是控制全年70%降雨不直接外排，针对24h降雨过程同步控制水量和水质；而排水系统提标针对短历时降雨（如2h），注重排水流量，两者针对的降雨历时和雨型均不同。为研究源头海绵调蓄设施对排水系统提标的定量影响，研究以数学模型为手段，以5年一遇2h降雨为典型降雨，选取典型中心城区强排排水系统，重点考察源头海绵项目不同建设面积、不同分布情况（表2-12）对排水系统提标的效益，进而得到调蓄容积折算系数。

研究选取了上海中心城区两个典型强排系统进行分析，其雨水管渠设计重现期均为1年一遇。分别通过InfoWorks ICM和SWMM构建两个排水系统模型，参数保持一致，通过参数率定和模型验证，纳什效率系数（Nash-Sutcliffe efficiency coefficient，简称NSE）均大于0.7，满足大于0.5的模型基本精度要求。

研究认为，当仅在排水系统的地块中开展源头海绵设施建设时，排水系统中

上海源头海绵设施对提标定量贡献模拟设置　　表2-12

海绵建设情况	源头海绵设施服务面积与 排水系统面积比例	海绵设施 分布情况	年径流总量 控制率
部分集中建设	20%及以上	分别考虑上游、 中游和下游	70%
非集中建设	20%及以下 13.45%、11.4%、10.4%、9.4%、 7.0%、4.8%、3.8%、2.3%	无规律分布	55%、60%、65%、70%、 75%、80%、85%、90%
全域建设	—	每个地块	70%、80%

积水量的减少，全部是由源头海绵设施的调蓄量贡献的。基于此提出了"容积折算系数"的概念，即容积折算系数 ϕ =排水系统的积水减少量/源头海绵设施总调蓄容量。通过上述模拟设置中工况的模拟和统计，得到源头海绵设施的容积换算系数（表2-13）。根据源头海绵调蓄容量计算方法，提出源头海绵设施与雨水排水提标调蓄容积换算方法见式（2-1）和式（2-2）。

$$V=\sum \phi_n V_n \qquad (2-1)$$

$$V_n=\sum V_i \qquad (2-2)$$

式中：V —— 源头海绵设施换算成雨水排水提标调蓄的容积，m^3；

ϕ_n —— 不同类型的源头海绵设施换算成雨水排水提标调蓄的容积换算系数（表2-13）。

V_n —— 源头不同类型源头海绵设施总面积或调蓄总容积，m^3；

V_i —— 单一海绵设施的面积或调蓄总容积，其中生物滞留设施（含滞蓄型植草沟）、雨水表流湿地和调节塘仅计算顶部蓄水空间的容积，m^3。

上海源头海绵设施与绿色调蓄设施的容积换算系数　　表2-13

序号	源头海绵设施	容积换算系数
1	生物滞留设施（含滞蓄型植草沟）	0.35～0.45
2	雨水表流湿地	0.35～0.45
3	调节塘	0.35～0.45
4	雨水罐	0.25～0.35
5	延时调节设施	0.25～0.35
6	蓄水池	0.25～0.35
7	模块式调蓄设施	0.25～0.35
8	智能型调蓄设施	0.7～0.8

注：1. 源头海绵设施换算原则上仅适用于对应的服务排水系统范围；
　　2. 同时满足以下原则的，表格内具体取值可取高值，反之取低值：1）排水系统中海绵服务总面积/排水系统面积≥10%；2）海绵设施所在地块年径流总量控制率≥65%；
　　3. 其他源头海绵设施不考虑调蓄容积换算，包括透水路面、绿色屋顶、转输型植草沟、雨水潜流湿地、渗渠、初期雨水弃流设施、雨水口过滤装置、雨水立管断接；
　　4. 智能型调蓄设施可依据降雨情况自动控制其降雨峰值时开启进水。

2.8 › 自循环屋面蓝绿耦合雨水控制技术

　　国内城市区域屋面面积比一般为30%～45%，是源头径流产生的重要下垫面。绿色屋顶指在高出地面以上，与自然土层不相连接的各类建筑物、构筑物的顶部和天台、露台上由表层植物、覆土层和疏水设施构建的具有一定景观效应的绿化屋面，除能有效滞留雨水外，还具有改善屋顶热工性能以及生态效应。传统绿色屋顶能够滞留部分雨水、景观效果好，但大部分雨水经绿色屋面下渗后仍外排，径流控制效果有限，且部分存在营养盐流出引起出流水质变差的现象，同时存在旱季屋顶绿化面临灌溉压力大、养护成本高等问题。

　　针对传统绿色屋面径流控制有限、运维费用高的问题，建立屋面雨水全量平衡算法，创新自循环屋面蓝绿耦合雨水控制技术，如图2-8所示，突破受限空间雨水的渗、蓄、净、用。通过耦合屋面绿化模块，新增蓝色蓄水模块，屋面径流经植物截流、基质滞留、过滤、净化后进入蓄水模块，超量雨水溢流排出。旱天，当基质层湿度低于设定值时，蓄水模块储存的雨水通过自循环水泵回灌屋面绿化植被，解决了传统屋面绿化蒸发强度高、旱季灌溉压力大、营养物质控制难、养护成本高的问题，强化了屋顶雨水的储蓄能力和自动调节能力，提高了屋顶雨水的就地循环利用效率。该技术在上海某办公建筑屋顶应用，可极大程度地接近或实现屋顶雨水的近零排放，水量水质控制情况如图2-9所示。

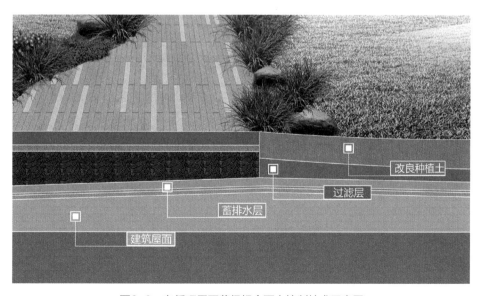

图2-8　自循环屋面蓝绿耦合雨水控制技术示意图

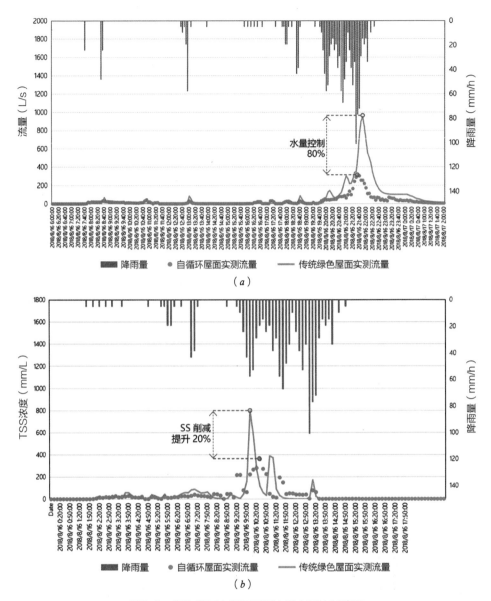

图2-9　场次降雨自循环屋面水量水质控制情况

（a）水量控制效果；（b）水质控制效果

2.9 › 适应"两高一低"的生物滞留设施技术

2.9.1　适用于高地下水位和低渗透土壤的设计方法

针对平原河网地区高地下水位、低渗透土壤的特点，研究提出生物滞留设施设计如图2-10所示。当道路纵坡＞0.1%时，顺道路雨水花园宜设挡水堰或台

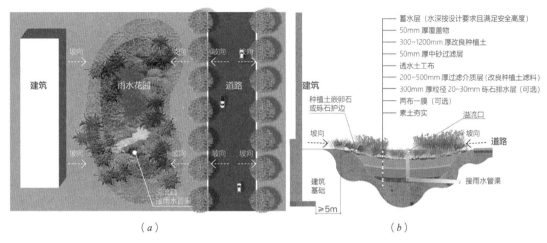

图2-10　适用高地下水位、低渗透土壤的生物滞留设施示意图

(a)平面示意图;(b)断面图

坎,靠道路路基一侧需进行防渗处理,溢流设施应高于汇水面100mm。根据植物特征,蓄水层厚度宜为200~300mm。绿地底部距离地下水季节性最高水位小于1m,距离建筑基础水平距离小于5m时,可选用排水层或防渗膜。

2.9.2　适用于高地下水位、低渗透土壤和不同盐碱程度的设计方法

在上述生物滞留设施的基础上,针对沿海地区盐碱程度高的特点,进一步研究提出适用于高地下水位、低渗透土壤和不同盐碱程度的生物滞留设施结构设计方法(介质土经过改良以应对盐碱土壤)。

1. 强隔盐型生物滞留设施

适用于距离海边较近,地下水位高,土地盐渍化严重的场地(含盐量≥0.6%)。

强隔盐型雨水花园通常由7个结构层组成,按照从下往上的顺序分别是:排水层、填料层、过渡层、隔盐层、种植层、厚覆层、蓄水层,如图2-11所示。同时充分考虑盐碱地区的地下水位情况,当强隔盐雨水花园底部距地下水不足0.6m时,考虑在排水层下铺设防渗膜。雨水花园应分散布置,规模不宜过大,雨水花园面积可以按照不透水的汇水面积的5%~10%来进行估算。设置蓄水层厚度为0.15~0.20m;种植土由30%的上海市绿化常用表层土、50%的砂土和20%的泥炭土混合而成。在种植层表面铺设树皮或者砾石作为覆盖物,种植层的水平方向四周设置防渗透隔盐板,阻挡水盐的水平位移。种植层下部为厚度0.10m的隔盐层,建议铺设粒径为2~4mm的沸石,在垂直方向上阻挡盐分的上行趋

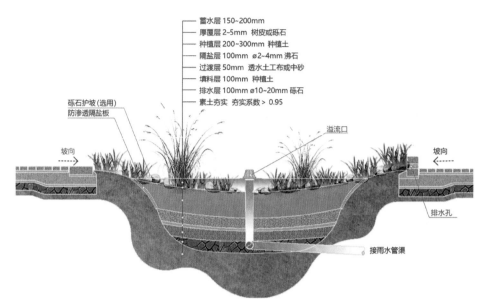

蓄水层 150~200mm
厚覆层 2-5mm 树皮或砾石
种植层 200~300mm 种植土
隔盐层 100mm ⌀2-4mm 沸石
过渡层 50mm 透水土工布或中砂
填料层 100mm 种植土
排水层 100mm ⌀10~20mm 砾石
素土夯实 夯实系数 > 0.95

砾石护坡(选用)
防渗透隔盐板

溢流口

坡向

坡向

排水孔

接雨水管渠

图2-11　强隔盐型生物滞留设施断面示意图

势。隔盐层下铺设粒径0.35 ~ 0.50mm的中砂作为过渡层，过渡层的厚度一般为
0.05m，可以结合地下水位高度进行调整，当地下水位过高时可以选择铺设土工
布作为过渡层。填料层材料为种植土，厚度以0.10m为宜。排水层厚度0.10m，
筛选直径10 ~ 20mm的砾石，如果排水层与其上层介质材料的粒径差异大于一个
数量级，需要在二者之间加设透水土工布防止排水层堵塞。

渗流结构位于结构的底部，由渗水排水管和渗水管构成；渗水管位于排水层
的底部，管径通常为100mm，四面打孔，穿孔管收集了经过雨水花园内部的雨
水径流，最终进入渗水排水管，排水管通常有1% ~ 3%的倾斜坡度，用以就近连
接市政排水支管或雨水井。

溢流结构由雨水花园内部的溢流管和底部的溢流排水管沟通组成。溢流管
的管径通常为150mm，溢流管的最上部为溢流口，溢流口上安装有的蜂窝型挡
板，以防止杂物堵塞溢流设施。溢流排水管也具有1% ~ 3%的倾斜坡度，通常就
近连接市政排水支管或雨水井。

2. 调蓄隔盐型生物滞留设施

适用于距离海边有一定距离，内涝问题严重，盐碱化程度相对较轻的地区
（含盐量0.1% ~ 0.6%）。

调蓄隔盐型雨水花园通常也由7个结构层组成，按照按从下往上的顺序分别
是：排水层、隔盐层、填料层、过渡层、种植层、厚覆层、蓄水层，如图2-12
所示。为应对雨强较大的情况，在雨水花园外围运用卵石等材料布置护坡结构，

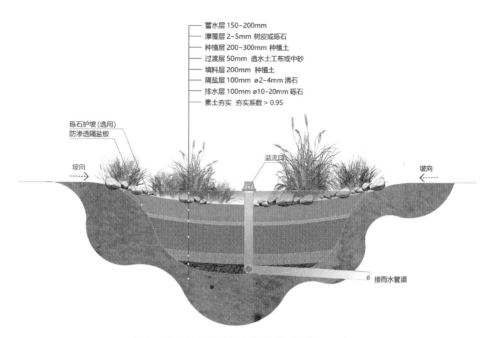

图2-12　调蓄隔盐型生物滞留设施断面示意图

减少暴雨或特大暴雨时造成的结构破坏和水土流失。同时，蓄水层的厚度设置为
0.15 ~ 0.20m；种植土由30%的上海市绿化常用表层土、50%的砂土和20%的泥炭
土混合而成。在种植层表面铺设树皮或者砾石作为覆盖物，种植层的水平方向四
周设置防渗透隔盐板，阻拦水盐的水平位移。铺设粒径0.35 ~ 0.50mm的中砂作
为过渡层，过渡层的厚度一般为0.05m，可以结合地下水位高度进行调整，当地
下水位过高时可以选择铺设土工布作为过渡层。填料层材料为种植土，厚度以
0.10m为宜。填料层下为厚度0.20m的隔盐层，建议铺设粒径为2 ~ 4mm的沸石，
在保证下渗的前提下阻挡盐分的上行趋势。隔盐层下排水层厚度0.10m，材料为
直径10 ~ 20mm的砾石，如果排水层与其上层介质材料的粒径差异大于一个数量
级，需要在二者之间加设透水土工布防止排水层堵塞。该雨水花园的渗水设施和
溢流设施的结构组成与强隔盐型雨水花园相同。

3. 净化隔盐型生物滞留设施

适用于距离海边有一定距离，径流污染问题严重，盐碱化程度相对较轻的地
区（含盐量为0.1% ~ 0.6%）。

净化隔盐型雨水花园也由7个结构层组成：排水层、隔盐层、填料层、过渡
层、种植层、厚覆层、蓄水层等。与调蓄隔盐型雨水花园结构的竖向顺序一致，
但在具体材料和厚度上有差异，如图2-13所示。为了保护雨水花园的正常功
能，在实际操作时建议将降雨前10 ~ 15min积累的高浓度污水直接弃置于城市污

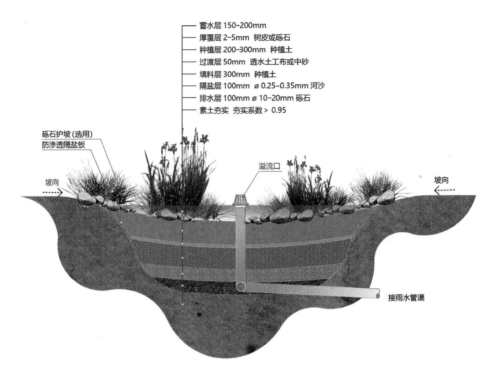

蓄水层 150~200mm
厚覆层 2~5mm 树皮或砾石
种植层 200~300mm 种植土
过渡层 50mm 透水土工布或中砂
填料层 300mm 种植土
隔盐层 100mm ∅ 0.25~0.35mm 河沙
排水层 100mm ∅ 10~20mm 砾石
素土夯实 夯实系数 > 0.95

砾石护坡（选用）
防渗透隔盐板

坡向

溢流口

坡向

接雨水管渠

图2-13   净化隔盐型生物滞留设施断面示意图

水管。蓄水层、种植层、厚覆层、过渡层的设置与调蓄隔盐型雨水花园结构基本一致。填料层材料为种植土，厚度以0.30m为宜。填料层下为厚度0.30m的隔盐层，建议铺设粒径为0.25～0.35mm的河沙，在保证下渗的前提下阻挡盐分的上行趋势，且具有较好的污染物去除效果。隔盐层下排水层厚度0.10m，材料为直径10～20mm的砾石。该雨水花园的渗水设施和溢流设施的结构组成与强隔盐型雨水花园相同。

4. 综合隔盐型生物滞留设施

适用于雨水径流量大且地表径流污染严重的中轻度盐碱区域（含盐量0.1%～0.6%）。

与净化隔盐型雨水花园相似，综合隔盐型雨水花园也由7个结构层组成，与净化隔盐型雨水花园结构层的竖向顺序一致，但在具体材料和厚度上有差异，如图2-14所示。该类型的雨水花园应用范围较大，在建设面积充足的情况下，可以在雨水花园外围运用卵石等材料布置护坡结构，并且将降雨前10～15min积累的高浓度污水直接弃置于城市污水管，以减少暴雨和高浓度污染物对综合隔盐型雨水花园的植物和结构层的破坏。蓄水层、种植层、厚覆层、过渡层的设置与净化隔盐型雨水花园的结构基本一致。填料层材料为种植土，厚度以0.30m

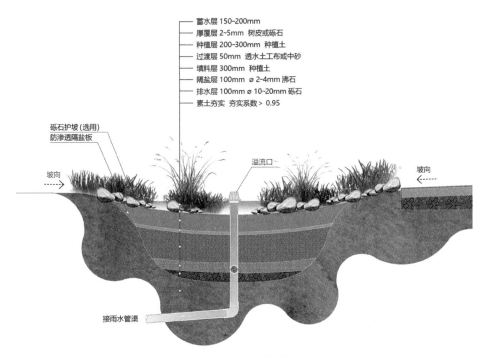

蓄水层 150~200mm
厚覆层 2~5mm 树皮或砾石
种植层 200~300mm 种植土
过渡层 50mm 透水土工布或中砂
填料层 300mm 种植土
隔盐层 100mm ∅ 2-4mm 沸石
排水层 100mm ∅ 10-20mm 砾石
素土夯实 夯实系数 > 0.95

砾石护坡 (选用)
防渗透隔盐板

坡向

溢流口

坡向

接雨水管渠

图2-14　综合隔盐型生物滞留设施断面示意图

为宜。填料层下为厚度0.10m的隔盐层，建议铺设粒径为2～4mm的沸石，在保证下渗的前提下阻挡盐分的上行趋势。隔盐层下排水层厚度0.10m，材料为直径10～20mm的砾石。该雨水花园的渗水设施和溢流设施的结构组成与强隔盐型雨水花园相同。

2.9.3　高密度建成区下基于日照条件的植物选型

结合已建建筑小区内建成一段时间后生物滞留设施的生长情况调研结果，发现由于日照时间不同，不同建设地点的生物滞留设施内植物长势不同，即使在同一小区，日照时间的区别也会导致植物长势不佳，难以发挥海绵效果，如图2-15所示。

结合生物滞留设施对雨水径流的控制过程，本研究从剖面上将生物滞留设施分为草坪过渡段、护坡段、固土段、过滤段，针对日照时间对植物生长的影响，对不同段的植物选型进行研究，经分析形成全日照或半日照（喜阳区）、半日照或无日照（喜阴区）两种情况下生物滞留设施的植物选型，分别如图2-16和图2-17所示。

经上述植物选型调整，宜浩佳园小区内雨水花园内植物长势较好，如图2-18所示，可为后期类似小区的雨水花园建设提供参考。

（a）   （b）

图2-15 雨水花园提升前实景图

（a）全日照或半日照情况；（b）半日照或无日照情况

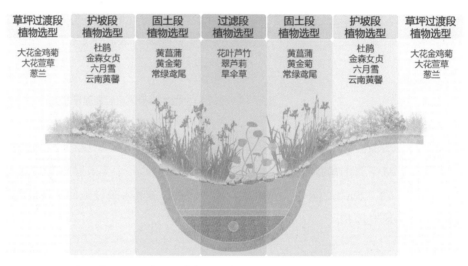

图2-16 全日照或半日照情况下生物滞留设施植物选型

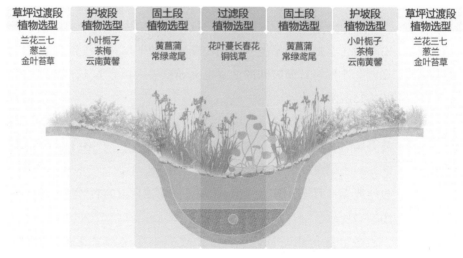

图2-17 半日照或无日照情况下生物滞留设施植物选型

（a）   （b）

图2-18 宜浩佳园雨水花园改造后实景图

（a）全日照或半日照情况；（b）半日照或无日照情况

2.9.4 装配式雨水花园集成水肥一体化技术

雨水花园中的种植填料不仅要满足海绵城市入渗、净化雨水的要求，又要满足不同植被的生长需求。各类花灌木、矮乔木、地被类植物对土壤有不同的干湿度及养分要求，这对雨水花园基质填料的配方提出较大挑战。另外，雨水花园建成后运维要求也较高，替换填料时需整体开挖。

针对上述问题，基于大量生产试验和工程实践，研发装配式成品雨水花园（图2-19）和智能水肥一体化系统，实现渗、蓄、用一体化。装配式成品雨水花园可实现结合周边景观需求有针对性地配置植物，营造自然式、野趣式、规则式等各式风格的雨水花园景观，实现海绵设施精致化；根据植物习性相应配置种植模块，对环境具有更强的韧性适应能力，实现海绵设施实用化；工厂制作及模块化安装，可减少人工并缩短工期，实现海绵设施产业化；若出现堵塞等问题直接更换模块单元，可避免大规模开挖，实现海绵设施保障化。集成智能水肥一体化系统，可根据降雨量自动调节浇灌频率和施肥量，实现海绵设施智慧化。装配式雨水花园应用在上海电机学院海绵化改造中，径流示意图和鸟瞰效果分别如图2-20和图2-21所示。

图2-19 装配式成品雨水花园

图2-20　上海电机学院装配式雨水花园径流示意图

图2-21　上海电机学院装配式雨水花园鸟瞰效果图

2.10 › 全再生骨料预制装配透水铺装技术

传统透水水泥混凝土路面通常采用现场浇筑的施工方式，施工现场产生大量的扬尘污染和噪声，且在透水混凝土路面开放交通前，需要养护14d以上，施工养护周期长；而且透水铺装多采用粒径均匀的优质集料，目前优质石料严重紧缺；另外，透水混凝土初凝时间短，多采用现场搅拌混合，铺装质量不易控制、离散性大。这些问题在中心城区透水路面的建设中尤为突出。

装配式预制混凝土与现浇混凝土相比，得益于工厂化的生产方式，质量均一、可控，还具有规模化生产效益。装配式混凝土路面相较于传统施工方法，具有施工时间短、交通开放快、扰动交通小、维修质量高、维修养护简单、环境影响小等显著优点。

1. 再生骨料透水混凝土性能提升技术

由于再生骨料表面包裹着一定数量的水泥砂浆，棱角多、表面粗糙，同时在破碎等机械外力的作用下其内部产生了一定的缺陷或微裂纹，因此再生骨料存在强度低、性能离散大的问题。在再生骨料的性能要求方面，严格按照《再生骨料透水混凝土应用技术规程》CJJ/T 253—2016中的技术要求进行选取，指标要求见表2-14，建筑垃圾再生骨料如图2-22所示。

再生粗骨料性能指标要求　　　　　　　　　　表2-14

项目	技术指标
微粉含量（按质量计，%）	<3.0
泥块含量（按质量计，%）	<1.0
吸水率（按质量计，%）	<8.0
针片状颗粒（按质量计，%）	<10.0
杂物含量（按质量计，%）	<1.0
坚固性（按质量损失计，%）	<10.0
压碎指标（%）	<20
表观密度（kg/m³）	>2350
松散堆积空隙率（%）	<50
硫化物及硫酸盐（折算成SO_3，按质量计，%）	<2.0
有机物	合格

从成型方式和水泥替代两方面研究提升再生骨料透水混凝土性能。

（1）再生骨料透水混凝土二次搅拌法拌制的混凝土强度均高于一次搅拌法。透水混凝土最薄弱的环节是水泥石与骨料的界面，而水泥石与骨料间的界面结合力主要取决于接触面积和接触点处结合料的黏结强度，采用二次搅拌法，水泥浆在机械搅拌的作用下能均匀包裹于骨料表面，有效提高了包裹率，增加了水泥和骨料的黏结面积，从而提升混凝土强度。

图2-22   100%建筑垃圾再生骨料

（2）利用硅灰部分替代水泥，但由于硅灰密度小于水泥，因此浆体体积增大，同样可以提高粗集料颗粒表面的包浆厚度，有利于提升其力学性能。与此同时，硅灰中含有高活性的SiO_2，可以有效改善"集料—浆体"界面过渡区的力学性能。

研究实现全再生骨料透水混凝土由常规25次冻融循环抗压强度损失率20%降低为10%，耐久性提高50%。

2. 全再生骨料预制装配技术

预制装配结构要求构件既需保证路面结构的力学强度、稳定性和耐久性，又需保证装配工艺的简易和可操作性。研究借鉴我国传统木质建筑榫卯工艺的思想，研发了三维互锁的"卍"字和"回"字形装配构件技术。

"卍"字形装配式路面构件系统主要由两种造型构件组成，可以适用于各种交通等级的道路，如图2-23所示。构件1在四个边角设有榫槽，构件2在四个边角设有与构件1榫槽相配合的榫头，构件2的榫头插入构件1对应的榫槽内后两者形成的锁扣可以防止构件在平面上的相互移动。同时构件1榫槽底部设榫槽侧翼竖向扣件，构件2榫头顶部外侧设榫头侧翼竖向扣槽，当构件2的榫头插入构件1的榫槽，构件1的榫槽侧翼竖向扣件与构件2的榫头侧翼竖向扣槽相契合，形成竖向互锁，进而实现装配式路面系统在平面和竖向上的三维互锁稳定。同时在构件中心设透水孔，增加透水基层的渗透系数，透水孔内可以填充级配碎石、细砂、火山岩或陶粒等净化材料，实现对雨水径流的净化。

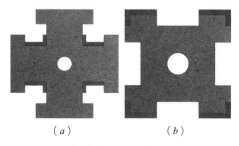

（a）   （b）

图2-23   "卍"字形装配式路面构件系统
（a）构件1；（b）构件2

"回"字形装配式路面构件系统造型相对简单，可以适用于轻荷载道路，构件1正方形的四侧边缘形成凹槽结构，构件2正方形四侧边缘形成凸起结构，装配后可实现构件间的互锁稳定，如图2-24所示。

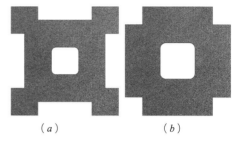

图2-24 "回"字形装配式路面构件系统
（a）构件1；（b）构件2

全再生骨料预制装配技术施工周期由常规现浇工艺14d缩短为预制装配工艺2～3d，周期缩短70%以上，完工后即可开放交通投入使用。图2-25为全再生骨料预制装配路面结构实景图。

图2-25 全再生骨料预制装配路面结构实景图

3. 全再生骨料预制装配透水铺装径流控制分析

分析全再生骨料预制装配透水铺装的雨水下渗过程，结合上海市暴雨强度公式和芝加哥设计雨型，建立雨水渗流计算模型，并通过足尺试验（图2-26）验证。研究不同降雨条件、土壤渗透系数、结构厚度及边缘排水系统设置对径流控制与路面结构内雨水排干时间等参数的影响，确定了全再生骨料预制装配透水铺装径流控制模型，如图2-27所示。

全再生骨料预制装配透水铺装对雨水径流总量和径流污染控制具有良好的效果，且具有施工速度快、力学性能好、养护维修方便等优势，可以全面应用于海绵城市透水铺装的建设。建立的全再生骨料预制装配透水铺装径流控制模型经示范工程验证，准确率达到95%以上。

（a） （b）

图2-26 全再生骨料预制装配透水铺装径流控制足尺试验
（a）预制装配路面结构和降雨试验装置；（b）模拟降雨路面径流状况

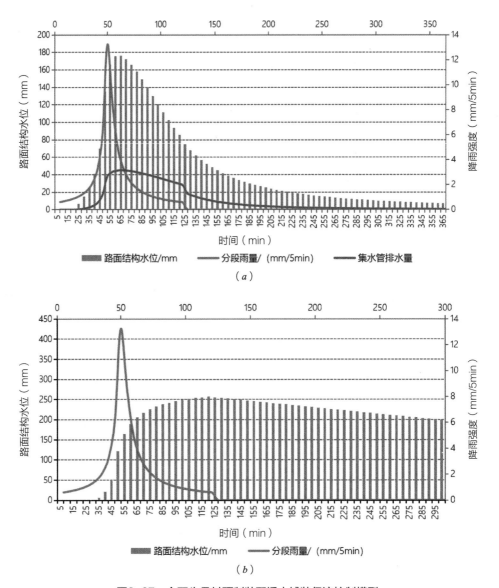

图2-27   全再生骨料预制装配透水铺装径流控制模型

（a）半透式路面结构降雨过程及预估模型；（b）全透式路面结构降雨过程及预估模型

2.11 > 高地下水位的雨水浅层地下蓄渗技术

促进雨水蓄渗的技术措施有很多，常用的有增加绿地面积、采用透水路面、下凹式绿地等方法。这些方法对促进雨水下渗、减少外排具有较好的作用，但在人口密度大、土地利用紧张、地下水位高的城市应用受到一定限制。近年来，各国相继开发出新的雨水排放系统，如德国开发出"洼地—渗渠系统"，日本提出

"雨水的碎石空隙贮存渗透系统"等，其核心理念是以"就地"处理雨水的措施取代传统的快速排除雨水排放系统。

根据这一理念，针对上海等南方城市高地下水位、高标准绿化的特点，提出一种雨水浅层地下蓄渗技术，该技术结合城区的功能规划要求，在人行道、广场的铺装层或绿化种植土层以下、地下水位以上，用多孔隙材料堆砌成大小、形状不同的可供短暂贮存的雨水连通空间，在多孔空隙材料底部填铺渗水介质以提高下渗速率，当暴雨来临时，屋面等相对干净的雨水径流经过初期弃流和简单预处理后，通过管道或沟渠导流进入多孔隙材料空间内短暂储存，暴雨过后雨水继续下渗，超过储存容量的雨水则外排，断面设计如图2-28所示。若考虑雨水回用，可将底部和四周包裹防渗膜以贮存雨水，旱天时通过喷灌等技术用于绿化浇洒等。

单位体积孔隙材料内的孔隙大小决定了雨水贮存量的多少。因此，孔隙材料除需要满足强度要求外，还需要考虑孔隙材料的内部空隙率、设置高度等参数。可做孔隙材料的一般有混凝土、块石、PE（聚乙烯）和HDPE（高密度聚乙烯）等，常用的多为塑料模块，具有较高强度和孔隙率，施工时只需要模块之间拼装，再根据用地的大小和形状要求灵活布置。

该技术不改变原有土地的使用功能，充分利用人行道、绿化或广场的浅层地下作为雨水短暂贮存和渗透设施，雨水贮存设施的大小、形状可根据小区或城市的要求灵活设置，贮水设施采用多孔隙材料堆砌而成，无需固定形状。此外，该技术适用性广，可充分利用浅层地下作为雨水滞留空间，不影响绿化景观要求，解决了传统蓄渗技术对高地下水位、高景观要求的地区难以应用问题。

雨水浅层地下蓄渗技术能较为长久地贮存雨水，延长渗透过程，补充地下水，防止地面沉降，实现雨水资源化。可结合城市或小区的实际，在不影响设施功能的情况下，通过简单的就地雨水滞留的方式分散城市的雨水径流，减少外

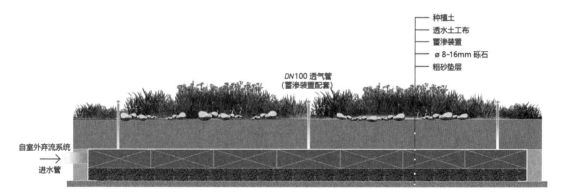

图2-28　雨水浅层地下蓄渗断面设计图

排，实现雨水就地处理。此外，雨水在下渗过程中，通过活性土壤层的净化等生态处理方法，使水质得到净化，减少因雨水径流外排而导致河流污染。通过雨水就地下渗，可减少暴雨径流量，同步缓解城市内涝，减少城市排水和防洪设施的投资和运行费用，达到雨水排水系统成本最小化。

图2-29   浅层蓄渗装置现场

该技术在上海某办公场地（图2-29）应用，通过对建筑屋面雨水进行蓄渗利用，将屋面雨水通过排水暗管输送到浅层蓄渗装置内，浅层蓄渗装置设在建筑绿化草坪下，装置有效面积共68m²，有效蓄渗高度为0.3m，每年可减少外排雨水量约500m³。

2.12 › 平原河网地区优化排水路径系统提标技术

针对平原河网由于规划设计问题导致的部分雨水系统不完善、地势平坦不易排除涝水的问题，研究提出平原河网地区优化排水路径系统提标技术，包括涝水分流技术和开放空间滞蓄行泄技术。

2.12.1 涝水分流技术

道路建设引导雨水管渠建设，也就是"排水跟着道路走"，是国内排水系统建设的普遍现象，一直以来也被认为是合理的现象。由于部分城市排水专项规划执行不力，这种建设模式导致了城市雨水系统存在大管套小管、大重现期接入小重现期、雨水系统缺乏下游排出口、排水距离过长和低洼积水等诸多由于规划设计导致的问题。除了排水标准偏低，这些问题往往是导致城市发生内涝积水的重要原因。

对于此类由于规划设计问题导致的雨水系统不完善，雨水管网系统常规的提标改造措施往往不适用，如放大管径、局部强排、设置调蓄池和调蓄隧道等。借助数学模型，研究提出涝水分流的雨水系统排水路径优化措施。

涝水分流，是一种借助于数学模型的模拟校核功能，将涝水通过雨水管渠分流至周边能就近排河的管渠或直接就近排河的雨水系统改造设计方法。其主要目的是有效缩短排水距离，使上游产生的问题就地解决，不转嫁到下游去，以减轻下游雨水管渠的排水压力。

涝水分流大致可分成四类：

（1）两侧分流入河：当某段雨水管两端（设为a端和b端）均靠近河道，仅某端（如a端）有排放口，且排水距离较长时，考虑在另一端（b端）增设排放口；

（2）利用管道余量：当某段雨水管（c管）排水距离较长，且周围有排水距离较短且尚有余量的管道（d管）时，考虑将c管与d管相连接；

（3）新建分流管道：当不存在上述便利条件时，结合道路建设，在排水压力较大的管道中上游新建一条或数条涝水分流管道，减轻下游排水压力；

（4）地表涝水行泄通道：当地表具备建设涝水行泄通道的条件时，应优先建设地表排水明沟等涝水行泄通道，有效排除地面涝水。

涝水分流技术示意如图2-30所示。

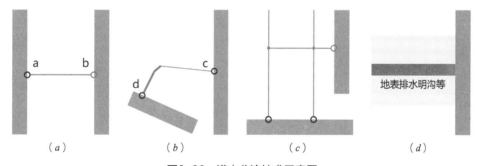

图2-30　涝水分流技术示意图

（a）两侧分流入河；（b）利用管道余量；（c）新建分流管道；（d）地表涝水行泄通道

涝水分流技术应用于昆山老城区的排水系统提标方案中，经与传统管道改造+调蓄的方案对比，使用涝水分流+局部管道改造的方案，仅需在局部增加排放口和排水管，并结合雨污分流改造和道路改造计划来增大雨水管管径，施工量较小，对交通和居民生活的影响均较小，而且方案中无调蓄设施的增设，极大节约了投资和运行费用，作为推荐方案应用于《昆山市城市排水（雨水）防涝规划》中。

2.12.2　开放空间滞蓄行泄技术

道路涝水行泄通道是指超出雨水管渠设计重现期降雨时在路面形成的排水通道，将雨水径流排入人工渠道或调蓄设施等，降低区域内涝风险。道路涝水行泄通道一般在地面坡度明显的地方效果比较明显，而平原河网地区大多地势低平，不具备建设道路涝水行泄通道的条件。

针对平原河网地区不具备路面排水条件的问题，在原始排水模式（图2–31（a））的基础上，研究提出开放空间滞蓄行泄技术，将市政道路排水优先与道路红线外绿地有效衔接，优化排水路径，技术示意如图2–31（b）所示。主要做法是封堵现状雨水口，使人行道和车行道的雨水径流通过人行道盖板沟或新建管道收集后，优先进入道路红线外绿地等公共开放空间进行滞蓄，超过调蓄能力的雨水再通过溢流的方式进入市政雨水排水系统中。此种做法能较大程度地利用开放滞蓄空间的蓄水能力，减少径流总量、削减径流峰值，有效减少市政雨水管排水压力。该技术在临港国家试点区的芦茂路和沪城环路海绵化改造工程中均有实际应用。研究表明，在100年一遇24h（总降雨量为279.1mm）长历时设计降雨下，运用开放空间滞蓄行泄技术可使降雨径流峰值削减85%，径流峰值延后10min，总排出量削减50%以上，有效提高区域排水能力，将地面涝水有序排至开放滞蓄空间，地面积水现象得到有效控制。

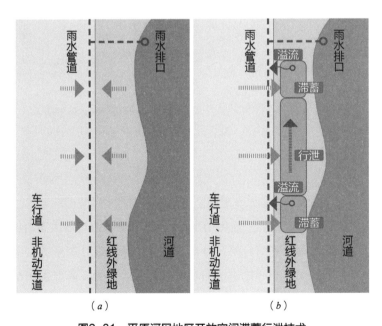

图2-31　平原河网地区开放空间滞蓄行泄技术
（a）原始排水模式（两侧分流入河）；（b）开放空间滞蓄行泄

2.13 › 延时调节雨水源头系统控制技术

近年来已建成的源头分散雨水控制设施，大部分都是单一的采用生物滞留设施（包括雨水花园、下凹式绿地），各种生物滞留设施对径流雨水中的污染物有一定的控制作用，但这些污染物质仅少量能被植物、微生物等利用吸收，绝大部分污染物都被土壤截留或吸附，导致污染物质在土壤中的积累。

城市中建筑屋面、道路、绿地、广场等下垫面，都会产生径流污染。特别是在城市更新和新开发区以及已建成区域的道路、广场等区域雨水径流污染严重，直接进入各种绿地内的生物滞留设施时，对绿地景观造成极大冲击破坏、污染堵塞生物滞留设施的土壤、缩短生物滞留设施的使用寿命及维护周期、增加雨水控制设施的维护工作和费用；甚至一些道路雨水径流造成土壤富集重金属污染，带来严重问题。

基于此，结合临港海绵城市建设经验，有必要进一步探索更加适合的雨水源头控制的工艺和系统。相关研究表明雨水径流中SS具有良好的沉降特性，地表雨水径流样本的试验结果表明，SS的2h沉降去除率即可达到58%～88%，24h沉降去除率可达90%。延时调节技术是通过控制雨水径流在调节设施内的排空时间，延长径流停留时间来沉淀污染物，以实现径流污染控制和径流峰值流量削减的目的。根据临港实测数据分析，控制初期雨水径流4～8mm即可控制整个降雨过程中60%以上的污染量。因此，采用分质分段的方法，按流量分流，按水质分别采用不同技术方式控制，地上地下空间统筹考虑，提出延时调节雨水源头系统控制技术。该技术能够因地制宜针对源头雨水进行雨水径流污染和流量体积控制，同时兼顾雨水控制设施的建设与养护、功能与景观、目标与投资，可长期稳定地实现海绵城市建设的控制指标。

延时调节技术工艺流程如图2-32所示。

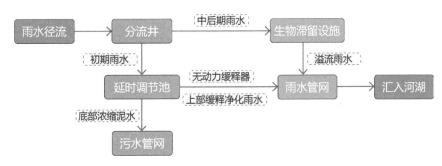

图2-32　延时调节技术工艺流程图

具体技术流程如下：

（1）雨水径流汇入分流井，分流井内设置初期雨水汇流管和中后期雨水汇流管。初期雨水汇流管通入延时调节池，中后期雨水汇流管通入生物滞留设施。初期雨水汇流管与中后期雨水汇流管的位置设定要保证先进入的初期雨水先流入延时调节池。

（2）降雨初期的雨水径流由分流井中的初期雨水汇流管进入延时调节池。储存在延时调节池内的雨水，通过无动力缓释装置严格控制出流速度，保证雨水径流在池内有足够的停留时间，径流中的污染物逐步沉淀在延时调节池下部。经过缓释沉淀净化后的上部雨水通过无动力缓释装置匀速释放到雨水管网中，最终汇入河流湖泊。随着上部缓释净化后径流流出，延时调节池内的水位逐渐降低。当水位降低到设定高度，自动排污装置启动，将延时调节池下部的污染物含量高的径流排入污水管网，由污水处理厂统一处理。

（3）用于处理初期雨水的延时调节池注满后，设置在初期雨水汇流管末端的浮球阀自动关闭，相对大量的中后期雨水通过中后期雨水汇流管进入生物滞留设施。生物滞留设施的设置可根据海绵城市建设指标要求和国家与地方的相关标准确定。相对洁净的中后期雨水对生物滞留设施的土壤、植物等影响较小，可使生物滞留设施长期稳定运行，景观效果也得以保障，稳定实现海绵指标中对雨水水量的有效控制。超过海绵城市建设指标的雨水量通过生物滞留设施内设置的溢流井汇入雨水管网，最终进入河流湖泊等。

1. 建筑与小区应用场景

屋面雨水径流通过（内、外）雨落管排入海绵系统；径流中污染较重的初期雨水（4~8mm）经汇流进入延时调节（沉淀）设施。存储雨水以均流缓释方式（排空周期≥24h）排出或入渗，以缓释沉淀工艺净化雨水，底部浓缩泥水自动排入污水管网，实现初期雨水的调蓄净化。中后期雨水溢流进入路边雨水花园等LID设施，以生态过滤方式净化、调蓄雨水。整个过程无需任何动力、运行维护费用低，且储水空间无重复建设、节约投资。建筑与小区应用技术路线如图2-33所示。

2. 道路应用场景

路面雨水径流通过开口路缘石（人行道暗沟）排入海绵系统；径流中污染较重的初期雨水（6~8mm）经汇流进入延时调节（沉淀）设施。贮存雨水以均流缓释方式（排空周期≥24h）排出或入渗，以缓释沉淀工艺净化雨水，底部浓缩泥水自动排入污水管网，实现初期雨水的调蓄净化。中后期雨水溢流进入路边雨水花园等LID设施，以生态过滤方式净化、调蓄雨水。整个过程无需任何动力、运行维护费用低，且储水空间无重复建设、节约投资。道路应用技术路线如图2-34所示。该技术在临港国家海绵城市建设试点区得到应用，现场实景如图2-35所示。

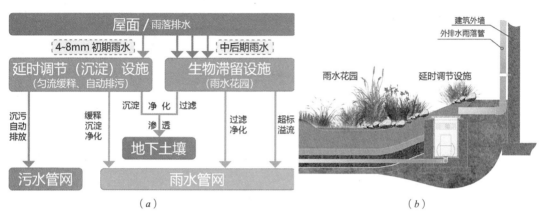

图2-33　建筑与小区应用技术路线图

（a）工艺流程图；（b）设计断面图

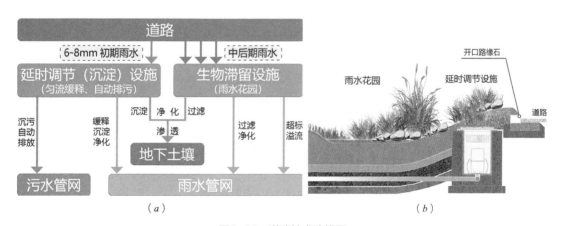

图2-34　道路技术路线图

（a）工艺流程图；（b）设计断面图

图2-35　临港试点区应用实景图

2.14 › 雨后水质快速恢复的净水生态系统构建技术

　　在进行海绵城市设计时，对于绿化率较少或条件适宜地区，通常根据地形在地势低洼区域设置人工景观湿地或湿塘作为雨水的末端调蓄和消纳设施，并兼顾景观和社交活动功能。某些项目受选址原因所限，人工景观湿地或湿塘距离主要河道较远，其补水主要来源于三方面：一是降雨后汇水范围地面径流补给，二是采用泵房从最近的河道取水进行补给，三是极少数情况下采用的污水处理设施尾水处理达标后中水回用。采用降雨地表径流补给和河道水补给通常面临如下问题：一是地表径流通过雨水管网接入水体，由于地面冲刷和雨水管网中沉积污染物释放，汇入径流的浊度较高，易导致水体透明度长期不理想；二是河道水体自身往往水质较差，也会导致人工景观湿地或湿塘内水质劣化。

　　关于人工景观湿地或湿塘内植被选型也存在难点。例如，由于人工景观湿地或湿塘有较多的浅水区，且流动性极弱，容易造成浅水区藻类大量增长的水质风险。另外，由于表流湿地坡岸多为碎石铺装，与传统湿地中的纯泥质底有较大的区别，传统的沉水植被难以在表流湿地环境下生长，存活率低。

　　针对人工景观湿地或湿塘水质劣化风险以及植被选型问题，基于临港地区的降雨模式分析，以及海绵城市建设景观效果的需求分析，提出"雨后水质快速恢复的净水生态系统构建技术"。该技术主要包括三个部分：

　　（1）水深调整

　　通过调整人工景观湿地或湿塘的水深，使生态系统（鱼类、贝类）能够存活并发挥生态净水效果，同时，通过增加库容，降低引水的频率，从而降低劣水对雨水湿地的影响。

　　（2）净水生态构建

　　根据生态河道的特点，构建以底栖软体动物为主的净水生态系统。通过向人工景观湿地或湿塘中引入适应本地生存的底栖生物，如底栖螺类和底栖贝类等，并通过人工监测确保其形成优势种，并形成自我繁衍的能力，以改善水质和水体透明度。净水生态构建前后效果对比如图2-36所示，构建后实景拍摄效果如图2-37所示。

　　（3）水下草坪构建

　　水下区域以通过构建水下草坪的方式，改善区域的生态和景观效果。在不改变表流湿地底部结构的情况下，对碎石坡岸和水底进行优化，科学合理地种植功能沉水植物，打造水下草坪植被景观效果，与石块交错，形成错落有致的景观效果。选取的沉水植物为多年生密刺苦草低矮种，秋冬季节不死亡不脱落，管理简单，维护成本低。同时沉水植被能够为底栖动物和鱼类提供栖息场所，对夏季水体中的蚊虫滋生有抑制作用。应用案例全景如图2-38所示，建设前后效果对比如图2-39和图2-40所示。

（a）　　　　　　　　　　　　　　　　（b）

图2-36　底栖净水生态系统构建前后效果对比

（a）构建前，浊度52NTU；（b）构建后，浊度5NTU

图2-37　底栖净水生态系统构建后实景拍摄

图2-38　水下草坪构建案例全景图

(a) (b)

图2-39 水下草坪构建前后人工湿地效果

(a) 构建前;(b) 构建后

(a) (b)

图2-40 水下草坪构建前后引水河道效果

(a) 构建前;(b) 构建后

第3章

上海临港海绵城市建设目标与思路

3.1 〉临港区域概况

在国家新型城镇化战略下，上海作为中国城镇化水平最高的城市之一，坚持走"低碳、安全、绿色之城"的可持续发展道路。在水环境方面，上海自20世纪80年代末始，坚持"标本兼治，重在治本"，着力推进母亲河——苏州河的黑臭整治，并在全国率先开展城市雨水径流污染控制工程，以城市与自然和谐共存为原则，中心城形成"环、楔、廊、园"和郊区大面积生态林地超大城市特色的绿地系统。自2013年12月中央城镇化工作会议提出"建设自然渗透、自然积存、自然净化的海绵城市"的建设理念，上海市政府开展了上海市海绵城市建设顶层设计。2016年4月，经住房和城乡建设部、财政部和水利部同意，入选第二批海绵城市建设试点城市，试点区定于临港，实施期为2016~2018年。

3.1.1 区域发展概况

2002年，上海洋山深水港启动建设。同年6月26日，作为深水港的配套，临港地区正式宣布开发建设，在滩涂上建一座"新城"。

主城区的设计方案来源于德国GMP公司，以"水中涟漪"为形象特征，体现"临水而居"的理念，湖水泛起的层层涟漪，形成功能各异的城市环带，如图3-1所示。

2004年1月20日，《上海市人民政府关于原则同意临港新城总体规划的批复》（沪府〔2004〕5号）发布。规划确定了临港新城范围为北至大治河，西至A30高速公路—南汇区界，东、南至规划海岸线围合的区域，规划面积约296.6km²，如图3-2所示。同时，确定了临港四大城市片区——主城区、主产业区、综合区、重装备产业区和物流园区。在四大片区的集中城市建设区之间建设临港森林，以此形成临港新城的"城市生态核"。

2012年8月3日，上海市委、市人民政府同意合并上海临港产业区管理委员会和南汇新城管理委员会，成立上海市临港地区开发建设管理委员会，为上海市人民政府派出机构，委托浦东新区管理，负责统筹推进临港地区开发建设。临港地区范围为北至大治河，西至G1503上海绕城高速—瓦洪公路—两港大道接中港，东、南至规划海岸线，面积约343km²。

2016年4月，上海市以临港试点区为试点区域开展第二批国家海绵城市建设试点，试点范围包括芦潮港集中聚居区、物流园、临港森林以及临港主城区，面积为79.08km²，是全国面积最大的国家海绵城市试点区，范围如图3-3所示。临

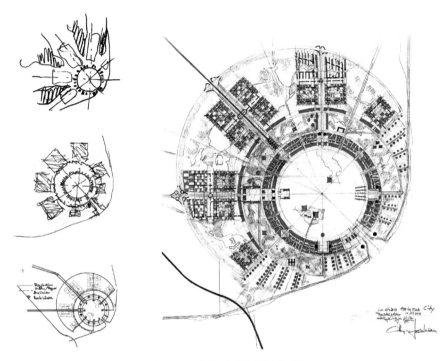

图3-1　临港新城规划设计手稿

（来源：临港新片区管理委员会）

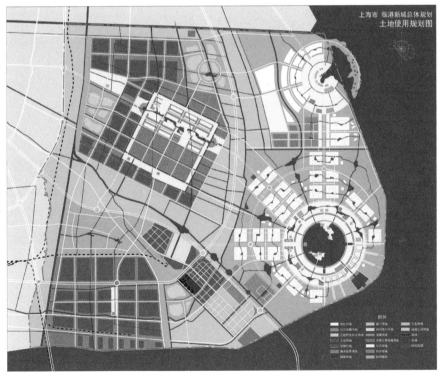

图3-2　上海临港新城范围

（来源：临港新片区管理委员会，《临港新城总体规划（2003—2020年）》，沪府〔2004〕5号）

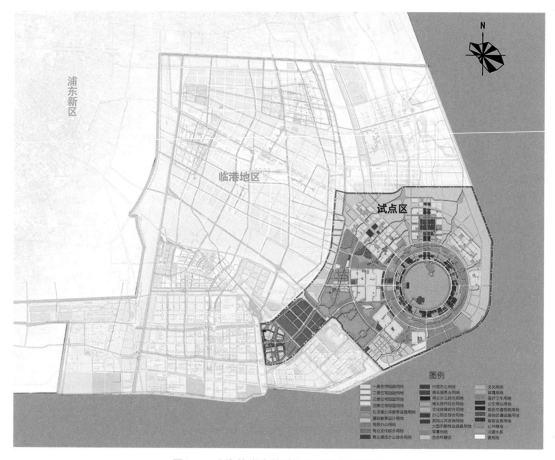

图3-3　上海临港海绵城市试点区规划范围
（来源：《上海临港试点区海绵城市专项规划》，沪府规〔2017〕57号）

港试点区包括主城区（即临港主城区）和老城区。其中，主城区呈以滴水湖为核
心的"水中涟漪"扩散的空间布局，已建成区域主要分布在西部临港大道与黄日
港之间的扇形区域及滴水湖周边。主城区作为临港新城近期重点发展区域，大量
基础配套项目和地块项目将加速实施，为新区探索不同类型海绵城市建设项目提
供良好的基础，有助于探索新区海绵城市规划建设管控的经验。老城区包括芦潮
港社区、物流园和临港森林，海绵城市建设以问题为导向，重点治理区域内河道
水质较差、建筑小区雨污混接严重及物流园区场地面源污染等问题，同步提升景
观环境，探索老旧片区和物流园区提升改造策略。

2019年8月，国务院印发《中国（上海）自由贸易试验区临港新片区总体方
案》，临港新片区正式设立。临港新片区包括上海大治河以南、金汇港以东以及
小洋山岛、浦东国际机场南侧区域。全域面积共873km²，其中，主体部分为大
治河以南、金汇港以东地区，面积约819km²，小洋山岛区域为小洋山岛全域，

面积约26km²，浦东国际机场南侧区域为东引河以西、S32申嘉湖高速—纬十一路—围场河以南、G1503上海绕城高速以东、下盐路—上飞路以北区域，面积约28km²。

3.1.2　试点代表性

临港试点区的建成区代表了上海老城区城市本底特征，未开发区可代表上海整体开发前本底状况。因此，临港试点区是上海的城市发展缩影，在地形地势、自然条件和城市建设等方面具有代表性。

临港试点区城市用地特征与上海市总体状况类似，而芦潮港社区、物流园区等老城区也与中心城区类似，存在易涝、水体污染及生态破坏、用地局促紧张等特征。同时，临港地区滨海临湖，湿地宽广，总体呈现出上海"三高一低""水质型缺水"等共性特点。选择临港试点区作为海绵城市建设试点区域，对整个上海市及华东地区等平原河网地区而言均具有较好的典型示范意义，可以试点示范探索建设模式，以点带面，推动上海全市海绵城市建设。

3.2 › 海绵城市建设条件

3.2.1　地形地貌

临港试点区陆域地势平坦，是长江三角洲冲积平原的一部分，土地基本为滩涂围垦形成。一般地面高程在4.0～4.2m（上海吴淞高程系，下同），顺应上海总体地势由东向西低微倾斜，西部略高，东侧滩涂围垦地区地势略低。至2016年现状，滴水湖以西大部分为已开发区域，整体地势较高，大部分在4.0m以上，滴水湖以东及以南大部分仍为自然滩涂湿地，尚未开发，地势低平，基本在3.5m以下。图3-4为高程分析图，图3-5为城区与河湖之间高程关系示意图。

3.2.2　水系格局

上海地区治涝治水历史悠久，经过长期的建设，逐步形成了"1网14片"的防洪除涝分片综合治理格局。1网是指上海市承接长江流域、太湖流域覆盖全市的一张河网，其中包括长江口、大陆区域水系和江岛水系。水利分片划

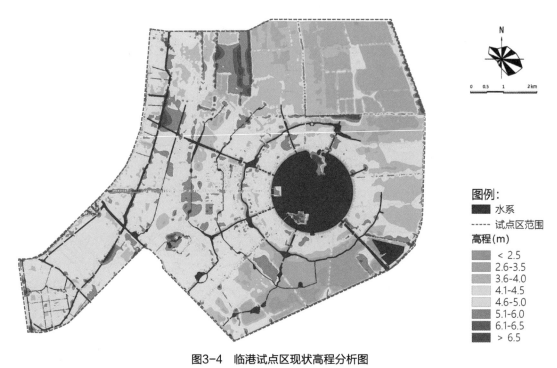

图3-4 临港试点区现状高程分析图

（来源：《上海临港试点区海绵城市专项规划》，沪府规〔2017〕57号）

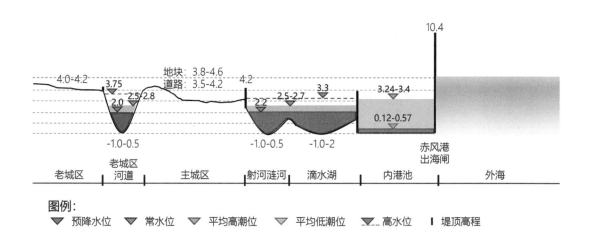

图3-5 临港试点区范围内城区与河湖之间高程关系示意图

分为嘉宝北片、蕴南片、淀北片、淀南片、浦东片、青松片、太北片、太南片、浦南东片、浦南西片、商榻片、崇明岛片、长兴岛片和横沙岛片，共14个水利片。

浦东新区滨江临海，位于上海市水利分片的浦东片，浦东片包含浦东新区、奉贤区及闵行区浦江镇，临港试点区位于浦东片东南角，处于长江、杭州湾交汇处，其老城区与浦东大片水网相连，主城区为相对独立的圩区，通过节制闸对圩内水位进行控制。临港试点区河网密布，水系发达，但河道尚未按照规划建成完整网络，现有水系是自然长期演变加上人工改造的结果。主城区规划形成"一湖七射四涟"的水系网络并构建出"滴水涟漪"的独特城市风貌。现状，主城区已实施河道水系主要分布于滴水湖西、南两侧，而东、北部地区多处于自然状态，水系缺失，河道较少。老城区中，芦潮港社区和物流园区有庙港河、纵一河、纵二河、路漕河、日新河、里塘河、中横河、芦潮支河、林场界河、老庙港河、人民塘随塘河；临港森林有中久三队河、石皮泐港、老石皮泐港、石家港、蒋港等，如图3-6所示。经统计，临港试点区试点建设前水面面积为9.11km²，水面率为11.52%。

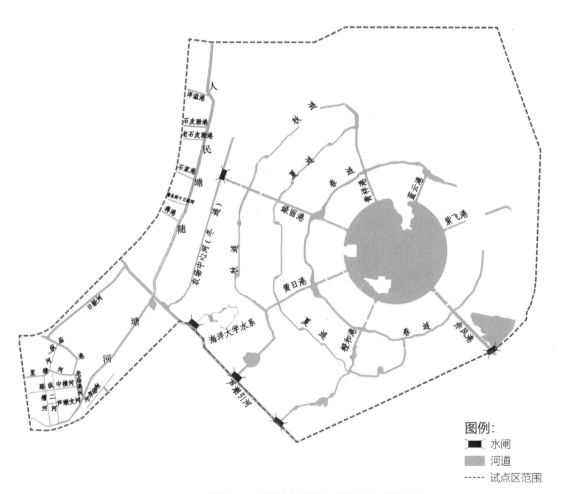

图3-6　临港试点区试点建设前水系分布图

（来源：临港新片区管理委员会）

3.2.3　土壤

临港试点区内大部分土地由滩涂围垦而成，根据环湖景观带、S7路等工程项目地质勘探报告，地质构造稳定，为第四纪现代沉积构造，无全新活动断裂、滑坡等地质灾害。地基土层主要由黏土、粉性土及砂土组成，其中表层为吹填土层，层厚0.5～3.5m，主要为黏土、淤泥等，土质不均，结构松散，渗透能力差；其下为砂质粉土，土性相对较好，承载力和渗透性相对较高。

临港试点区地基土典型分层示意图如图3-7所示，各层土壤渗透系数见表3-1。

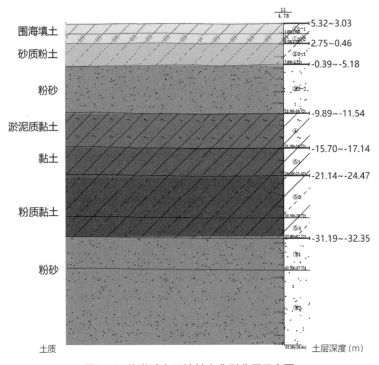

图3-7　临港试点区地基土典型分层示意图

临港试点区土壤渗透系数表（来源：临港试点区海绵城市建设系统方案）   表3-1

土壤类型	渗透系数k（cm/s）
砂质粉土	$1.54 \times 10^{-4} \sim 1.83 \times 10^{-4}$
粉砂	$2.63 \times 10^{-4} \sim 2.77 \times 10^{-4}$
淤泥质黏土	$1.54 \times 10^{-5} \sim 1.55 \times 10^{-5}$
黏土	$1.38 \times 10^{-5} \sim 1.54 \times 10^{-5}$

注：高渗透性>10^{-1}；中渗透性$10^{-1}\sim10^{-3}$；低渗透性$10^{-3}\sim10^{-5}$；极低渗透性$10^{-5}\sim10^{-7}$。

临港试点区地处东海沿岸，原状土壤盐碱化程度较高。根据《临港试点区环境本地调查报告》，在对临港试点区范围内16个采样点土壤样本进行分析后得到，土壤含盐量为2.85～3.12g/kg，均为中度盐化土，pH为8.12～9.00，其中5个取样点pH小于8.5为碱性土，其余采样点pH均大于8.5为强碱性土。同时，对各采样点土壤样本的营养盐含量也进行了分析，全氮、有机质的养分级别较低，为3～6级，全磷的级别较高，所有采样点均为1级。

总体上看，临港试点区原状土壤具有渗透率低、盐碱度高、土壤贫瘠等特点。

3.2.4　降雨

区域内年平均降雨量1228.1mm，最大降雨量在1959年为1330.4mm，最小降雨在1967年为748.8mm。年内以5～10月雨量为多，约占全年雨量的70%以上，期间又有台风袭击，并伴有暴雨、高潮现象。据统计，年均降水天数为125.3d，日降雨量小于20mm的占总降雨日的78%，占绝大多数。

1.　年径流总量控制率对应降雨量

根据惠南站32年日降雨资料统计数据（1983～2015年），扣除日降雨量小于等于2mm的降雨事件的降雨量，将日降雨量按雨量由小到大进行排序（图3-8），统计小于某一降雨量的降雨总量在总降雨量中的比率，分析得到75%年径流总量控制率对应设计降雨量为22.44mm，80%年径流总量控制率对应设计降雨量为26.87mm，85%年径流总量控制率对应设计降雨量为32.96mm，与上海市的年径流总量控制率对应设计降雨量相比，惠南站总体降雨量略大，见表3-2。

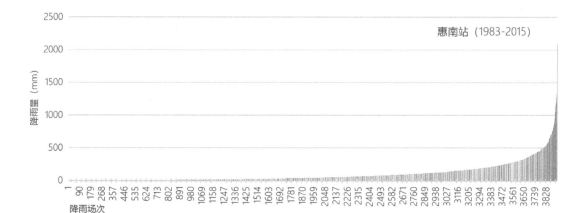

图3-8　惠南站近32年日降雨分布图（1983～2015年）

临港地区年径流总量控制率与设计降雨量的关系（惠南站）　　表3-2

年径流总量控制率（%）	60	65	70	75	80	85
临港地区设计降雨量（mm）	13.73	16.09	18.95	22.44	26.87	32.96
上海市设计降雨量（mm）	13.4	16.05	18.7	22.2	26.7	33.0

2. 短历时设计降雨

上海市最新暴雨强度公式由上海市水务局组织修订，见式（3-1）。修订的资料来源于1949~2012年5min、10min、15min、20min、30min、45min、60min、90min、120min、150min、180min共11个降雨历时的年最大降雨量，采用皮尔逊Ⅲ型分布曲线。

$$q = \frac{1600\left(1 + 0.846\lg P\right)}{\left(t + 7.0\right)^{0.656}} \qquad （3-1）$$

式中：q —— 降雨强度，L/（s·hm^2）；

　　　t —— 降雨历时，min；

　　　P —— 设计重现期，年。

根据新暴雨强度公式，得到不同重现期下的降雨量，见表3-3。

不同重现期下短历时降雨量（mm）　　表3-3

降雨历时（min）	重现期P							
	1年	2年	3年	5年	10年	20年	50年	100年
60	36.5	45.8	51.2	58.1	67.4	76.7	89.0	98.3
120	48.0	60.0	67.4	76.4	88.6	100.8	117	129.2
180	55.9	70.1	78.4	88.9	103.1	117.3	126.2	150.4

推荐采用芝加哥设计雨型作为上海市短历时设计雨型，120min降雨历时的雨峰位置系数r=0.405，结合式（3-1）计算得到相应的5年一遇设计雨型，如图3-9所示。

3. 长历时设计降雨

根据《上海市治涝标准》，临港试点区所属的浦东片（南）不同重现期24h雨量，见表3-4。

100年一遇24h长历时雨型根据20年一遇24h雨型进行同倍比放大，结果如图3-10所示。其中最大1h降雨量为68.9mm，较短历时芝加哥雨型10年一遇1h（67.8mm）大。

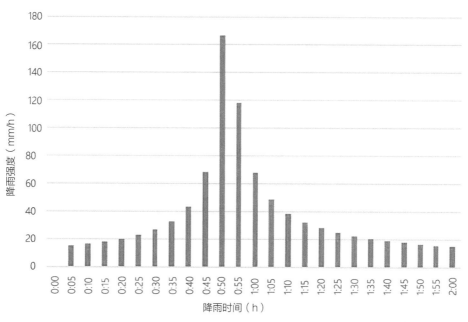

图3-9　短历时芝加哥雨型5年一遇降雨过程线

不同重现期下24h降雨量　　　　　　　　　　表3-4

重现期（年）	0.5	1	2	5	10	20	50	100
降雨量（mm）	35.3	65.4	95.5	132.1	167.1	201.1	245.7	279.1

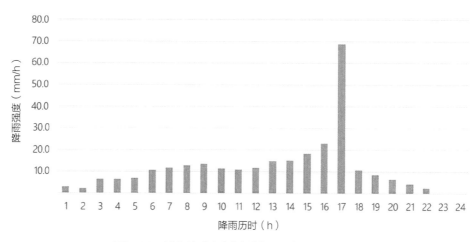

图3-10　浦东片（南）"麦莎"100年一遇24h雨型

　　参考"麦莎"实测降雨，将100年一遇24h降雨分配至5min，并考虑管道峰值流量，最大1h（第17h）降雨按照短历时芝加哥雨型进行分配，得到100年一遇24h降雨雨型（1440min）（以下简称"100年一遇长历时设计降雨"），分配结果如图3-11所示。

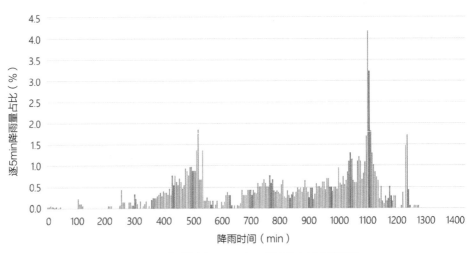

图3-11　临港试点区100年一遇长历时设计降雨

3.2.5　雨水径流污染特征

根据编制组2010年、2011年和试点期间的现场采样监测数据，从径流污染浓度变化过程和EMC浓度水平、初期冲刷效应、污染物指标相关关系等方面对区域雨水径流污染特征开展研究。

1.　采样布点情况

（1）2010年

2010年的采样过程中于道路雨水口共设定8个地表径流采样点（A～H），如图3-12所示。研究区域内设置3个自动雨量计，雨量计R精度高，而R1和R2精度较低。研究区域降雨量采用经过R1和R2校正过的雨量计R的监测数据。

（2）2011年

2011年的采样过程共设置19个点位（图3-13），其中包括18个道路广场类点位以及1个屋面类点位。18个道路广场类点位包含交通用地、文教用地、居住用地和商业用地四类。

（3）试点期间

试点期间对单一下垫面地表径流和不同用地属性的地块出口径流开展采样检测，采样点位如图3-14所示。其中单一下垫面包括屋面、道路（小区道路和市政道路）和绿地，不同属性地块包括仓储、堆场和办公区。

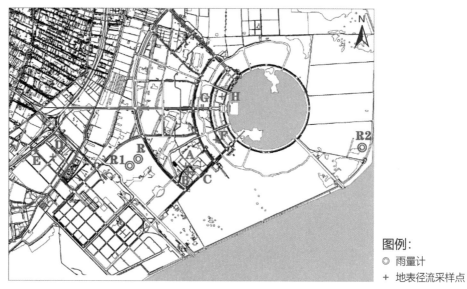

图3-12　2010年地表径流污染物采集点空间分布图

注：A是低密度居住区；B是居住区中的绿地；C是高密度居住区；D是物流园区内的工业企业；E是高交
通流量的物流园区道路；F是临港新城城市公园；G是中交通流量的主要道路；H为低交通流量的商业区道
路；径流系数参考《室外排水设计规范》GB 50014—2006。

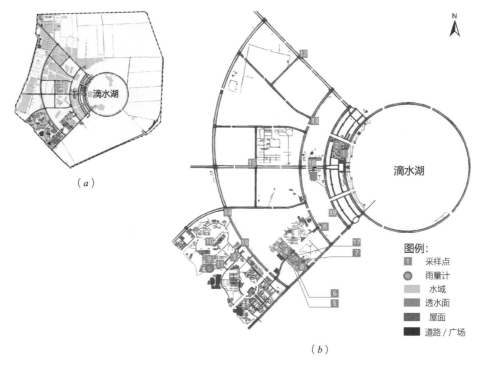

图3-13　2011年地表径流污染物采集点空间分布图

（a）临港二级集水区（主城区）；（b）采样点位置图（除去水域与透水面）

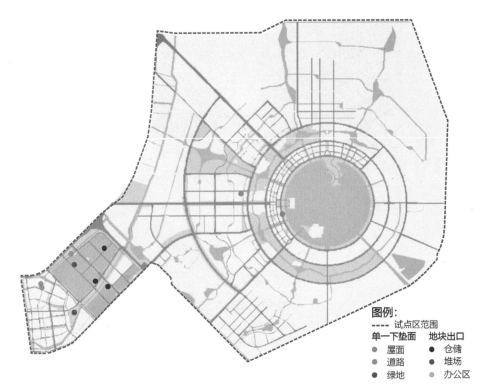

图例:
- - - 试点区范围

单一下垫面   地块出口
- 屋面   ● 仓储
- 道路   ● 堆场
- 绿地   办公区

图3-14 试点期间地表径流污染物采集点分布图

2. 地表径流污染程度

（1）2010年监测结果

地表径流污染物变化过程受下垫面类型、降雨特征及集水区特征等多种因素综合影响，四次典型降雨事件中，常规污染物总体表现为污染物浓度随径流时间的协同变化趋势（图3-15），而3种形态的重金属的变化过程差异较大（图3-16）。

常规污染物的最大值均远远超过《地表水环境质量标准》GB 3838—2002（以下简称地表水标准）中Ⅴ类限值，部分点位的COD和TP超过上海市《污水综合排放标准》DB 31/199—2018（以下简称污水排放标准）中对该区域污染物的排放限值（COD为50mg/L，TP为0.5mg/L）。从EMC值来看，所有点位的TSS和石油类、63.6%的COD、31.8%的点位的TP、18.2%的点位的氨氮均超过地表水标准Ⅴ类限制，BOD_5污染程度较小，仅一个点位超过Ⅴ类。可见，地表径流中氮磷污染较为严重。

总体而言，溶解态重金属的浓度较低，均低于地表水标准中Ⅰ类限值（除物流企业D点的溶解态Cu为0.012mg/L，略超Ⅰ类，但远低于Ⅱ类1mg/L），而

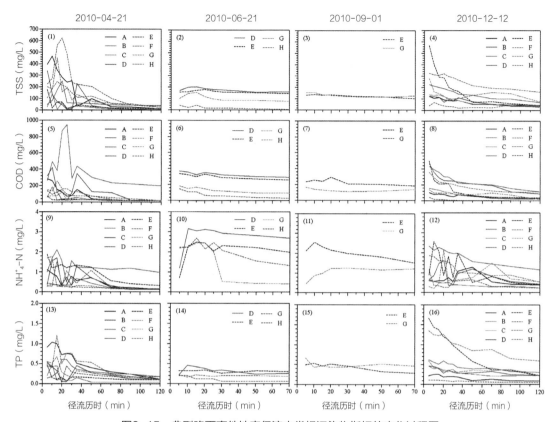

图3-15　典型降雨事件地表径流中常规污染物指标的变化过程图

重金属的颗粒态和总量的浓度较高，除Ni和Cu外，其他颗粒态重金属指标的最大值均超过地表水标准中 V 类限值，颗粒态Zn的浓度甚至超过污水排放标准的排放限值（2.0mg/L）。从EMC值来看，溶解态重金属的EMC值较低，均低于地表水标准中 I 类限值，而重金属的颗粒态和总量的EMC较高，除Cd、Ni和Cu外，其他颗粒态重金属指标部分点位超过地表水标准中 V 类限值，其中，37.5%样点Zn超标，50%样点Pb超标。可见，颗粒态重金属是地表径流污染的重要指标。

（2）2011年监测结果

根据检测结果，SS的EMC值（246.5mg/L）超过了污水排放标准中的对该区域污染物的排放限值（30mg/L）；COD、TP和氨氮的EMC值（分别为67.3mg/L、0.7mg/L、4.2mg/L）均超过地表水标准中 V 类限值。

（3）试点期间

根据检测结果，物流园用地中除氨氮以外，COD、TP的EMC值均超过地表水标准中 V 类限值，重金属浓度（铜、锌、砷、总铬）均在 I ~ II 类标准。屋

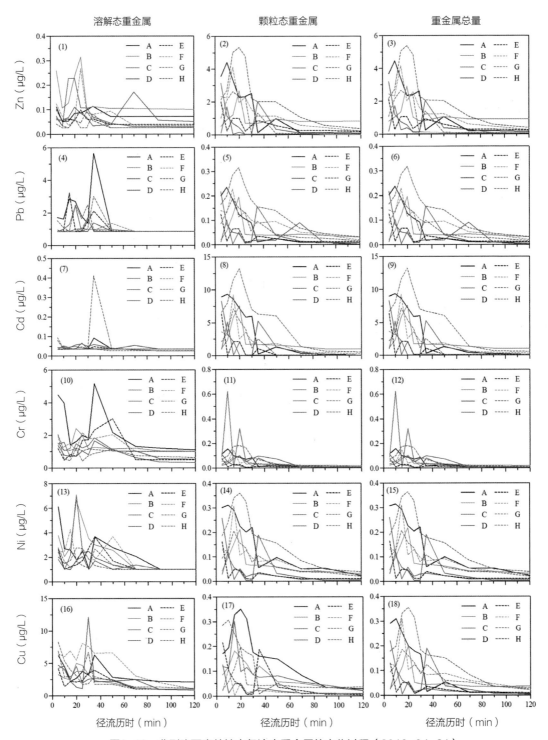

图3-16　典型降雨事件地表径流中重金属的变化过程（2010-04-21）

面和公园绿地的径流中COD和总氮仅有一次降雨的超过Ⅴ类限值，其他降雨的COD和总氮、所有的TP和氨氮的EMC值均为Ⅳ类。

可见物流园经过重金属的治理，重金属污染已得到有效控制，地表水常规污染物仍处于较为严重的水平。

3. 地表径流污染物相关关系

从2010年和2011年两次采样分析结果来看，对于常规污染物间，颗粒物对污染物总量（COD和TP）的影响较大，但是COD和BOD_5的相关关系不显著或者虽然显著但相关系数均较小，对于重金属污染物间的相关关系均为显著。

4. 初期冲刷效应

以2010年监测结果来看，不同污染物间的初始冲刷效应强度差异。各大类污染物的初始冲刷效应强度排序为常规污染物、颗粒态重金属、重金属总量、溶解态重金属。对于常规污染物而言，初始冲刷效应强度排序为BOD_5>COD>TSS>Oil>TP>氨氮；对于溶解态重金属污染物而言，初始冲刷效应强度排序为Ni>Cu>Zn>Cd>Cr>Pb；颗粒态和总量重金属污染物初始冲刷效应强度排序一致，为Cd>Cr>Cu>Zn>Ni>Pb。颗粒态的污染物的初始冲刷强度要显著高于溶解态污染物，这可能与污染物的性质有关。溶解态污染物冲刷特征主要取决于其自身的溶解特性等内因，而颗粒态污染物冲刷特征主要取决于下垫面性质、降雨特征等外因。

不同土地利用间的初始冲刷效应强度差异。不同土地利用的初始冲刷效应强度排序为居住用地>工业用地>绿地>交通>商业用地，这可能与路面的清扫频率、交通量、路面类型有关。同一土地利用不同土地覆被的初始冲刷效应强度排序为高密度住宅C>低密度住宅A>居住区绿地B，物流园区主干道路E>临港新城主城区的主干道路G，说明住宅利用强度和道路交通量对初始冲刷效应强度有较大影响。

5. 不同用地非点源污染负荷输出系数

结合现场实测和研究分析，临港试点区不同用地的非点源负荷输出系数见图3-17和表3-5。不同用地的非点源负荷输出系数与路面的清扫频率、交通量、路面类型、人类活动程度有关。

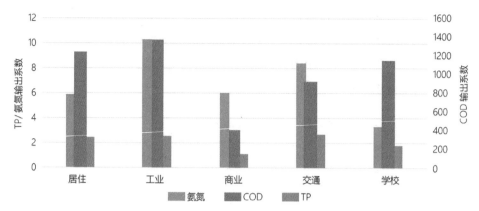

图3-17   不同用地非点源污染负荷输出系数对比图

不同用地非点源污染负荷输出系数   表3-5

输出系数[kg/（hm²·a）]	居住	工业	商业	交通	学校
COD	1240	1371	400	926	1151
氨氮	5.86	10.31	5.99	8.44	3.33
TP	2.45	2.58	1.1	2.71	1.81

3.3 › 海绵城市建设需求

3.3.1   水环境方面

1. 建设前基本情况

（1）滴水湖

滴水湖湖区水质总体较好，2014～2018年，湖区部分水质指标均得到明显改善，其中，COD_{Mn}指标评价均由Ⅳ类改善为Ⅲ类；氨氮和TP年际间变化幅度较小，无明显变化趋势，其中氨氮指标评价基本保持在Ⅱ类，TP指标评价基本保持在Ⅲ类；TN年际间变化幅度较大，基本保持在Ⅲ类和Ⅴ类之间，如图3-18所示。

根据水质监测结果评价滴水湖富营养化风险。评价方法采用综合营养状态指数法（TLI）。湖泊（水库）营养状态分级标准为：TLI（Σ）<30为贫营养；30≤TLI（Σ）≤50为中营养；TLI（Σ）>50为富营养；50<TLI（Σ）≤60为轻度富营养；60<TLI（Σ）≤70为中度富营养；TLI（Σ）>70为重度富营养。

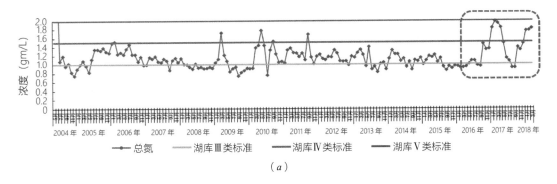

(a)

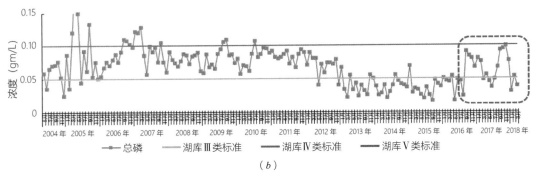

(b)

图3-18　2004~2018年滴水湖监测数据分析

(a)总氮；(b)TP

根据滴水湖富营养化监测结果显示，滴水湖湖区在不同时期存在不同程度的富营养化现象。2004~2007年，蓄水期，水质恶化，水华爆发；2007~2010年，水质波动期，指标波动较大，为藻型水质；2011~2015年，水质改善期，各项指标显著改善；2016年至今，由于建设施工、面源污染、外源劣水等因素引起的水土流失、营养物质输入、生态净化系统损伤等，水质出现反复波动，部分指标恶化，如图3-19所示。

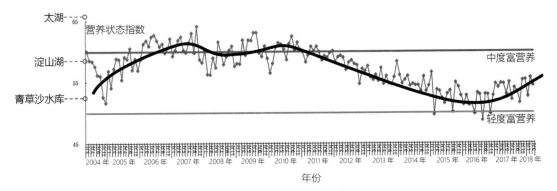

图3-19　2004~2018年滴水湖营养状态指数

（2）射河涟河

结合2013~2016年射河涟河水质分析，其年均水质在Ⅲ~Ⅳ类。2013~2015年各监测断面年均水质均满足Ⅳ类水质目标，Ⅲ类水比例也逐年提高；2016年水质有所回落，E港外涟河断面水质超标（Ⅴ类），主要超标因子为氨氮，超标倍数为0.03。

结合逐月水质数据分析，射河涟河均存在水质超标现象，超标率呈现先下降后上升的趋势。其中2016年水质超标率为12%，主要超标因子为氨氮（超标率9.1%），其次为溶解氧（2.2%）。各条射河入湖口、内涟河、D港、A港的监测断面水质超标率较低，C港护城环路及海事大学水闸内、外涟河临港大道、中涟河临港大道、中涟河古棕路及橄榄路桥、E港外涟河7个断面的水质超标率较高，主要超标因子均为氨氮。

（3）外围河道

从大治河各项水质指标的变化分析，大治河综合水质为Ⅲ~劣Ⅴ类，主要污染因子为总氮、氨氮、TP、BOD_5、溶解氧（东闸）。新场断面的水质优于东闸断面。从季节差异分析，溶解氧春冬优于夏秋，氨氮、总氮夏秋优于春冬，BOD_5、TP秋冬优于春夏，高锰酸盐指数无明显季节差异。

从其他外围河道各项水质指标的逐月变化趋势来看，综合水质为Ⅲ~劣Ⅴ类，有恶化趋势，石皮渤港水闸、D港涵闸水质相对较差。主要污染因子为总氮、氨氮、BOD_5、TP。各项指标的季节差异与引水水源大治河新场、东闸断面的规律相同。

综上分析，滴水湖现状水质在Ⅲ~Ⅳ类，射河涟河水质为Ⅲ~劣Ⅴ类，而主城区外围补水水源水质也为Ⅲ~劣Ⅴ类，超标指标主要为TP和氨氮。随着城市的建设发展，临港试点区内水质有恶化的风险。

2. 问题与需求

临港试点区水环境存在以下问题和需求：

（1）本地污染较严重

临港试点区河道入河污染物排放量大，包括雨污混接等点源污染和面源污染，同时随着主城区逐步开发，人口总量增大，面源污染负荷会增大。面源污染随着降雨径流排入河道，特别是初雨径流携带的污染物浓度高，对水体的水质产生较大影响。

（2）外围补充水源水质差

圩区外的大治河、人民塘、芦潮港等河道水体水质较差，无法向区内提供相对清洁的生态补水原水。且从长远角度来看，未来依然需要从外围河道持续引水以补充生态环境用水及维持河湖景观水位。大治河、芦潮港及人民塘等作为长期引水水源河道，目前缺乏必要的水源涵养措施，无法拦截地表径流携带的污染物入河，水质得不到改善，不利于主城区引水。

3.3.2　水安全方面

1. 建设前基本情况

（1）积水情况

临港试点区存在部分积水点，如图3-20所示。产生积水的主要原因：1）已建城区中环湖西二路以东区域的雨水排水管渠采用2年一遇的设计重现期，其他区域的设计重现期均为1年一遇，均达不到标准规定的5年一遇的设计标准，且部分区域地块与市政排水管网的衔接存在问题以及管网养护不够；2）局部雨水口收水能力不足；3）施工管理不善导致周边积水；4）局部地势低洼。综合上述因素，在风暴潮的影响下，径流峰值大，集中排水导致排水不畅，使局部区域易积水受涝，见表3-6。

图例：
- ● 3年一遇积水点
- ● 2年一遇积水点
- --- 试点区范围

图3-20　临港试点区试点建设前积水点分布图

积水点情况统计表　　　　　　　　　表3-6

序号	积水点位置	渍涝频率	汇水范围（hm²）	积水原因
1	环湖北二路（临港大道至E港）	3年一遇	0.03	道路施工单位未对市政雨水管出浜口封堵头子拆除干净
2	古棕路—马樱丹路路口	3年一遇	0.02	周边施工，建筑垃圾造成雨水管淤积
3	古棕路—美人蕉路路口	3年一遇	0.03	道路施工单位未对市政雨水管出浜口封堵头子拆除干净
4	古棕路—马云当路路口	3年一遇	0.01	周边菜场垃圾造成雨水管淤积
5	上海海事大学	3年一遇	49	汇水面积过大，源头径流控制不足
6	渔港路（桃源一村门口附近）	2年一遇	0.02	地势低洼
7	海芦居委999弄西门口	2年一遇	0.01	地势低洼

（2）管网建设情况

结合2017～2018年临港试点区管网物探数据，检查井共计8310个、雨水箅子共计9895个、雨水管线总长度334.8km。排水体制为完全分流制。雨水管网分布如图3-21所示。

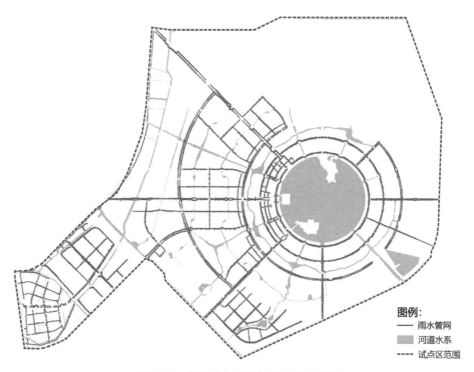

图例：
—— 雨水管网
▨ 河道水系
---- 试点区范围

图3-21　临港试点区试点建设前雨水管网

（3）管网排水能力评估

构建水—陆—网耦合模型（详见第4章），以地面出现积水为条件，评估管网排水能力。结合评估结果如图3-22所示，当河道水位为常水位时，排水能力小于1年一遇的管网长度为0.958km，占总管长的百分比为0.43%；排水能力为1～2年一遇的管网长度为5.95km，占总管长的百分比为2.66%；排水能力为2～3年一遇的管网长度为4.24km，占总管长的百分比为1.89%；排水能力为3～5年一遇的管网长度为10.52km，占总管长的百分比为4.79%；排水能力大于5年一遇的管网长度为202.46km，占总管长的百分比为90.33%。

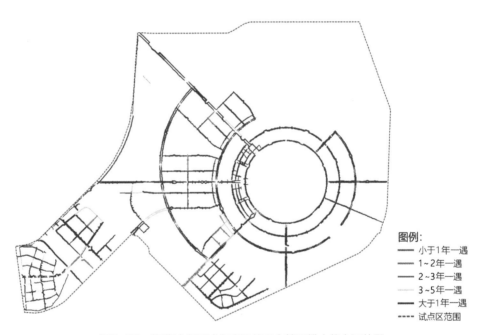

图例：
—— 小于1年一遇
—— 1～2年一遇
—— 2～3年一遇
—— 3～5年一遇
—— 大于1年一遇
---- 试点区范围

图3-22　临港试点区试点建设前雨水管网排水能力评估图
（河道常水位，地面出现积水）

（4）水系排涝能力评估

通过模型评估水系排涝能力，20年一遇24h降雨（总降雨量201.1mm）下，试点建设前建成区产流466.5万m^3，赤风港水闸外排总量435.5万m^3，河网调蓄总量31.0万m^3。水系的最高水位为2.61m，满足3.3m的河道最高排涝控制水位要求。

（5）内涝风险评估

通过模型评估内涝风险，使用100年一遇长历时设计降雨进行模拟。选取积水深度、淹没历时、淹没范围和重要程度，划分内涝高、中、低风险区。积水风险评估结果如图3-23所示，内涝风险等级划分结果如图3-24所示。

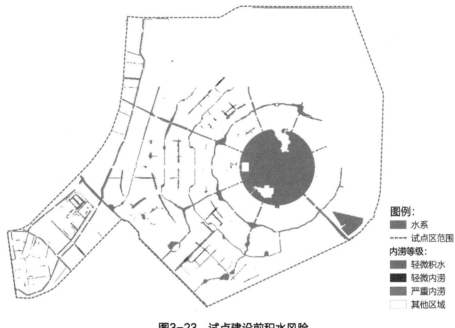

图3-23　试点建设前积水风险

图3-24　临港试点区试点建设前内涝风险

2. 问题与需求

临港试点区水面率较高，且主城区随着规划建设水面率会进一步升高，区域调蓄能力较强。主城区由于自成圩区，河道水位可根据要求调整，在暴雨预警发布后可预降水位,增加调蓄库容。此外,伴随着区域海绵城市建设,雨水径流总量、峰值将得到一定的控制,削减管网排水峰值,对缓解区域内涝和积水有一定帮助。但是临港试点区水安全仍存在一定问题和需求:

(1)已建区管网排水能力有待进一步提高

根据相关标准和规划要求,上海市要求新区的雨水管渠标准为5年一遇,内涝防治标准为100年一遇。而临港试点区已建区由于建成较早,排水管渠根据当时的排水标准设计,设计标准大多为1~2年一遇,排水能力有待进一步提高。

(2)水系蓄排能力有待进一步提高

由于临港试点区地势较为平坦,局部存在断头浜,河网水动力不足,河道部分淤积,水系的调蓄能力未达设计标准。同时主城区河道未完全按规划建成,水系的调蓄库容未能得到充分利用。此外,主城区通过赤风港外排海闸进行排水,低潮开闸排水,高潮闸门关闭。若遭遇风暴潮灾害时,主城区的涝水则难以快速排除,目前排水模式有内涝风险。

(3)主城区河道水位有进一步预降的需求

主城区河道常水位为2.5~2.7m,而主城区的地面高程平均为4.3m,排水压差只有1.4~1.6m,河道水位有进一步预降的需求。但是预降水位需要考虑,而排水区域的河道是通过射河与滴水湖直接相连的,滴水湖作为涝水调蓄空间,同时由于滴水湖水质较好,预降排除大量好水后,若无补充则生态补水存在问题,这一现状不便于实施暴雨前的水位预降。

(4)竖向控制不足,存在局部低洼

临港主城区的地面高程平均为4.3m,但部分市政道路、小区局部地方如下沉式庭院和车库等高程偏低,高处雨水径流易汇入,从而导致局部低洼处的雨水口实际收水面积偏大,易形成积水点。

(5)部分道路雨水箅过流能力不足、雨水口及管道堵塞

通过现场调研,发现部分道路雨水箅过流能力不足、雨水口及管道堵塞,导致道路积水、退水时间长的现象。

(6)区域排涝除险能力有待完善

根据相关水系专业规划,临港试点区目前区域除涝标准为20年一遇(24h降雨量201.1mm);而区域的内涝防治标准为100年一遇(24h降雨量279.1mm)。在海绵城市建设源头减排措施、排水管渠建设及河道蓄排结合的情况下,需采取措施使区域满足内涝防治标准要求,进一步完善区域排涝除险能力。

3.3.3　水生态方面

1. 建设前基本情况

（1）年径流总量控制率评估

按照临港试点区不同下垫面类型，分别选取典型地块，通过模型模拟或经验数值得出各下垫面类型试点建设前的年径流总量控制率。其中建筑与小区（包括居住小区、商务区、学校等）、道路与广场系统使用数学模型InfoWorks ICM进行模拟和年径流总量控制率的分析评估；绿地及水域采用经验数据。

根据典型地块的模拟评估结果（表3-7），无绿化分隔带的道路、商务街区为年径流总量控制率较低的用地类型。一般新式小区控制率在50%以上，旧式小区仅为30%。

不同用地类型试点建设前的年径流总量控制率评估结果　　　　　表3-7

用地类型	年径流总量控制率（%）
大学	67.0
道路	12~40
公建	26.0
广场停车场	12.0
新式小区	50.0
旧式小区	30.0
绿地	85.0
物流仓储	33.0
其他用地	12.0

参考典型地块的评价结果，结合地块自身特征，分析临港试点区内其他各地块年径流总量控制率，如图3-25所示。临港试点区内有大部分区域属于未开发区域，原始年径流总量控制率较高，整体本底较好，年径流总量控制率为74.2%，不达标区域主要集中在已开发建设地块。根据区域规划，未开发区域将陆续进行开发建设。若仍按传统开发模式进行建设，预期区域年径流总量控制率在试点期结束时约为71%，远期约为64%。

（2）河湖护岸

临港试点区已建护岸153.5km，其中生态护岸88.3km，生态护岸防护比例58%，分布如图3-26所示。其中，主城区按规划已建护岸110km，其中生态护

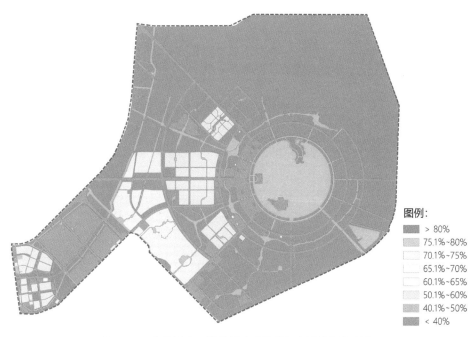

图3-25　临港试点区地块试点建设前年径流总量控制率

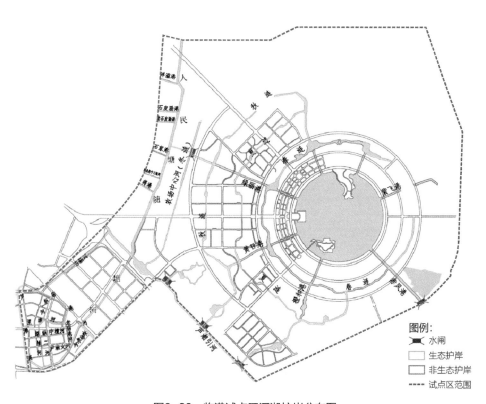

图3-26　临港试点区河湖护岸分布图

（来源：临港新片区管理委员会）

岸56.9km，占比52%；老城区（芦潮港社区、国际物流园区）按规划已建护岸31km，其中生态护岸21.8km；临港森林地区已建护岸12.5km，其中生态护岸9.6km，见表3-8。

临港试点区河湖护岸长度及生态护岸占比（试点建设前）

（来源：临港新片区管理委员会）   表3-8

区域名称	已建护岸长（km）	已建生态护岸长度（km）	生态护岸占比（%）
临港主城区	110	56.9	52
国际物流园区	30.3	22.4	74
芦潮港社区			
临港森林	12.5	9.6	77
合计	153.5	88.3	58

临港主城区以滴水湖为中心，试点建设前已形成一湖七射四涟的河网结构。其中，滴水湖湖区护岸以硬质护岸为主；射河涟河经过人工治理，形成一定规模的生态护岸，但尚有一定数量的护岸需要进行生态化处理。其中，夏涟河、秋涟河、绿丽港、黄日港、射河入湖段已建浆砌石护岸53.1km。因为硬质护岸的阻隔，部分生境破碎化，未形成健康、稳定的水生态系统。部分河道护岸形式如图3-27所示。

芦潮港社区受不同开发程度和阶段的影响，情况较为复杂，自然和人工护岸并存。人民塘随塘河、庙港河、林场界河为原生态护岸。日新河、纵一河、芦潮支河、老庙港河为硬质直立护岸，水、陆生态沟通性较差；纵二河、路槽河、里塘河、中横河为生态护岸。部分河道现状护岸形式如图3-28所示。

物流园区多为人工护岸，多为砌块石挡墙及连锁块，生境破碎化严重。部分河道护岸形式如图3-29所示。

临港森林区域内，人民塘随塘河两岸均为未整治的植生土坡，陆域污染物拦截效果较差，存在水土流失现象。石皮渤港、老石皮渤港、洋溢港、塘北村十三组河、蒋港多为未整治护岸，部分沿岸有房屋的河段为直立浆砌石护岸。部分河道护岸形式如图3-30所示。

2. 问题与需求

临港试点区水生态存在以下问题和需求：

（1）低影响开发建设理念有待提高

现状年径流总量控制率为74.2%，整体本底较好，不达标区域主要集中在已

图3-27　主城区试点建设前护岸形式

（a）、（b）、（c）、（d）硬质直立护岸；（e）、（f）生态护岸

（a）　　　　　　　　　　　　　（b）

（c）　　　　　　　　　　　　　（d）

（e）　　　　　　　　　　　　　（f）

图3-28　芦潮港社区生态护岸形式

（a）、（b）原生态护岸；（c）、（d）硬质直立护岸；（e）、（f）生态护岸

（a）　　　　　　　　　　　　　（b）

图3-29　物流园区护岸形态

（a）砌块石挡墙；（b）连锁块

（a）　　　　　　　　　　　　　　　　（b）

图3-30　临港森林一期河道护岸

（a）一侧直立浆砌石一侧自然土坡；（b）两侧自然土坡

开发建设地块，已开发地块需结合城市更新改造，利用源头低影响开发设施，因地制宜地采取"渗、滞、蓄、净、用、排"等措施，充分发挥建筑、道路和绿地、水系等生态系统对雨水的吸纳、蓄渗和缓释作用，有效控制雨水径流。待开发地块通过规划建设管理，按地块开发径流控制要求进行开发建设。

（2）水生态系统有待提升

生态护岸占比为58%，硬质护岸阻隔了水陆能量及物质的交换，水生动植物缺失，生物链不完整，水生态系统的净化功能难以充分发挥，难以自我消纳排入河道的污染负荷，不能有效维持或改善水质。需要对河道及滴水湖开展生态治理，健全水生态系统，完善水体生物链，发挥水生态系统净化功能，提高水体自净能力。

3.3.4　水资源方面

临港试点区河湖水面率高，水量充足，但可利用水资源量少，存在水质型缺水问题。主要原因有以下几方面：一是由于临港试点区本身部分污染源未得到有效治理；二是临港试点区外部河网水系均位于浦东南片圩区内，该圩区水系尚未连片，同时，水系周边陆域的面源污染及少量点源污染直接进入河道，水体污染仍然存在；三是由于临港试点区范围内大部分为新围垦区，属于平原感潮河网地区，受咸潮影响，水土盐碱化严重，淡水资源缺乏，不能满足地区开发建设的需要。

临港主城区作为独立圩区运行，区内的自然水体存在蒸发、渗漏、绿化及道路浇洒用水等水量损失，耗损的水量需要从周边的水体补充。考虑到跨区的调水工程量大、成本高且水质不稳定等因素，滴水湖水量的平衡主要依靠汇水区的补给水。补给水考虑地下水、外河生态补水和降雨几个方面。由于区域地下水位过高，不利于雨水向深层土壤导排，很难由地下水向水系补水。此外，圩区外的大治河、人民塘、芦潮港等河道水体水质较差，难以向区内提供相对清洁的生态补水原水。临港试点区可用的生态环境用水稀少，在无较为合适的河道生态补水水源情况下，主要依靠降雨补充。

3.4 › 建设目标与思路

3.4.1 建设目标与指标

临港试点区围绕建设"生态之城、品质之城、未来之城"总体目标，打造中国新时代"未来城市"CASE of Future最佳实践区（图3-31）。其中"C"为Creative，即一张蓝图干到底，规划引领创新之城；"A"为Active，即景观海绵相协调，品质提升活力之城；"S"为Smart，即监测模型考效果，精细管理智慧之城；"E"为Ecology，即以湖定城法自然，和谐宜居生态之城。

通过加强城市规划建设管理，因地制宜地采取"渗、滞、蓄、净、用、排"等措施，充分发挥建筑、道路和绿地、水系等生态系统对雨水的吸纳、蓄渗和缓释作用，有效控制雨水径流，需实现自然积存、自然渗透、自然净化的城市

图3-31 临港试点区总体目标示意图

发展方式，逐步实现小雨不积水、大雨不内涝、水体不黑臭、热岛有缓解。到规划期末，规划区内全面实现临港试点区海绵城市建设"5年一遇降雨不积水、100年一遇降雨不内涝、水体不黑臭、热岛有缓解"总体目标要求。分别从水安全、水生态、水环境、水资源方面考虑，制定临港试点区海绵城市建设指标体系（表3-9），长期指导临港试点区海绵城市建设。

临港试点区海绵城市指标体系　　　　　　　　　　　　　表3-9

试点城市	试点区域面积（km²）	年径流总量（控制率/毫米数）	水生态		水环境		水资源		水灾害治理		
			生态岸线恢复（适宜改造的"三面光"岸线基本得到改造，恢复河道水系生态功能，%）	天然水域面积保持程度（试点区域内的河湖、湿地、塘洼等面积与试点区域面积的比值，%）	地表水体水质达标率（试点区域内水质监测断面总个数之比。达标标准：监测断面位于水功能区内的，水质达到国务院批复的全国重要水功能区水质标准；监测断面不在水功能区内的，水质不得劣于试点之前水质，且不得出现黑臭水体，%）	初雨污染控制（以悬浮物TSS计，%）	雨水资源利用率（雨水资源利用率与多年平均降雨量的比值，及雨水利用量可替换自来水量或比例，%）	防洪标准（X年一遇）	防洪堤达标率（%）	内涝防治设计重现期（年）
上海	79.08	80%/26.87 mm	80	11	85	80	≥5	200年一遇高潮位加12级风	100	100

3.4.2　总体思路

临港试点区的海绵城市建设，以滴水湖水质提升和内涝防治为核心，新城以目标为导向，老城以问题为导向，重点突出城市建设管理中的海绵管控。

厘清生态空间格局，严格保护水系、绿地等大海绵体，构建蓝绿交织、水城共融的生态城市，打通行泄通道，留足调蓄空间，控制水文竖向，全方位保障城市排水安全。在开发建设过程中，精细管控地块、道路等小海绵体，通过控源截污、生态修复等措施，杜绝点源污染，减少面源污染，全流程保护城市水体环境。临港试点区通过长期管控、近期修补结合，合理布局，综合保障，全面建成符合海绵城市理念的生态之城。技术路线如图3-32所示。

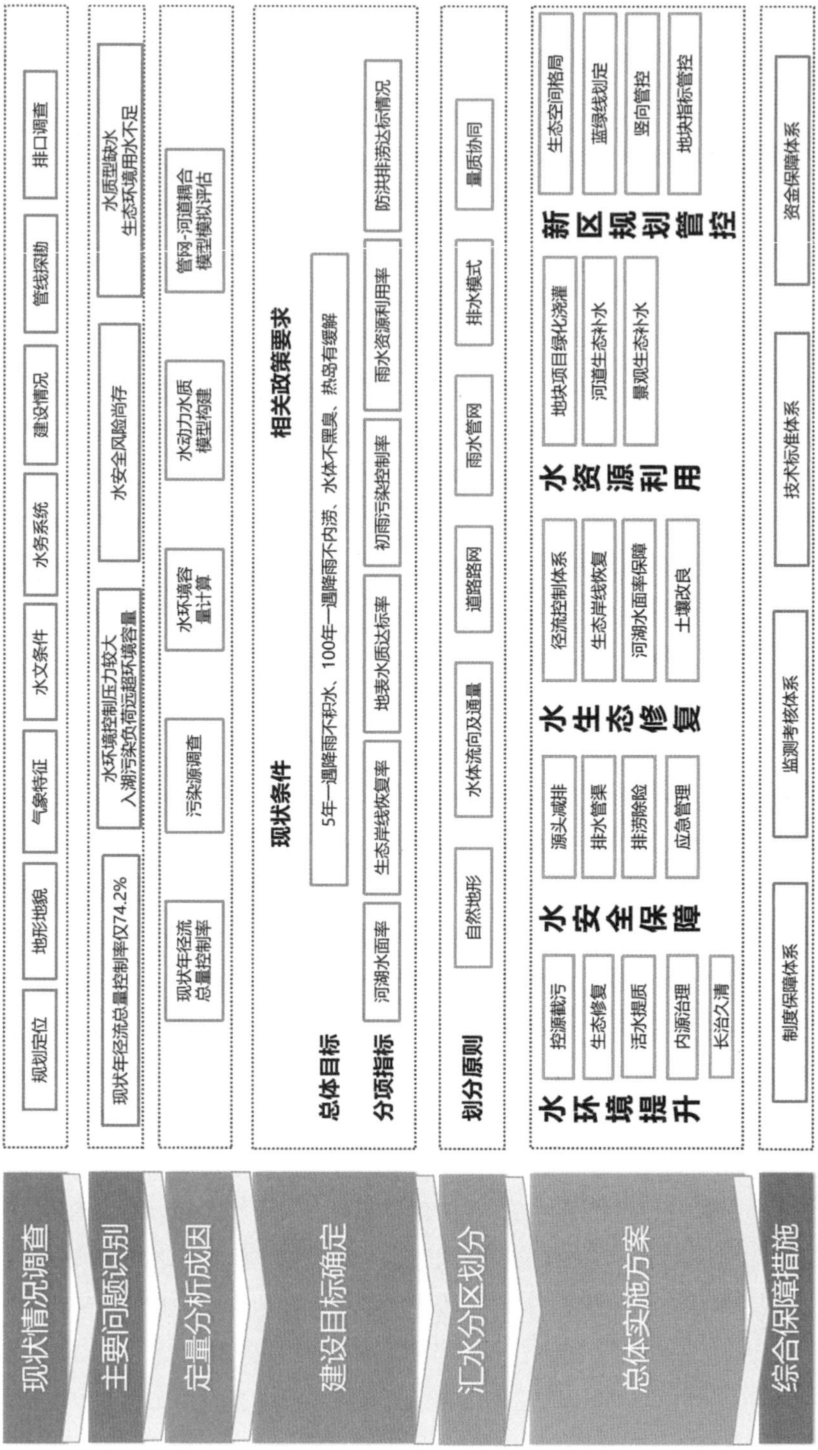

图3-32　临港试点区海绵城市建设技术路线

第**4**章

› 水—陆—网耦合模型
构建

4.1 › 总体目标

构建包含水安全子系统和水环境子系统的水—陆—网耦合模型，对临港试点区规划方案进行定性及定量的复核，通过不同的降雨情景分析，进行方案评估，利用丰富的结果量化统计手段评估各方案实施的效果。包括改造后管网系统能力的提高、内涝的缓解、水质的提升、年径流总量控制率及年径流污染控制率等都可以通过模型的运行计算来得到量和趋势的复核。

4.2 › 模型软件选择

试点区水—陆—网耦合模型构建选择InfoWorks ICM作为主要评估工具。InfoWorks ICM是世界上第一款实现在单个引擎内成功完整模拟城市雨水循环系统的软件；作为综合的城市排水、流域及海绵城市一体化模型系统，其计算模块包含了城市水系统中从源头（LID）到过程（排水管渠系统）再到末端（河湖水系）等所有的相关系统，能够支撑全方面分析。

水安全子系统采用InfoWorks ICM数学模型中河网模型、管道模型和地面二维模型等构建，综合考虑试点区内降雨、产汇流、下渗、蒸发、管网水动力、河网水动力等。需要说明的是，结合试点区的海绵城市建设，模型采用项目建设后的自动监测数据进行参数率定和模型验证，所构建的水—陆—网耦合模型中还耦合了源头海绵设施模型。

水环境子系统采用InfoWorks ICM数学模型中内置水质模块，可实现源头海绵设施、排水管道及河道中的水质模拟。

4.3 › 模型构建

4.3.1 河道模型构建

老城区内水系与外河连通，不属于单独圩区，水位受浦东片区圩区水位总体调控影响；主城区属于独立圩区，除涝计算时，与浦东大片河网相连的河道上节制闸关闭，属于独立排涝、排水区域。分别构建老城区、主城区河网模型，整合为试点区河道模型。

　　根据现状河网平面及断面数据，构建河道模型，并将河道预降水位、常水位、高水位等特征水位作为边界条件。主要河道包括春涟、夏涟、秋涟、汇角水闸河、橙和港、紫飞港、绿丽港、蓝云港、赤风港、青祥港、黄日港、人民塘随塘河、芦潮引河、芦潮支河、芦潮河、中横河、庙港河、日新河、林场界河、纵一河、纵二河、老庙港河、路漕河、里塘河。

　　按照不同时间节点下的建设情况，分别构建了试点建设前（2016年）和试点期结束（2018年）时期下的河道模型，如图4-1所示。

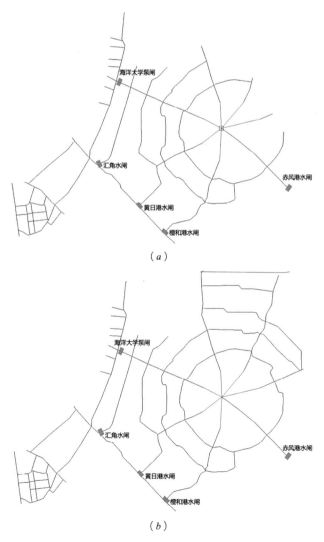

（a）

（b）

图4-1　河网模型构建示意图

（a）试点建设前（2016年）；（b）试点期结束（2018年）

4.3.2　管网模型构建

通过对管网数据进行检查和修正及简化，最终整个管网模型（图4-2）共有节点7415个，管段7364根，管道总长224.3km，管径范围DN200～DN2200。

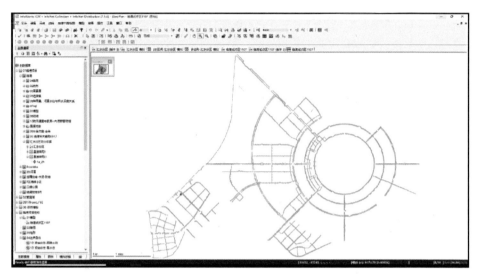

图4-2　管网模型构建示意图

4.3.3　地面二维模型构建

为了进行二维地面漫流与积水模拟，需要构建地面二维模型。原始测绘地形精度有限，且道路及小区内一些实际挡水的对象并没有在地形中完全体现，所以需要结合现场实地调研后对地形进行一定程度的优化和修正，主要分为以下几类修正：

（1）路缘石修正

为了至少保证市政道路积水的汇流信息与实时吻合，需要将道路路缘石的高程信息体现出来。地形修正前后的效果对比如图4-3所示。

（2）剔除局部无效值

局部一些凹凸的高程点，由于跟旁边的高程值差别不大，很难在初始建模的时候剔除。利用InfoWorks ICM的网格化空间工具修正高程的上下

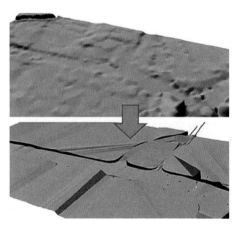

图4-3　路缘石修正前后对比图

限值，超出这个范围内的无效高程数据在网格生成过程中不予考虑，如图4-4所示。

（3）局部建筑物的修正细化

为了反应房屋建筑等一些构筑物的阻水效果，利用下垫面矢量图块在修正地形基础上进行二次调整，进一步细化局部建筑地形，如图4-5所示。

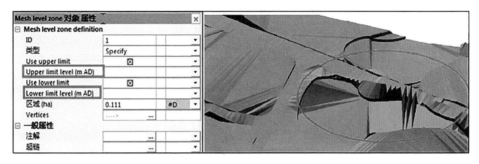

图4-4　无效高程数据剔除前后示意图

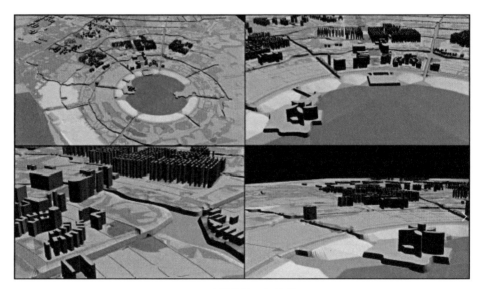

图4-5　建筑物修正细化效果图

4.3.4　水—陆—网耦合模型构建

将河网模型、管网模型和地面二维模型进行耦合，构建的水—陆—网耦合模型如图4-6所示。

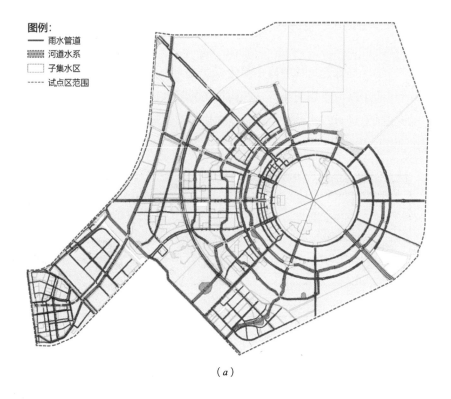

（a）

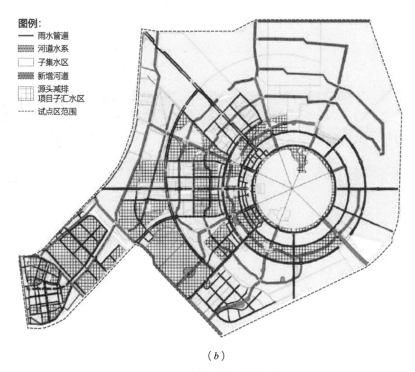

（b）

图4-6　试点区模型构建示意图

（a）试点建设前（2016年）；（b）试点期结束（2018年）

4.3.5 源头海绵设施模型构建

结合试点区内项目海绵设计资料，构建项目区源头海绵设施模型。以新芦苑F区为例，介绍源头海绵设施模型构建过程。

1. 新芦苑F区项目源头海绵设施模型

按照LID设施和检查井的设计收水范围划分子集水区，并且保证单个LID设施作为一个独立的子集水区。子集水区的划分如图4-7所示。

各类型子集水区的下垫面组成见表4-1。

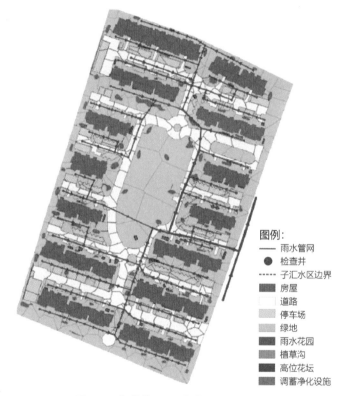

图例：
—— 雨水管网
● 检查井
----- 子汇水区边界
■ 房屋
□ 道路
■ 停车场
■ 绿地
■ 雨水花园
■ 植草沟
■ 高位花坛
■ 调蓄净化设施

图4-7　新芦苑F区子集水区划分示意图

各类子集水区下垫面组成   表4-1

下垫面类型	透水比例（%）	不透水比例（%）
房屋	0	100
道路	0	100
绿地	100	0
停车场	77	23

子集水区的流向根据设计资料指定，进行有组织的排水。屋面雨水、路面雨水、铺装停车位雨水径流及部分绿地雨水径流，分别通过雨水落管、立箅式雨水口、盖板排水沟、植草沟引至源头海绵设施，设计目标内的雨水径流被消纳后，超过设计标准的径流溢流至雨水井。子集水区径流走向示意如图4-8所示。

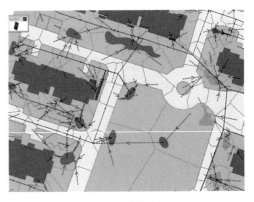

图4-8　子集水区径流走向示意图

2. 源头海绵设施模型整合

将各项目源头海绵设施模型整合至试点区水—陆—网模型，设施在整合模型中作为子集水区的一个属性。根据各个项目的具体建设方案，得出经过源头海绵设施的径流表面占地表径流总面积的百分比。模型中海绵设施类型包括透水铺装、生物滞留设施、调蓄设施、转输型植草沟、高位花坛、人工湿地等。

4.4 > 参数率定与模型验证

对水—陆—网耦合模型开展参数率定和模型验证，实测数据均来自试点区海绵城市建设管控平台，监测布点详见6.2.3节。耦合模型的水文、水力及水质参数校核的基本流程如下：

（1）设定初始参数；

（2）校核单个海绵设施LID参数；

（3）校核典型项目海绵模型参数；

（4）对率定后的参数进行NSE评价及验证；

（5）将率定后的参数推广至其他典型项目的海绵模型；

（6）建立其他典型项目的海绵模型，使用这些项目的监测数据进行验证；

（7）将率定后的参数推广至整个试点区模型；

（8）使用监测数据验证试点区耦合模型。

4.4.1　模型关键参数初始设定

在进行水力水质计算时，除一些管网及河道设施的基础静态参数外（如底高程、坡度、管径等），还需要对其他影响水力水质计算结果的计算参数进行初步设定，主要包括水文参数（产流和汇流参数）、水力参数（管道及河道的糙率系数、水头损失参数）、水质参数（面源污染物地表累积和冲刷参数等）。

1. 源头海绵设施参数

根据InfoWorks ICM中低影响开发系统的模拟方法以及源头海绵设施相关参数的取值依据，对设施进行初始参数设定。临港试点区的典型海绵设施主要包含雨水花园、高位花坛、植草沟、调蓄净化设施、透水铺装、人工湿地、生态护坡7类主要设施以及其他设施（旱溪）。

2. 水文水力参数

（1）下垫面产汇流参数

下垫面产汇流参数主要参与降雨—地表—雨水径流收集口的地表产汇流的过程的计算。城市由不同的下垫面构成，不同的下垫面具备不同的产汇流特征。

硬化表面具有下渗低、汇流快，降雨响应时间短等特征，且随着降雨量的增加，径流系数很快达到某一固定值，这一类下垫面为不透水下垫面，通常采用固定径流系数模型来计算径流量损失。

草地、裸土等透水性好的表面，具有一定的下渗能力，且表面较为粗糙，所以产汇流特征呈现出径流损失大、汇流慢、降雨响应时间长等特征，其径流系数随着降雨量的增加呈现可变状态（随着降雨时间的延长，土壤逐渐饱和，下渗能力减弱，径流系数增大），很难用某一固定径流系数来反应不同降雨条件下的产流损失，这一类下垫面为透水下垫面。我国比较常用的可变径流系数模型为霍顿渗透模型，主要变量参数包括初渗率、稳渗率和衰减率。

试点区建模是以项目地块的设计径流方向来划分子集水区，将现状用地类型（公建、其他用地、军事用地、大学、居住、广场停车场、未建成区、水系、物流仓储、绿地、道路）简化为以下几类子集水区：居住、物流仓储、其他建筑（公建、军事用地、大学、其他用地、物流仓储、道路）、绿地、水系、道路、广场停车场、未建成。子集水区均由不透水和透水两类下垫面组成，建成区类型的子集水区（公建、其他用地、军事用地、大学、居住、广场停车场、物流仓储、道路）的透水与不透水比例按照设计资料分配（透水比例=绿化率）。

1）径流模型参数

不透水下垫面，径流模型采用固定径流系数法，初始径流系数主要参考《室外排水设计规范》GB 50014—2006（2016年版）。

透水下垫面，径流模型采用Horton渗透模型。根据《临港试点区环境本底调查与评估》报告，试点区土壤组成类型为素填土、粉质黏土、砂质黏土等组成，土壤渗透性一般。此外，试点区地下水位较高。按照SCS土壤分类方法，试点区土壤更接近C类土（较低的下渗速率），因此按照C类土设置初始初渗率、稳渗率和衰减率。

2）汇流模型参数

用于计算降雨径流在地表流经的过程中的水流速率，即以多大的速度达到雨水径流收集口，这部分通常受地形、坡度和地表糙率的影响比较大。本次选用SWMM汇流模型，其中集水区宽度为软件根据子集水区自动进行计算（集水区面积等面积圆的半径长度），坡度由与集水区相连的管道坡度自动推断。

（2）河道糙率

试点区大部分为人工开挖河道，护岸状态分为硬质护岸和生态护岸，根据实际情况设定河底和边坡初始糙率。

3. 水质参数

试点区的排水体制为完全分流制，因此进入河道的污染物主要来自面源污染。根据临港的用地分类情况，设置地表污染物累积冲刷因子初始参数。

4.4.2 水安全子系统

1. 单个海绵设施模型

新芦苑F区雨水花园设计年径流总量控制率为75%，对应设计降雨量22.44mm，设施服务面积73.2m²。自2018年8月至2019年6月，选取3场典型降雨进行参数率定和模型验证，设施出水口安装有流量计进行在线实时监测。各场次降雨和径流统计结果见表4-2。

（1）源头海绵设施参数率定

雨水花园参数率定的数据选择2019年6月18日和2019年6月20日两场降雨及对应的排口流量数据，降雨数据间隔10min，流量数据间隔15min。监测数据与模拟结果对比如图4-9所示。

两场降雨的NSE评价结果见表4-3，NSE大于0.5，满足《海绵城市建设评价标准》GB/T 51345—2018规定的要求。

新芦苑F区雨水花园典型降雨特性　　　　　　　　　表4-2

降雨日期	总降雨量（mm）	降雨历时（h）	最大1h降雨量（mm）	设施出水径流体积（m³）
2018.08.16	118	25	44.4	3.60
2019.06.18	45.6	18.2	5.6	0.67
2019.06.20	51.5	22	6.6	0.72

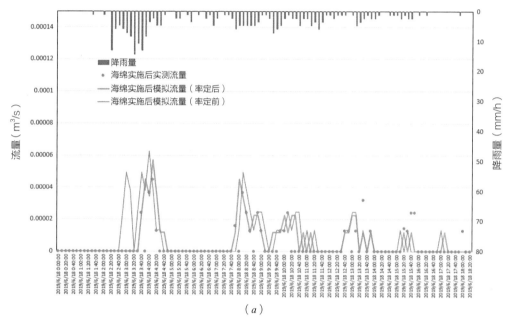

（a）

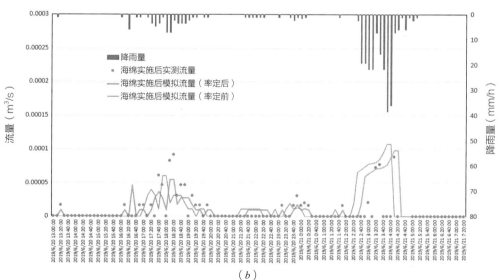

（b）

图4-9　雨水花园场次降雨监测数据与模拟结果对比（率定）

（a）2019.06.18场次降雨；（b）2019.06.20场次降雨

雨水花园设施参数率定结果　　　　　　　　表4-3

—	2019.06.18场次降雨		2019.06.20场次降雨	
	模拟值	监测值	模拟值	监测值
总量（m³）	0.803	0.67	0.83	0.72
峰值（m³/s）	0.000057	0.0000448	0.00098	0.0008
峰现时间	2019.06.18 4:10	2019.06.18 4:10	2019.06.18 4:15	2019.06.18 4:15
NSE	0.56		0.53	

（2）源头海绵设施参数验证

雨水花园模型验证的数据选择2018年8月16日场次降雨及对应的排口流量数据，降雨数据间隔10min，流量数据间隔15min。监测数据与模拟结果对比如图4-10所示。

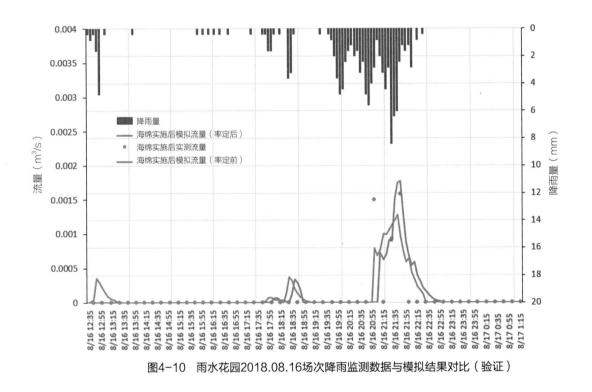

图4-10　雨水花园2018.08.16场次降雨监测数据与模拟结果对比（验证）

场次降雨的NSE评价结果见表4-4，NSE大于0.5，满足《海绵城市建设评价标准》GB/T 51345—2018规定的要求。

2. 典型项目模型

新芦苑F区项目设计年径流总量控制率为75%，对应设计降雨量22.44mm，项目汇水面积33600m²。自2018年8月至2019年6月，选取三场典型降雨进行参数

雨水花园设施模型验证结果　　　　　　　　　表4-4

—	2018.08.16场次降雨	
	模拟值	监测值
总量（m³）	5.21	3.6
峰值（m³/s）	0.00158	0.00177
峰现时间	2018.08.16 21:45	2018.08.16 21:45
NSE	0.51	

率定和模型验证，项目总排口出水口安装有流量计进行在线实时监测。各场次降雨和径流统计结果见表4-5。

新芦苑F区场次降雨监测结果　　　　　　　　　表4-5

降雨日期	总降雨量（mm）	降雨历时（h）	最大1h降雨量（mm）	项目出水径流体积（m³）
2019.02.12	30.4	17.7	5.6	69.0
2018.11.21	38.2	25	6.4	144.5
2018.08.16	118	25	44.4	1409.6

（1）水文参数率定

新芦苑F区水文参数率定的数据选择2019年2月12日和2018年8月16日两场雨及对应的项目总排口流量数据，降雨数据间隔10min，流量数据间隔15min。模拟与监测流量数据对比如图4-11所示。

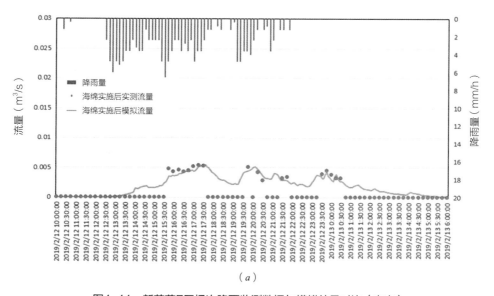

（a）

图4-11　新芦苑F区场次降雨监测数据与模拟结果对比（率定）

（a）2019.02.12场次降雨

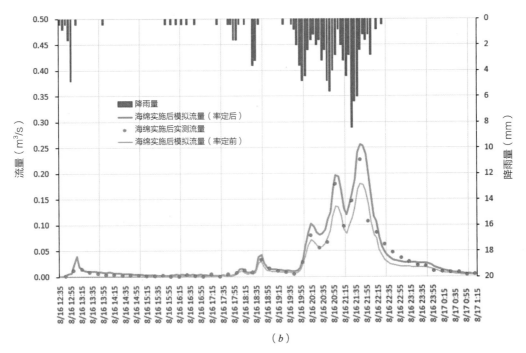

（b）

图4-11 新芦苑F区场次降雨监测数据与模拟结果对比（率定）（续）

（b）2018.08.16场次降雨

2场降雨的NSE评价结果见表4-6。NSE大于0.5，满足《海绵城市建设评价标准》GB/T 51345—2018规定的要求。

新芦苑F区模型参数率定结果　　　　表4-6

一	2019.02.12场次降雨		2018.08.16场次降雨	
	模拟值	监测值	模拟值	监测值
总量（m³）	144	69	1670	1409
峰值（m³/s）	0.0054	0.0057	0.26	0.23
峰现时间	2019.02.12 17:30	2019.02.12 17:30	2018.08.16 21:45	2018.08.16 21:45
NSE	0.51		0.76	

（2）水文参数验证

新芦苑F区模型验证的数据选择2018年11月21日降雨及对应的项目总排口流量数据，降雨数据间隔10min，流量数据间隔15min。模拟与监测流量数据对比如图4-12所示。

场次降雨的NSE评价结果见表4-7，NSE大于0.5，满足《海绵城市建设评价标准》GB/T 51345—2018规定的要求。

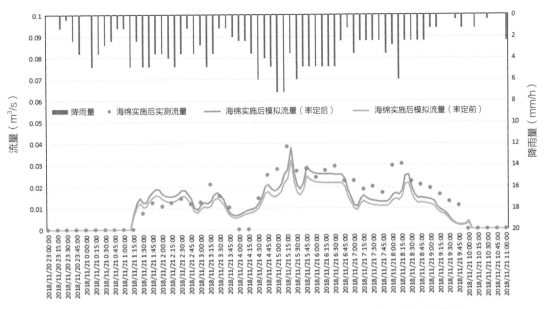

图4-12　新芦苑F区2018.11.21场次降雨监测数据与模拟结果对比（验证）

新芦苑F区模型验证结果　　　　　　　　　　　　表4-7

	2018.11.21场次降雨	
—	模拟值	监测值
总量（m³）	156.5	144.5
峰值（m³/s）	0.038	0.0384
峰现时间	2018.11.21 5:20:00	2018.11.21 5:15:00
NSE	0.51	

3. 管网模型

主城区、老城区两个排水分区的设计年径流总量控制率均为75%，对应设计降雨量22.44mm，汇水面积分别为13.5hm²和10.5hm²。老城区4个排口M1～M4，主城区2个排口G4、G5，分别安装有流量计进行在线实时监测。

以主城区管网模型校核为例介绍管网模型校核过程。G4、G5两个监测点围成的区域中有2个海绵化改造小区，分别为海事小区与临港服务站。整个区域的汇水面积10.5hm²，区域的雨水通过G4、G5所在的管道排出。选取2018年8月16日和2019年2月12日两场典型降雨（表4-8）进行验证，降雨数据间隔5min，流量数据间隔15min。

管网模型校核典型降雨数据　　　　　　　　　　　表4-8

降雨日期	降雨总量（mm）	降雨历时（h）	最大1h降雨量（mm）
2019.02.12	30.5	18	4.7
2018.08.16	116.0	10	44.4

在这两场降雨下，G4和G5流量计之和的模拟与监测数据对比如图4-13所示。

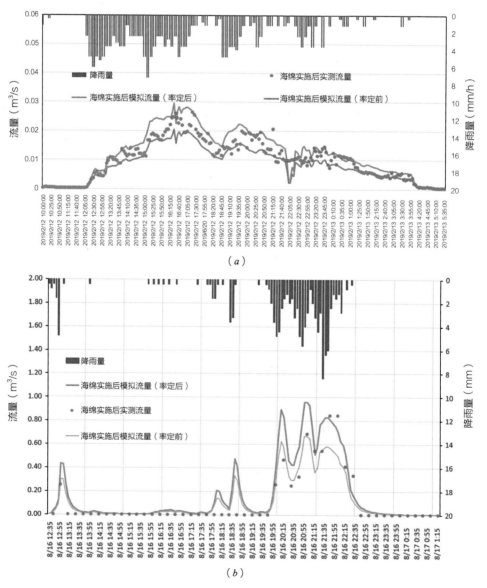

图4-13　管网模型监测数据与模拟结果对比

（a）2019.02.12场次降雨；（b）2018.08.16场次降雨

两场降雨的NSE评价结果见表4-9，NSE大于0.5，满足《海绵城市建设评价标准》GB/T 51345—2018规定的要求。

管网模型校核结果 表4-9

—	2019.02.12场次降雨		2018.08.16场次降雨	
	模拟值	监测值	模拟值	监测值
总量（m³）	845	694	7819	5172
峰值（m³/s）	0.029	0.026	0.956	0.846
峰现时间	2019.02.12 16:25	2019.02.12 16:30	2018.08.16 21:00	2018.08.16 22:00
NSE	0.58		0.54	

4. 河道模型

根据近年来收集的资料，分别选择2012年6月17日至18日与2016年9月15日至16日降雨进行河道模型参数率定及验证。

（1）河道模型率定

河道模型参数率定的数据选择2012年6月17日降雨数据（表4-10），降雨数据间隔1h，河道水位数据间隔1h。

河道模型典型降雨数据（率定） 表4-10

年份	起始时间	终止时间	降雨总量（mm）	降雨历时（h）	最大1h降雨量（mm）
2012	6/17 10:00	6/18 10:00	174.4	25	27.5

计算得到临港主城区最高水位为2.99m，老城区最高水位3.51m，实测对应临港主城区最高水位为2.95m，老城区最高水位3.50m，对应各个时段的实测和计算水位过程线如图4-14和图4-15所示。

该场降雨下主城区和老城区的NSE评价结果见表4-11，NSE大于0.5，满足《海绵城市建设评价标准》GB/T 51345—2018规定的要求。

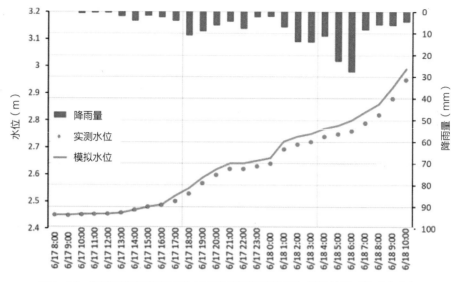

图4-14　老城区河道2012.06.18场次降雨监测数据与模拟结果对比（率定）

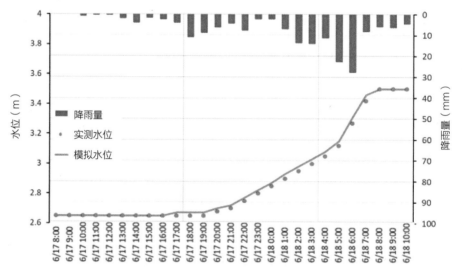

图4-15　主城区河道2012.06.18场次降雨监测数据与模拟结果对比（率定）

河道模型参数率定结果　　　　　　　　　　表4-11

—	主城区		老城区	
	模拟值	监测值	模拟值	监测值
液位峰值（m）	2.99	2.95	3.51	3.50
峰现时间	2012.06.18 10:00	2012.06.18 10:00	2012.06.18 10:00	2012.06.18 10:00
NSE	0.76		0.9	

（2）河道模型验证

河道模型验证的数据选择2016年9月15日的降雨数据（表4-12）及对应的河道水位数据。

河道模型典型降雨数据特征（验证）　　表4-12

年份	起始时间	终止时间	降雨总量 （mm）	降雨历时 （h）	最大1h降雨量 （mm）
2016	9/15 16:00	9/16 12:00	268.5	21	58

计算得到临港主城区最高水位为3.3m，老城区最高水位3.81m，实测对应临港主城区最高水位为3.28m，老城区最高水位3.81m，对应各个时段的实测和计算水位过程线如图4-16和图4-17所示。

该场降雨下主城区和老城区的NSE评价结果见表4-13，NSE大于0.5，满足《海绵城市建设评价标准》GB/T 51345—2018规定的要求。

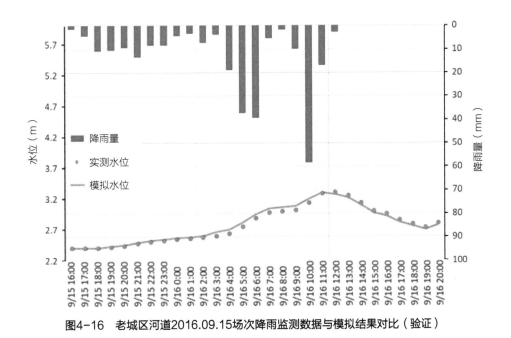

图4-16　老城区河道2016.09.15场次降雨监测数据与模拟结果对比（验证）

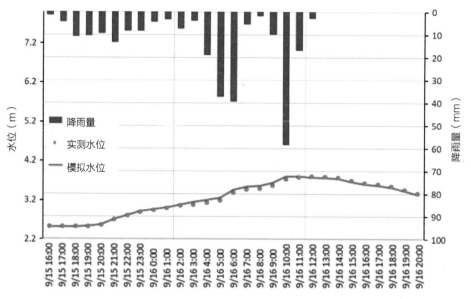

图4-17　主城区河道2016.09.15场次降雨监测数据与模拟结果对比（验证）

河道模型验证结果　　　　　　　　表4-13

—	主城区		老城区	
	模拟值	监测值	模拟值	监测值
液位峰值（m）	3.3	3.28	3.81	3.81
峰现时间	2016.09.16 12:00	2016.09.16 12:00	2016.09.16 12:00	2016.09.16 12:00
NSE	0.91		0.92	

5. 试点区耦合模型校核

选取2016年9月15日～9月16日降雨作为试点区耦合模型校核典型降雨，最大24h总降雨量268.5mm，最大1h降雨量为58mm。

结合降雨期间实际情况，设定模型模拟的边界工况，河道初始水位为2.5m，赤风港排海闸于上午11点开启，并采用芦潮港实测潮位曲线。

使用试点区整合模型模拟2016年9月15日～9月16日的实际工况，外海潮位按照芦潮港（南汇嘴）潮汐表设置。试点区整合模型模拟的最大积水深度如图4-18所示，模拟与实际积水点基本一致。

通过以上模型的率定和验证过程，试点区耦合模型所使用的水文参数能够比较精确及合理地反映试点区的实际水文过程。

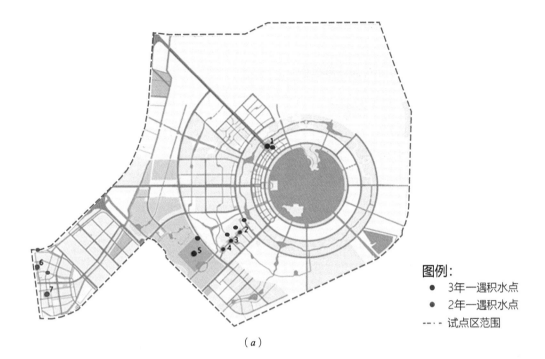

(a)

图例：
- ● 3年一遇积水点
- ● 2年一遇积水点
- ‐‐‐ 试点区范围

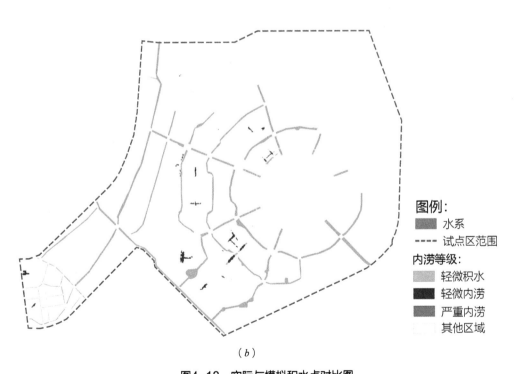

(b)

图例：
- ▨ 水系
- ‐‐‐ 试点区范围
- 内涝等级：
- ▨ 轻微积水
- ■ 轻微内涝
- ▨ 严重内涝
- □ 其他区域

图4-18　实际与模拟积水点对比图

（a）实际积水点位图；（b）模型模拟结果

4.4.3　水环境子系统

1．单个海绵设施模型

（1）水质参数率定

雨水花园参数率定的数据选择2019年6月18日和2019年6月20日2场降雨及对应的排口SS数据，降雨情况见表4-2。

2场场次降雨的模拟值和实测值对比误差结果如图4-19所示。考虑到水质模

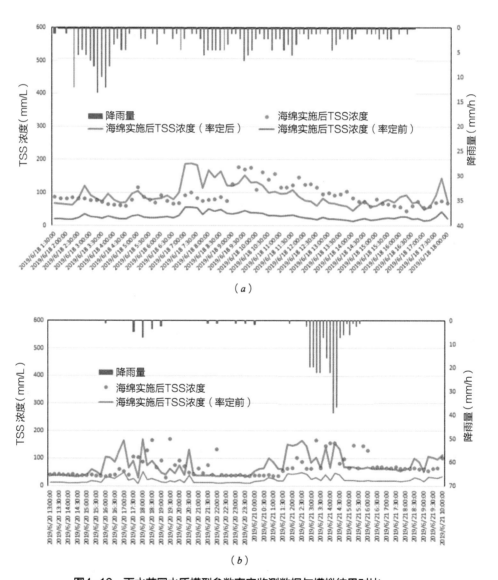

（a）

（b）

图4-19　雨水花园水质模型参数率定监测数据与模拟结果对比

（a）2019.06.18场次降雨；（b）2019.06.20场次降雨

型对降雨强度的变化比较敏感，较长的数据间隔（15min）不利于模型的拟合，所以本次校核从趋势、均值、峰值三个层面对校核结果进行评估。

经统计，从趋势上来讲，模拟结果和监测数据响应基本一致。2场场次降雨下TSS模拟与监测值的均值、峰值以及均值误差见表4-14。

雨水花园设施水质参数率定结果　　表4-14

—	2019.06.18场次降雨		2019.06.20场次降雨	
	模拟值	监测值	模拟值	监测值
TSS均值（mg/L）	78	89	102	91
TSS峰值（mg/L）	195	190	175	172
均值误差	−14%		15%	

（2）水质参数验证

雨水花园模型验证数据选择2018年8月16日降雨及对应的排口TSS数据，降雨情况见表4-2。场次降雨的模拟值和实测值对比误差结果如图4-20所示。

经统计，该场次降雨下TSS模拟与监测值的均值、峰值以及均值误差见表4-15。

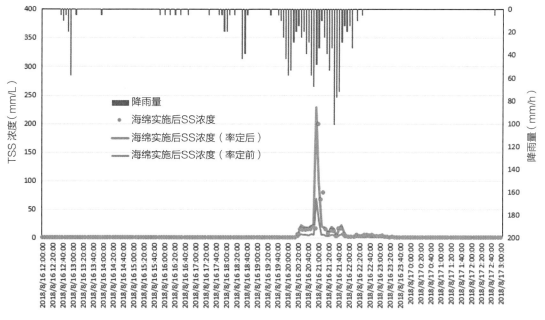

图4-20　雨水花园水质模型2018.08.16场次降雨监测数据与模拟结果对比（验证）

雨水花园水质模型验证结果　　　　　　　　表4-15

—	2018.08.16场次降雨	
	模拟值	监测值
TSS均值（mg/L）	135	125
TSS峰值（mg/L）	228	198
均值误差	8%	

2. 典型项目模型

（1）水质参数率定

新芦苑F区的水质参数率定数据选择2018年8月16日、2019年2月12日两场降雨及对应的项目排口SS浓度监测数据，降雨情况见表4-5。

通过调整累积因子PS及冲刷参数C1这两个参数来匹配模拟与监测TSS浓度数据的峰值。两场场次降雨的模拟值和实测值对比误差结果如图4-21所示。

经统计，两场场次降雨下TSS模拟与监测值的均值、峰值以及均值误差见表4-16。

（2）水质参数验证

新芦苑F区的水质参数验证数据选择2018年11月21日降雨及对应的项目排口TSS浓度监测数据，降雨情况见表4-5。该场次降雨的模拟值和实测值对比误差结果如图4-22所示。

经统计，该场次降雨下TSS模拟与监测值的均值、峰值以及均值误差见表4-17。

3. 管网模型

主城区水质参数率定数据选择2018年8月16日和2019年2月12日两场降雨及对应的SS浓度监测数据，降雨情况见表4-8。G4、G5排口TSS监测数据与模拟结果对比如图4-23所示。

经统计，2场场次降雨下G4、G5的SS模拟与监测值趋势基本拟合，模拟值和实测值对比误差结果见表4-18。

4. 试点区耦合模型校核

试点区耦合模型校核采用河道主要断面及滴水湖的在线水质监测数据。

河道水质监测数据间隔为4h。鉴于监测数据的时间间隔较长，在短历时降雨分析时可能未能精确捕捉到污染物变化的峰值，故河道水质评估时主要从污染物

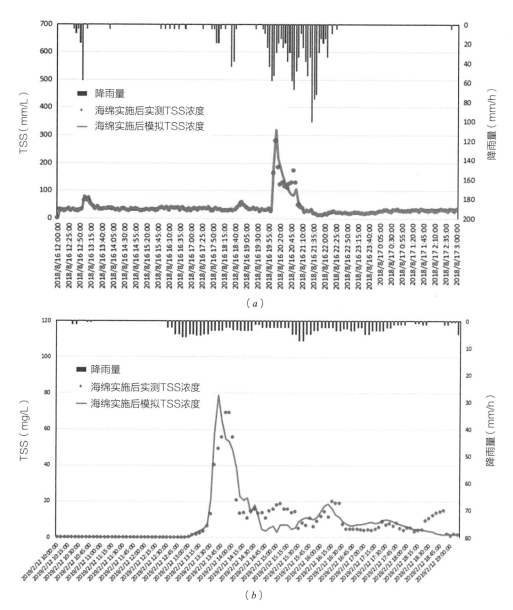

图4-21　新芦苑F区水质模型参数率定监测数据与模拟结果对比

（ a ）2018.08.16场次降雨；（ b ）2019.02.12场次降雨

新芦苑F区水质模型参数率定结果　　　　　表4-16

—	2018.08.16场次降雨		2019.02.12场次降雨	
	模拟值	监测值	模拟值	监测值
TSS均值（mg/L）	175	185	196	226
TSS峰值（mg/L）	320	79	74	280
均值误差	−13%		−6%	

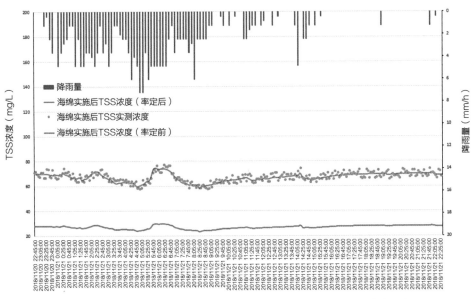

图4-22　新芦苑F区水质模型验证监测数据与模拟结果对比（验证）

新芦苑F区水质模型验证结果　　　　　　表4-17

—	2018.11.21场次降雨	
	模拟值	监测值
TSS均值（mg/L）	68	65
TSS峰值（mg/L）	76	74
均值误差	5%	

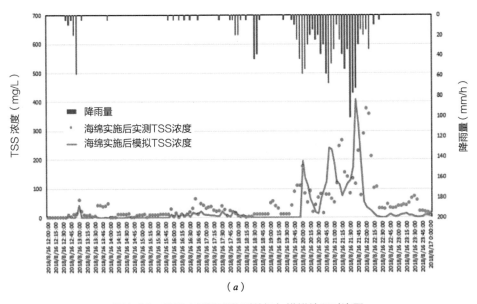

（a）

图4-23　管网水质模型监测数据与模拟结果对比图

（a）2018.08.16场次降雨G4监测点

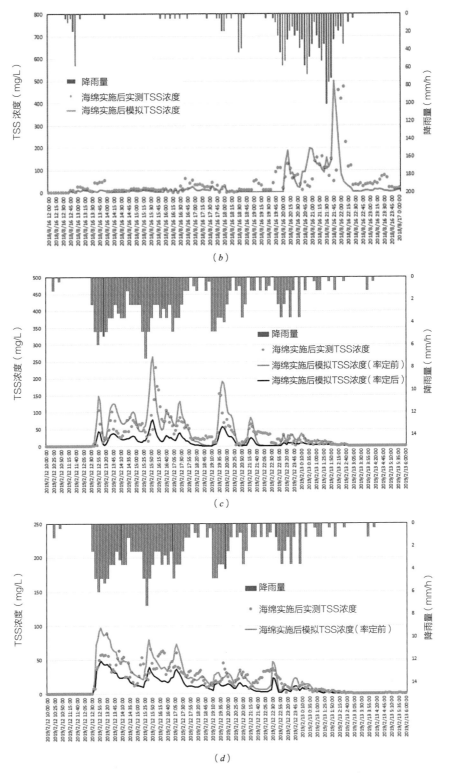

图4-23　管网水质模型监测数据与模拟结果对比图（续）

（*b*）2018.08.16场次降雨G5监测点；（*c*）2019.02.12场次降雨G4监测点；（*d*）2019.02.12场
次降雨G5监测点

管网水质模型校核结果表 表4-18

—	2018.08.16场次降雨				2019.02.12场次降雨			
	G4		G5		G4		G5	
	模拟值	监测值	模拟值	监测值	模拟值	监测值	模拟值	监测值
TSS均值（mg/L）	185	200	75	68	115	125	48	45
TSS峰值（mg/L）	500	490	260	240	401	375	98	85
均值误差	−8%		−8%		10%		7%	

均值浓度以及变化趋势上进行对比分析。以夏莲河橄榄路监测点为例，开展水质参数率定和模型验证。

（1）水质参数率定

水质参数率定的数据选择2018年8月12日和2018年8月17日两场降雨及对应的水质浓度监测数据，水质指标包括COD、氨氮和TP，降雨情况见表4-19。

试点区水质模型典型降雨特性（率定） 表4-19

起始时间	终止时间	降雨总量（mm）	降雨历时（min）	最大1h降雨量（mm）
2018.08.12 3:35	2018.08.13 1:15	178	1300	46.8
2018.08.17 2:45	2018.08.17 9:25	88	400	32

两场场次降雨下，耦合模型水质模拟结果与监测数据对比如图4-24所示。

经统计，两场降雨模拟过程和实测模拟结果的均值误差见表4-20。

（2）水质参数验证

水质模型验证的数据选择2018年9月21日场次降雨（表4-21）及对应的水质浓度监测数据，水质指标包括COD、氨氮和TP。

该场场次降雨下，耦合模型水质模拟结果与监测数据对比如图4-25所示。

经统计，2018年9月21日降雨模拟过程的实测与模拟结果的均值误差见表4-22。

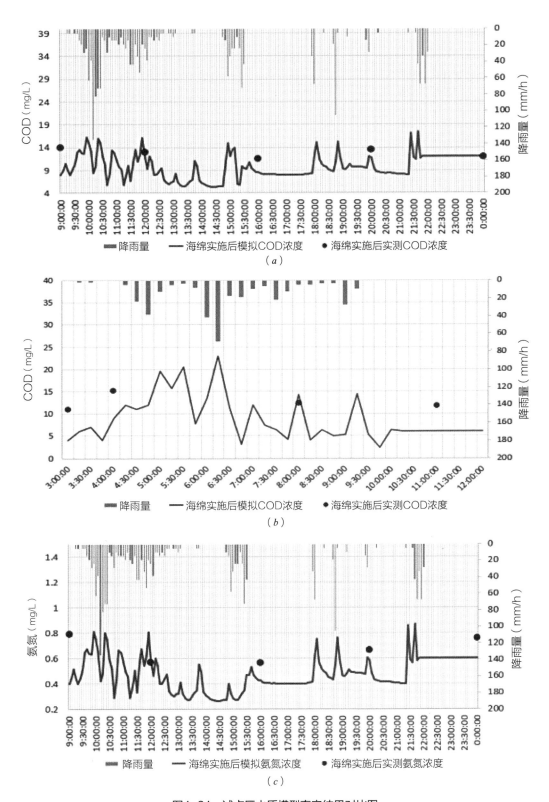

图4-24　试点区水质模型率定结果对比图

（*a*）2018.08.12场次降雨，COD；（*b*）2018.08.17场次降雨，COD；（*c*）2018.08.12场次降雨，氨氮

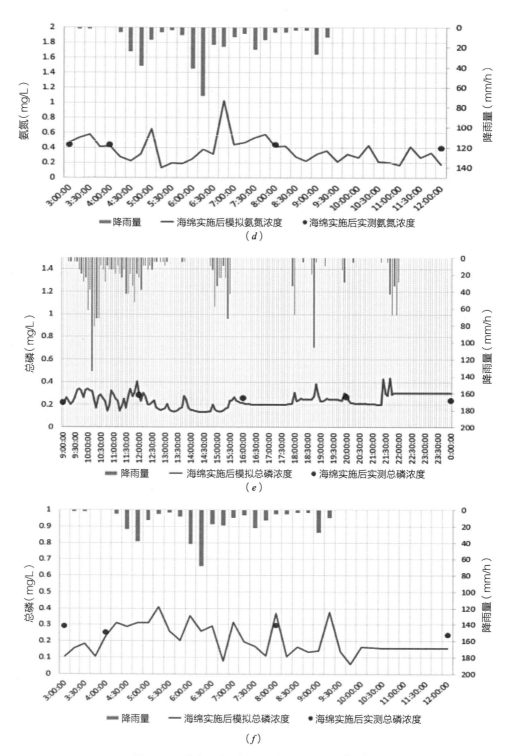

图4-24　试点区水质模型率定结果对比图（续）

（d）2018.08.17场次降雨，氨氮；（e）2018.08.12场次降雨，TP；（f）2018.08.17场次降雨，TP

试点区模型水质参数率定结果　　　表4-20

	—	COD	氨氮	TP
2018.08.12	实测均值（mg/L）	13.00	0.69	0.23
	模拟均值（mg/L）	10.05	0.50	0.24
	误差	−23%	−28%	5%
2018.08.17	—	COD	氨氮	TP
	实测均值（mg/L）	11.68	0.41	0.25
	模拟均值（mg/L）	8.68	0.31	0.20
	误差	−26%	−25%	−21%

试点区水质模型典型降雨特性（验证）　　　表4-21

起始时间	终止时间	降雨总量（mm）	降雨历时（min）	最大1h降雨量（mm）
2018.09.21 08:40	2018.09.21 13:00	25.6	260	9.4

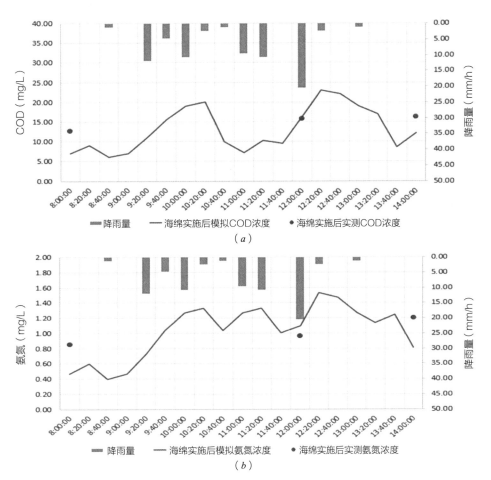

图4-25　试点区水质模型验证模拟与监测对比图（2018.09.21）

（a）COD；（b）氨氮

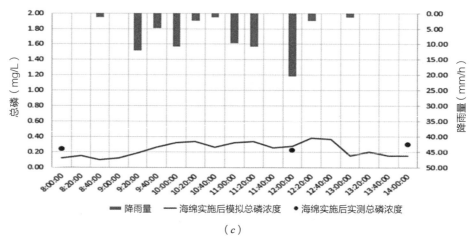

（c）

图4-25 试点区水质模型验证模拟与监测对比图（2018.09.21）（续）

（c）TP

试点区水质模型验证结果（2018.09.21）   表4-22

—	COD	氨氮	TP
实测均值（mg/L）	19.06	0.40	0.19
模拟均值（mg/L）	15.20	0.35	0.177
误差	–20%	–11%	–7%

通过以上水质参数率定和模型验证，典型项目区及试点区耦合模型的均值误差在–20%～20%，河道水质所有点位的均值误差在–30%～30%。趋势与实测基本一致，能比较精确及合理地反映试点区实际的水质过程。

4.5 > 汇水分区划分

采用水体流态复杂的子流域—汇水区两级分区方法划分临港试点区的汇水分区。构建具有城镇内涝防治系统模拟功能的二维水动力模型（图4-26），通过实测数据进行率定和验证。筛选临港试点区118场降雨，基于极小流速统计分析，模拟各汇水区产流量，与每场降雨下6条河道进入滴水湖监测流量对比（图4-27），根据统计结果划分汇水分区（图4-28）。经统计，汇水分区划分精确度达到85%～95%。

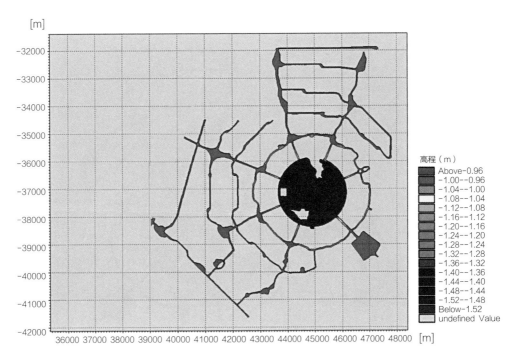

图4-26 临港试点区水动力模型构建

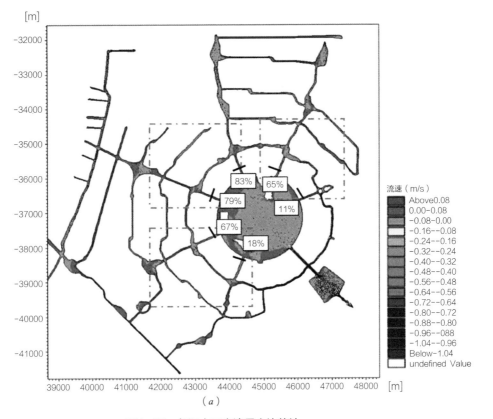

（a）

图4-27 各汇水区产流量占比统计

（a）100年一遇长历时设计降雨

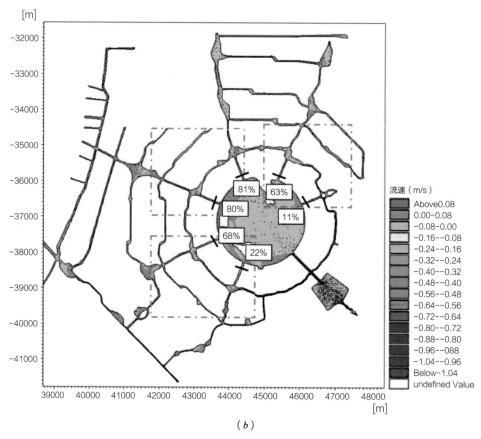

（b）

图4-27　各汇水区产流量占比统计（续）

（b）1996年全年降雨

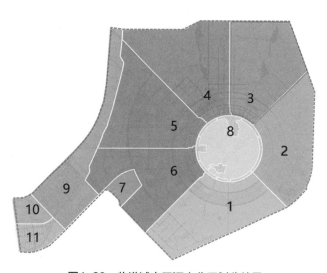

图4-28　临港试点区汇水分区划分结果

第**5**章

› 海绵城市系统规划方案

　　海绵城市建设是涉水生态建设，是一项复杂的系统性工作。临港高度重视海绵城市建设的顶层设计，于2017年完成编制《上海临港试点区海绵城市专项规划》(沪府规〔2017〕57号，以下简称《规划》)。《规划》从用地格局、源头管控、水系统构建和建设时序上进行全面规划，提出系统、全面的海绵城市建设目标和路径；统筹解决城市涉水问题的策略和规划方案，明确海绵城市建设指标体系并落实管控要求，作为指导近期及中远期海绵城市建设的行动准则；确定海绵城市近期建设的重点和主要措施，达到近期目标的建设要求。

　　为了进一步落实海绵城市建设各项要求，临港试点区进一步编制了系统方案，在深入调研、剖析存在问题和相关规划的基础上，以建成区问题解决、新建区规划管控、未利用区涵养保护为导向进行系统性的顶层设计。系统方案承上启下、科学合理地将海绵城市理念与城市发展战略、地区规划和建设管控有效结合，真正从现状问题出发，由面及点，起到指导近期项目建设和引领远期城市发展的示范效果。

5.1 › 总体规划管控

5.1.1　生态空间格局

　　临港历来坚持生态为本、保护优先的原则。通过城市公园、生产防护绿地、结构绿地以及河网体系的建设，逐步构建临港的生态网络空间。临港的生态空间保护框架包括以下几方面：一是对自然资源部要求的永久基本农田的划示与保护；二是对沿海防护林等森林空间的保护；三是对重要湿地与野生动物栖息地，即南汇东滩的生态空间的保护；四是对重要河湖水系，包括大芦线、随塘河、泐马河、大治河等重要的河道以及滴水湖的保护；五是对重要生态走廊的保护，即泐马河生态走廊、大治河生态走廊、白龙港生态走廊、团芦港生态走廊、小横河–芦潮港生态走廊、滨江沿海生态走廊等重要的生态走廊空间的保护。临港坚持落实生态及海绵城市建设理念，促进区域内水、林、田和湿地的融合，提升城市生态环境品质，打造优美生态环境，构建蓝绿交织、水城共融的生态城市。

　　根据2009年编制的《临港新城中心区分区规划》，以及相关上位规划，规划区范围内的生态基底由"廊+楔+环+核+点"组成。滴水湖为试点区重要的生态敏感核，处于城市末端位置，生态环境较为脆弱，需重点保护。环湖一路与滴水湖岸线之间，临近滴水湖，是滴水湖的最后一道屏障。楔形绿地是地块雨水径流汇水的主要流向区域，也是试点区范围内面积规模最大的生态区和集水区，将径流收集后集中排入附近绿地，充分发挥绿地的"渗、滞、蓄、净、用"等功能，减轻地块消纳雨水径流量及净化初雨径流污染的压力。总体上楔形绿地和二环带的玉环公园是主要的地块雨水汇流方向，雨水沿河道自西侧及北侧流向滴水湖，最终通过东南角赤风港出海口排向外海。

综合考虑试点区规划生态资源要素分布、用地生态敏感性、内涝风险及地形标高，形成"一核—两环—六楔—多片"的海绵城市自然生态空间格局（图5-1）。

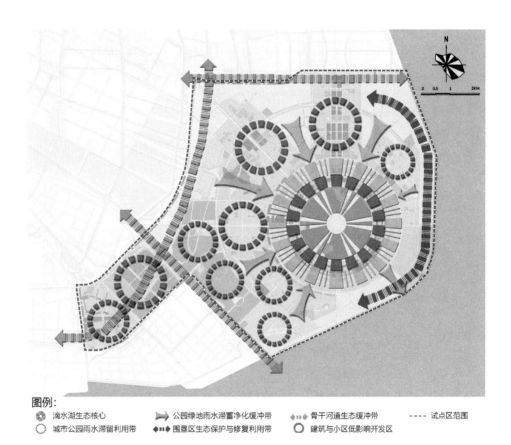

图例：
◉ 滴水湖生态核心　　➤ 公园绿地雨水滞蓄净化缓冲带　　◀▮▮▶ 骨干河道生态缓冲带　　---- 试点区范围
◎ 城市公园雨水滞留利用带　　◀▮▮▶ 围垦区生态保护与修复利用带　　◎ 建筑与小区低影响开发区

图5-1　临港试点区生态格局分析

（1）"一核"：滴水湖水生态敏感核心，其功能定位是生态保护，保持和提升水体水质。

滴水湖是临港的精神象征，受外围现状环境影响也是生态脆弱的水体，作为敏感核心，重中之重是生态保护，保持和提升水体水质。规划加强环湖80m绿地的低影响开发的同时，注重城市功能与雨水系统净化、滞纳、蓄积的综合效应，做好滴水湖的最后一道屏障，并释放重要的景观和公共活动空间。

（2）"两环"：包括临港森林通廊的外围生态环带和玉环带城市公园环带，其功能定位是调蓄和生态净化。

两环的主要作用和定位是调蓄和生态净化。作为临港试点区滴水湖生态敏感核心外围的两道重要的生态屏障，既是优质的污染净化区，又是潜力巨大的汇水调蓄空间，必须在充分考虑地形的基础上，通过河、湖、湿地、生态绿地等的"渗、滞、蓄、净、用"等功能，减轻地块消纳雨水径流量及净化初雨径流污染的压力，在极端情况下可作为滞蓄和行泄的空间。

（3）"六楔"：是以橙黄绿青蓝紫六条河及周边绿地空间形成的楔形绿地，其功能定位是生态净化，主要发挥雨水径流污染拦截、净化等作用。

楔形绿地是"居住岛"与"居住岛"之间雨水径流汇水的主要流向区域，并最终与滴水湖连通。楔形绿地非常重要的功能定位是生态净化，主要发挥雨水径流污染拦截、净化等作用，集中性的雨水径流滞蓄、净化湿地，净化后的雨水补充河网的生态需水。

（4）"多片"：是指试点区范围内主要的集中建设空间。

依据源头控制的原则，是未来城市建设管控的重点之一，通过低影响开发措施，依靠"蓄、净、用、排"手段达到区内雨水径流充分消纳、径流污染分流控制及超设计降雨径流及时排出的效果。

5.1.2　蓝线绿线格局

1. 生态蓝线

合理划定生态蓝线。对刚性河道以"五线"管控。"五线"内容包括河口线（即蓝线）、陆域控制线和河道中心线。

河口线（即蓝线）是指江、河、湖、库等地表水防汛减灾、水环境保护和治理的地域规划控制线，河道蓝线是实施河道规划用地控制、河道治理和保护以及河道管理的依据。

陆域控制线为河道边界线，是堤顶高程处安全防护最小控制范围线，此范围内需满足河道的防汛安全、堤防安全，航运、绿化、生态景观以及沿岸建筑物安全等要求。

根据《临港新城水务专业规划（2019-2035）》及上位规划，主城区规划水系格局为"一湖、四涟、七射"，包括：1）滴水湖，为临港主城区的标志性工程，2003年10月全面竣工，湖面直径2.5km，底高程-2.0～-1.0m，湖面积约4.4km²，集引清、调蓄、除涝、景观功能于一体；2）"四涟"指春涟、夏涟、秋涟、冬涟，指的是以滴水湖为中心，向外围扩散的四条涟状河道，各涟间距800～1000m，主要承担着主城区汇水和调蓄功能；3）"七射"指赤风港、橙和港、黄日港、绿丽港、青祥港、蓝云港、紫飞港七条射状河道为主城区重要的引、排通道。同时，在内河水系与外围水系相交处各规划了1座水闸，使主城区水系与外围水系可分可合，在除涝及补水时灵活调度；并在北护城河规划了1座水闸，便于将大治河的优质水经北护城河由青祥港引入滴水湖。

目前滴水湖以西的水系布局已基本成型，西南侧的4座水闸已建成，但仍有约三分之一的河网及4座水闸尚未按规划规模建成。已建成河道与西部及南部的人民塘随塘河、芦潮港等河道相连，且设有闸门进行控制。

根据《上海市临港地区支级河道蓝线方案编制报告（2015—2020）》，临港试点区蓝线划定如图5-2所示。

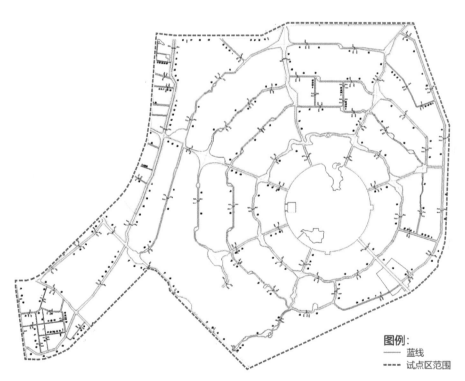

图例：
—— 蓝线
---- 试点区范围

图5-2　临港试点区蓝线控制图
（来源：临港新片区管理委员会）

2. 生态绿线

蓝绿交融，合理确定生态绿线。通过合理确定城市水体绿线范围及绿地宽度，落实到水体周边的防护绿地的用地属性，从而进一步满足水体保护的需求，并为水体生态岸线构建、排口湿地建设预留位置，最终保护自然生态生境，构建"生态、宜居、安全"的海绵生态格局（图5-3）。

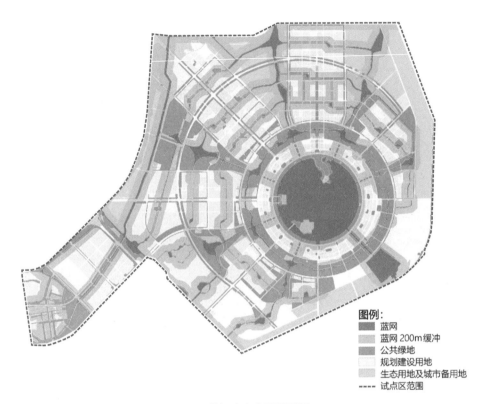

图例：
■ 蓝网
▨ 蓝网 200m 缓冲
▨ 公共绿地
□ 规划建设用地
▨ 生态用地及城市备用地
---- 试点区范围

图5-3　蓝绿生态空间关系图

5.1.3　竖向管控

1. 发挥公共空间对雨水的消纳作用

公共绿地、防护绿地、广场等公共空间应发挥对周边地块雨水径流的消纳作用，设计时应与周边地块标高统一考虑，公共空间应下凹15~20cm，以调蓄周边地块雨水径流，超过部分溢流进入管网，同时应确保周边地块雨水径流能经过地表流入调蓄空间。

2. 确保区域排水安全

试点区以自排为主，局部低洼区域为强排。为保障安全，根据排水压差对排水防涝能力影响研究，提出自排地区的地块标高控制要求，供城市规划部门参考并落实在相关控制性详细规划中，达到合理确定地面高程、保障排水防涝安全的目标。

（1）一般地区控制要求

规划小区道路最不利点标高应比市政道路标高高出0.21m以上。由于采用自排模式的地区，排水距离一般控制在600m以下。根据上述条件，推荐按照最不利点排水压差0.8m控制自排地区竖向标高。

（2）重要地区控制要求

根据地块的功能用途，将医院、学校、交通枢纽、保障性大型基础设施、主要行政中心、防涝救灾指挥机关等重要公共服务设施或机关列为重要地区，并建议在上述设施用地规划建设中酌情提高其地面标高，建议高于相邻市政道路0.4m以上，确保重要地区在超设计降雨时不会瘫痪。

5.1.4　径流总量控制

综合考虑试点区现状年径流总量控制率情况和规划建设情况，将指标分解至各海绵管控单元（图5-4）。已建地块主要通过系统工程提标，新建和改建地块根据管控指标开发建设，区域平衡，确保整体在试点期结束和远期均达到年径流控制率80%的规划目标。

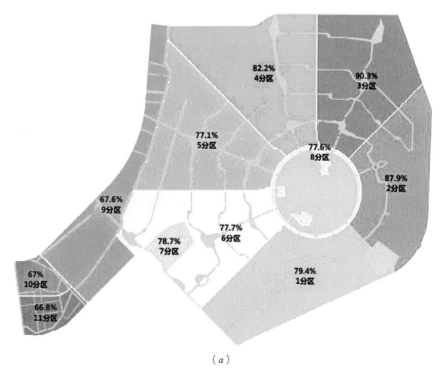

（a）

图5-4　临港试点区海绵管控单元规划年径流总量控制率分解示意图

（a）试点期结束2018年

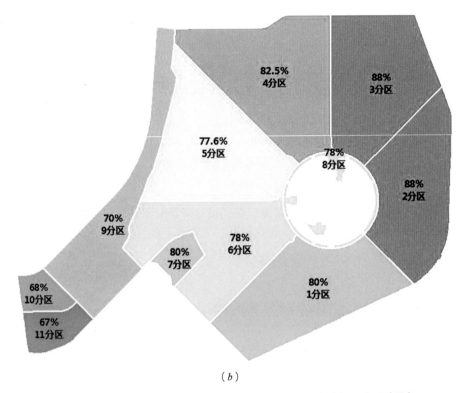

（b）

图5-4 临港试点区海绵管控单元规划年径流总量控制率分解示意图（续）

（b）远期2035年

5.2 › 系统方案规划

5.2.1 建设管控保水质

由于试点区试点期结束和远期引水路径的不同，试点区水质保障方案也有所区别。至试点期结束，通过地块低影响开发、雨污混接改造、污染源清退等措施实现源头削减；通过管道疏通、排口生态化处理、河道生态修复和人工湿地净化等措施实现过程净化；通过对滴水湖的生态整治和生态补水等措施实现系统治理，确保区域河道水质达标，保障滴水湖水质，如图5-5所示。

远期，通过地块规划管控和低影响开发实现源头削减；通过环湖闸坝、人工湿地净化等措施实现过程控制；通过对滴水湖的生态整治、生态补水等实现系统治理，确保河湖水质稳定达标，如图5-6所示。

基于现状污染负荷和水环境容量平衡关系分析，为达到污染削减目标，按照

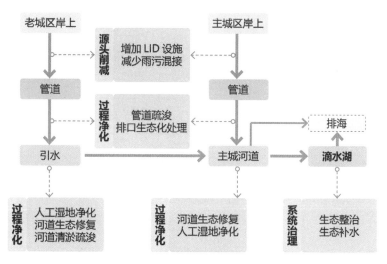

图5-5　水环境提升方案试点期结束

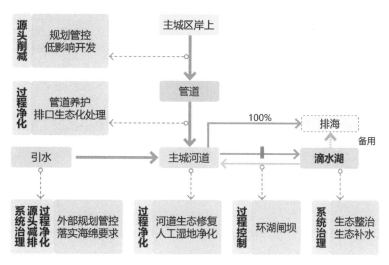

图5-6　水环境提升方案（远期）

控源截污、生态修复和活水保质的总体技术路线，遵循灰色基础设施与绿色基础设施相结合的原则，制定主城区系统的近远期水环境提升方案（图5-7），核算各种措施的污染削减贡献，多措施协同推进，实现区域水环境治理目标。

老城区COD和TP主要来自面源污染，TN和氨氮主要来自点源污染，所以对面源污染和点源污染的有效控制对老城区水环境改善至为重要。老城区内河道均为外河，河道污染负荷和陆域污染负荷需要独立考虑。通过控源截污、内源治理、生态修复和活水提质等措施，制定老城区系统的水环境提升方案（图5-8），核算各种措施的污染削减贡献，确保区域河道水质不劣于上游来水。

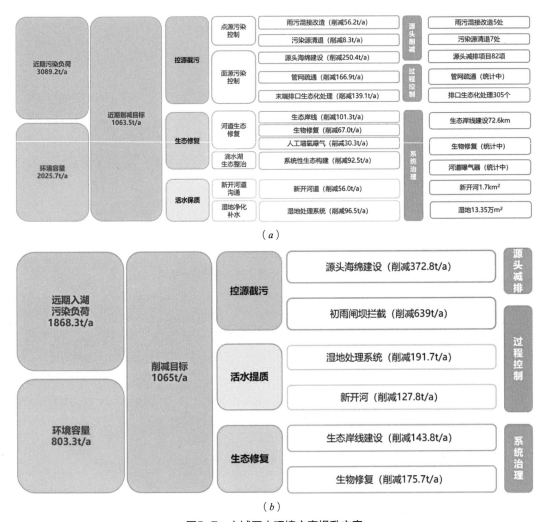

（a）

（b）

图5-7　主城区水环境方案提升方案

（a）试点期结束（2018年）；（b）远期（2035年）

图5-8　老城区水环境提升方案

1. 控源截污，点面管控结合

根据试点区点源、面源污染的基本特征，采取分类治理策略。点源污染治理以灰色基础设施为主，对雨污混接进行整治，对违规养殖和违章搭建进行清理。面源污染治理采用绿灰结合的方式，从源头—过程—末端开展系统治理：通过源头减排项目，从源头削减径流面源污染；对排水管道进行清淤疏通，从过程削减径流污染在管道中的沉积；对末端排口（道路及小区雨水排放口、农田排放口）进行生态化处理，在末端对城市面源和农业面源污染进行削减。同时，由于滴水湖水质要求较高，高于与其连接的射河涟河，考虑远期在主城区河道与滴水湖连接射河处新建环湖闸坝，拦截河道迁移污染。

根据排口类型和上游情况，以排口为导向，明确每类排口的处理方式和去向，提出控源截污方案，技术路线如图5-9所示。

分流制雨水口：对分流制雨水口不进行截污，上游可开展海绵化改造的地块，优先通过建设源头海绵设施进行处理，处理后直接排河，或在末端排口做生态化处理，雨水径流处理后排至河道；对上游不可开展海绵化改造的地块，可在末端排口做生态化处理，后排至河道。

农田排水口：在末端排口做生态化处理，雨水径流处理后排至河道。

分流制混接排放口：优先进行混接改造，将混入雨水管道的污水就近接至市政污水管网，对改造之后的排河雨水口，按照分流制雨水口的处理方式进行。对于不能进行混接改造的地块，对排口进行截污，通过末端截污纳管，旱天污水由

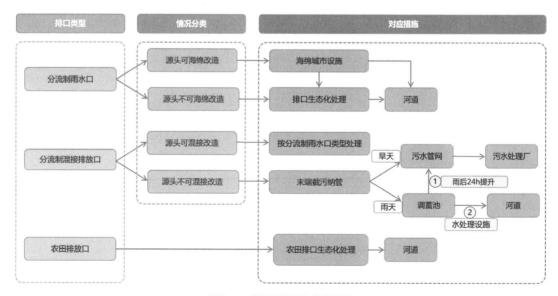

图5-9　控源截污技术路线图

截流井（限流）进入市政污水管线，雨天合流污水进入调蓄池，经水处理装置处理后排河或雨停后24h提升至市政污水管线最终进入污水处理厂。

（1）点源污染管控

试点区内现状点源污染主要来自建成区雨污混接，以及未建成区存在的部分违规养殖和违章搭建。

1）雨污混接改造

经排查，试点区无市政雨污混接点，部分小区内存在混接现象。建筑小区内的雨污混接主要有两种：一是部分已建建筑小区已采用分流制，但分流不彻底，如阳台洗衣机污水排入雨水系统；二是部分新建建筑小区，开发商未做严格雨污分流，胡乱接入排水系统。针对第一种情况，雨污混接改造主要是考虑将阳台洗衣污水、厨房及卫生间污水等接入小区污水管道；针对第二种情况，对建筑小区内部进行严格雨污分流改造。试点区内进行混接改造的小区共32个（图5-10），其中阳台混接改造共3479处、厨房私接改造499处、埋地雨污混接改造323处。

以新芦苑F区为例，小区内部存在70处阳台混接及10处厨房混接情况，为了使小区内部雨污彻底分流，将阳台洗衣废水、厨房及卫生间污水等接入小区污水管道。同时，将雨水立管断接改造，于排出口下设置高位花坛，使屋面雨水

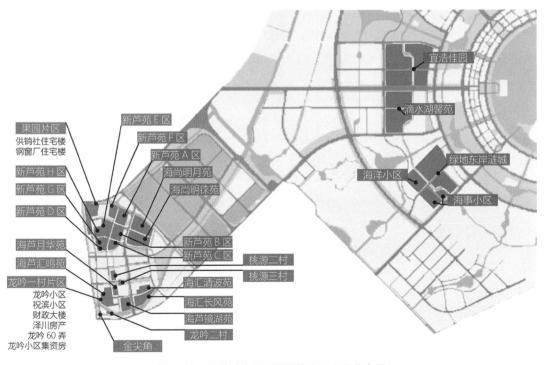

图5-10　临港试点区雨污混接小区项目分布图

径流得到充分的滞留与净化。混接改造示意如图5-11所示。

2）污染源清退

主城区未建成区域存在部分违规养殖和违章搭建，对区域生态环境特别是水系生态环境产生一定污染。对该部分污染源进行清退处理，试点区共清退4处违规养殖水面及3处违章搭建（图5-12）。

图5-11　新芦苑F区雨污混接改造示意图

（a）新建阳台雨水管；（b）雨落管断接入高位花坛

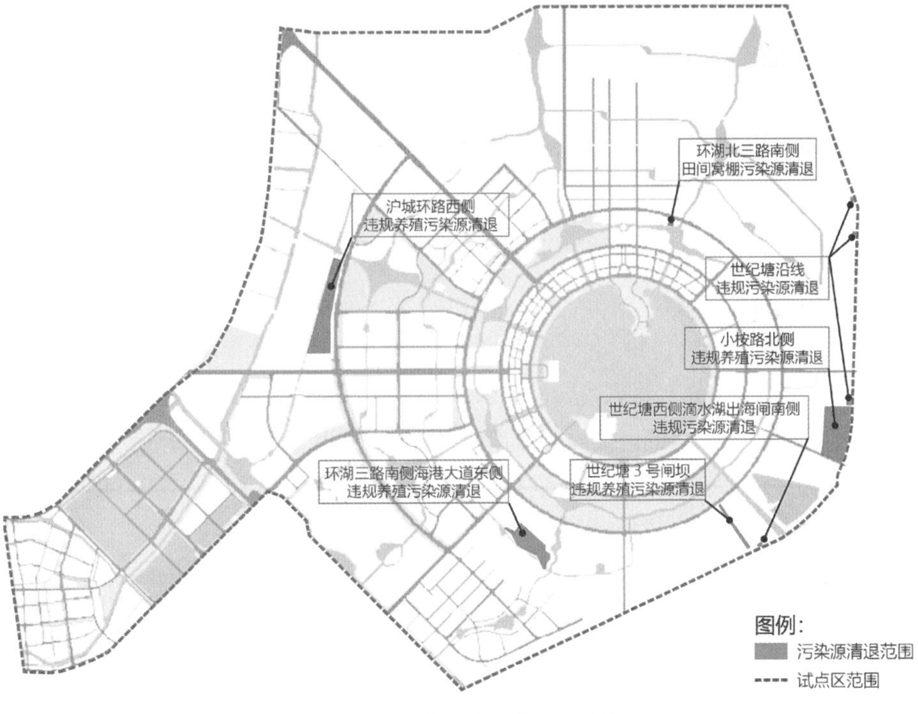

图5-12　污染源清退范围示意图

（2）面源污染管控

试点区面源污染包括城市地表径流污染和农业面源污染。通过在源头布置削减措施、过程中进行管道疏通、末端排口设置净化设施，共同实现区域的面源污染削减。

1）建成区源头面源削减措施

基于前期建设情况调研及与管理部门的沟通，通过工程经济技术评估，明确源头面源污染削减项目共111个（图5-13）。其中，建筑与小区项目32个、道路与广场项目49个、公园与绿地项目共30个。

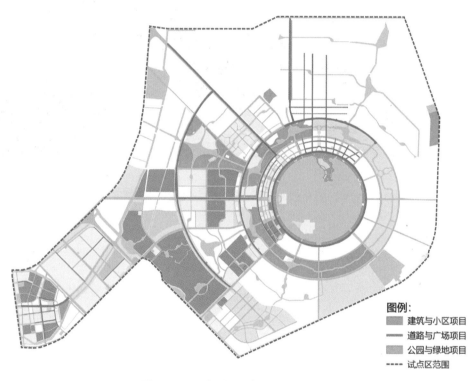

图5-13　源头面源污染削减项目分布图

2）未建成区面源污染控制要求

未建成区按海绵城市建设要求进行管控，在后期开发建设过程中，应严格按照《规划》中提出的指标要求进行管控。

3）管网疏通

试点区地处平原河网地区，排水管道坡度较小，管道沉积较重，需定期进行清淤疏通。

4）末端排口生态化处理

结合末端面源污染控制需求，在部分小区、市政及农田排水管排入河前设置

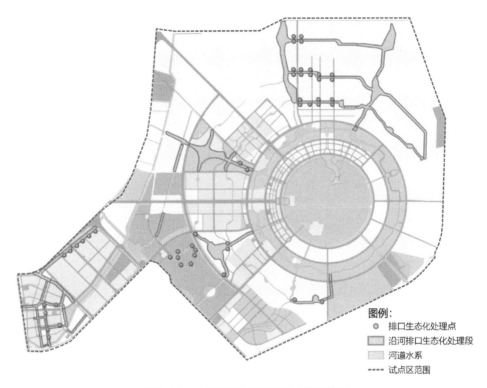

图5-14 末端排口生态化处理分布示意图

生态处理设施，对污染物进行过滤处理。经定量化分析计算，为达到面源削减目标，对约335处排口进行生态化处理（图5-14）。

5）远期初雨闸坝拦截

由于滴水湖水质要求高于与其连接的射河涟河，考虑远期在主城区河道与滴水湖连接的射河处新建环湖闸坝（图5-15），拦截河道迁移污染。根据前述措施削减后剩下的污染物进入河道，经过闸坝拦截后再进入滴水湖。确定通过源头削减和闸坝拦截措施，拟削减入湖污染量约95%。

2. 内源治理，减少污染释放

综合考虑试点区河道已疏浚情况、河道规划行洪断面、现有护岸结构安全、底泥检测结果等因素，对河道分别进行疏浚或底泥清理。结合河道生态整治工程，针对老城区路漕河等部分河道开展清淤疏浚工作，清淤总量约12.37万m³。

3. 活水保质，促进自净能力

"流水不腐、户枢不蠹"，即使在污染得到有效控制和治理后，仍需要增加水体流动，提高水体的复氧、降解、自净能力，促进水体良性循环。因此，活水

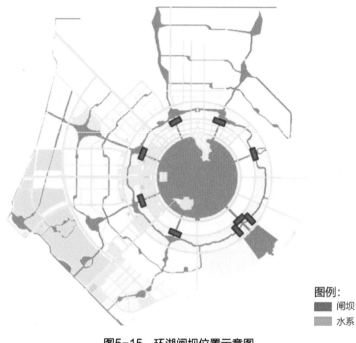

图例:
■ 闸坝
■ 水系

图5-15 环湖闸坝位置示意图

提质是保护水生态环境、改善河湖水质的重要辅助措施,随着入河污染负荷的逐步削减,其频次和幅度可相应降低。

(1)水资源调度

主城区现状以芦潮引河水系作为引水水源,以橙和港水闸作为入水口,经主城区河网和滴水湖出海闸,排入东海。同时,结合新开河道沟通、区域生态补水及人工湿地设置等方式实现活水保质。规划以大治河为引水水源,开挖东引河并沿河构建水质净化工程作为滴水湖水系引清和净化廊道,在蓝云港、二环带城市公园、赤风港生态园等区域形成多层次净化空间,为滴水湖及周边河道提供优质生态补水。主城区引水调度路线如图5-16所示。

老城区遵循浦东片引清调度方案,在优化主要引排水口门闸门开启高度的基础上,适当抬高金汇港北闸和大治河西闸闸内最高控制水位、降低杭州湾沿线排水口门闸内最低控制水位,同时,浦江镇沿黄浦江口门"中间引两头口门昼引夜排"、闸内最高控制水位维持2.80m。采用优化调度方案后,片区氨氮和COD浓度明显降低,实现河湖水质的改善提升,如图5-17所示。

(2)湿地净化补水

拟设置人工湿地,日常主要用于引清入流,湿地净化后补水作为河湖生态补水,维持滴水湖及周边河道水质。

近期,在引水路径沿线设置湿地处理系统,对引水水质进行净化。同时,

图5-16 主城区引水调度路线

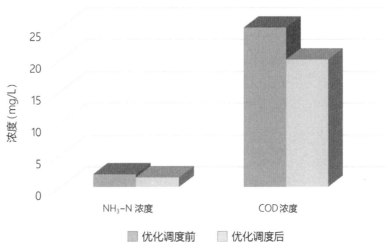

图5-17 优化调度前后老城区水质变化情况

在作为滴水湖最后屏障的二环带公园以及环湖景观带内设置末端湿地处理系统，对河道水以及初期雨水污染进行净化处理，保证河道及入湖水质。近期共设置人工湿地13处，总面积约13.4万m²，见图5-18和表5-1。

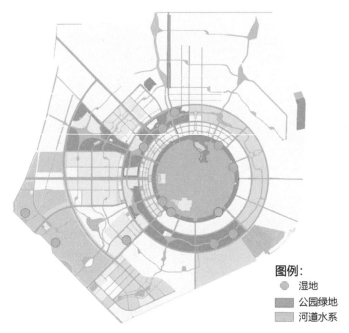

图例:
⬤ 湿地
▨ 公园绿地
▨ 河道水系

图5-18 主城区湿地分布图

主城区湿地处理系统统计表   表5-1

湿地位置	工程措施	面积（m²）
二环带	重力流湿地	11200
	帘式浮岛复合湿地	3000
	多级生物滤池	12000
	湿地	65703
	湿塘	—
环湖景观带	湿地	25330
	内陆湿地	3432
引水路径沿线	表流人工湿地	700
	三级生态湿地，一级、二级为表流湿地，三级为水平潜流湿地	2243
	湿地	9900

远期，在橙和港、黄日港、绿丽港、青祥港、蓝云港两侧的楔形绿地（图5-19）设置旁位净化设施，从5条射河同时引水，经净化达到Ⅲ～Ⅳ类水后向滴水湖水系补水，年净化径流调水量约为1500万～2000万m³，一方面为滴水湖提供15万m³/d的补水，另一方面多口门进水可改善河网的流动性。

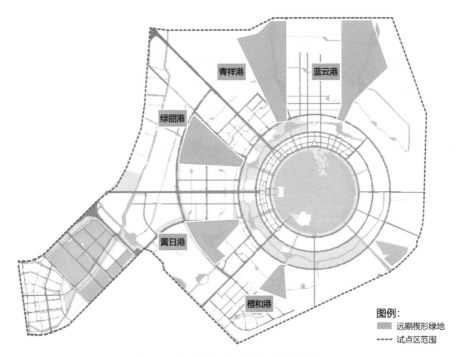

图例：
■ 远期楔形绿地
---- 试点区范围

图5-19　远期楔形绿地设置旁位净化设施

4．生态修复，提升河道水质

为进一步提升水环境容量，需对区域水系进行生态修复。生态修复工程主要内容包括老城区河道的生态修复和滴水湖的生态整治。

（1）老城区河道生态修复

包括生态岸线建设、增加水生植物、生态浮床以及曝气机等措施（表5-2），对水体实施生态修复。

老城区河道生态修复实施方案汇总表　　　表5-2

河道名称	生态岸线改造（m）	挺水植物（m²）	沉水植物（m²）	生态浮床（m²）	曝气机（处）	生物绳（m³）
日新河	2063	5086	2078	0	0	0
纵一河	—	90	912	70	4	60
纵二河	—	116	507	0	0	0
庙港河	1132	359	1126	90	3	130
老庙港河	1180	554	1820	70	4	50
芦潮支河	71	475	80	70	4	70
林场界河	1362	604	1238	0	0	0
里塘河	865	743	4716	150	12	300

续表

河道名称	生态岸线改造（m）	挺水植物（m²）	沉水植物（m²）	生态浮床（m²）	曝气机（处）	生物绳（m³）
中横河	—	76	270	130	8	120
路漕河	330	200	300	11	6	120
合计	7003	8303	13047	591	41	850

（2）滴水湖生态整治

滴水湖主湖区水域面积5.56km²，库容约1620万m³。建成之初，因补水水系未贯通、蓄水水质较差等原因，水体盐碱度和富营养化程度都较高，曾暴发蓝藻水华现象。针对滴水湖水质提升和保障问题，上海港城开发（集团）有限公司等单位经过多年持续的研究和实践，成功构建了以控藻、净水为目标的水生态系统（图5-20）。该系统充分利用浮游藻类对富营养物质的吸收、滤食性动物对浮游藻类的清滤、牧食和底栖生物的分解作用等形成完成完善、良性的食物链，使滴水湖水质不断提升。

其中，2007～2008年为控藻阶段，根据蓝藻生理生态特征，在实施水生态系统构建时注重高效灭藻，在短时间内彻底消灭了蓝藻水华问题。2009年之后为净水阶段，以及补水平衡下的水质生态控制阶段。该阶段进一步完善控藻模式，并在此基础上重建滴水湖滤食性软体动物水体生态系统，根据滴水湖不同区域的水环境状况设计出不同种类软体动物投放和配比，加强水位控制、降低

图5-20　滴水湖水域生态系统示意图

盐度，为软体动物种群的发展壮大创造有利条件。此外，同步在滴水湖周边的射河、涟河内进行生态系统构建，提升滴水湖补水水质。

10多年来，通过实行"抓大放小、轮捕轮放"的工作机制、水生植物的培育和适量的引排水等一系列措施，保持了控藻—净水生态系统的稳定运行。经过生态整治，根治了滴水湖的蓝藻水华现象，同时将湖区水质由Ⅴ类提升到Ⅲ～Ⅳ类，水环境状况得到持续改善。

5.2.2　理清格局保安全

通过构建源头减排、排水管渠、排涝除险、应急管理四大系统，全面实现水安全保障总体目标。

至试点期结束，保持现状候潮开闸排涝模式，通过地块低影响开发实现源头径流总量和峰值削减；通过管网优化、积水点整治、局部行泄通道建设实现过程控制；通过新开河道对河道水位进行调控以及优化滴水湖调度等措施实现水安全系统提升，如图5-21所示。

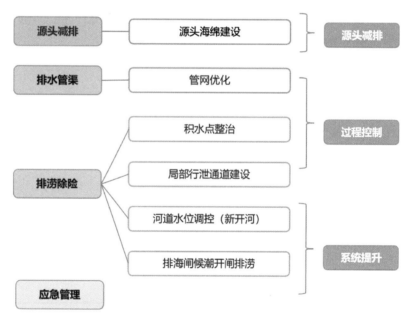

图5-21　水安全保障方案（试点期结束）

远期，采用排海泵强排排涝模式，通过地块规划管控实现源头径流总量和峰值削减；通过区域大行泄通道建设实现水安全过程控制；通过新增排海泵及区域竖向控制等措施实现水安全系统提升，如图5-22所示。

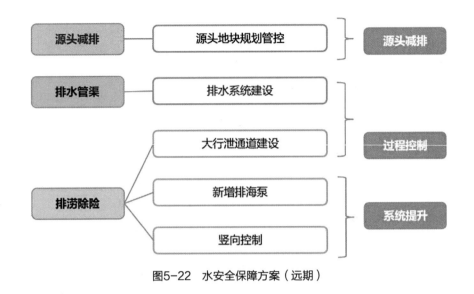

图5-22　水安全保障方案（远期）

1. 源头减排，缓解管网压力

建筑与小区、道路与广场、公园与绿地应根据海绵城市建设指标要求，综合采用"蓄、滞、渗、净、用、排"，采用下凹式绿地、雨水花园、雨落管断接、透水铺装、生态树池等技术，结合地形设计，使雨水径流更多下渗后再外排，减少雨水径流量及径流污染、削减径流峰值。

2. 排水管渠，确保排水路径

（1）排水体制：临港试点区采用雨污分流排水体制，已建道路下均已铺设雨水管道，地块和道路的雨水均通过雨水管网排除。

（2）排水模式：试点区除国际物流园区北部及主城区科创城采用雨水强排模式，其他区域均采用自排模式，陆域雨水径流通过管网等收集后，就近自流排入河湖水系。

（3）排水规划标准：临港试点区雨水管渠设计重现期为5年一遇。

（4）雨水管网情况：排水空白区域均按5年一遇标准达标建设，区域内新建雨水管网以各河道为分界线，分别沿环向道路、射向道路敷设规划雨水管道，分散排入河道中。已建雨水管网结合源头减排项目提标，同时定期进行管网疏浚，使其满足5年一遇排水能力。

（5）建设计划：结合临港地区排水系统服务范围近期计划实施的道路工程，同步实施排水管道工程。其余规划范围内的雨水管道结合远期道路建设计划，作为远期实施工程。

3. 排涝除险，消除内涝风险

（1）积水点整治

试点前主要的积水受涝点有7处（图3-20），针对每个积水点的积水原因分析及整治措施见表5-3。

积水点整治措施 表5-3

积水点位置	汇水范围（hm²）	渍涝频率	积水原因	整治措施
1	0.03	3年一遇	道路施工单位未将市政雨水管出浜口封堵头子拆除干净	清捞雨水井及人工加机械疏通雨水管道
2	0.02	3年一遇	周边施工，建筑垃圾造成雨水管淤积	清捞雨水井及人工加机械疏通雨水管道
3	0.03	3年一遇	道路施工单位未将市政雨水管出浜口封堵头子拆除干净	清捞雨水井及人工加机械疏通雨水管道
4	0.01	3年一遇	短时强降雨造成雨水管流量饱和，短时路面积水	水泵强排
5	49	3年一遇	汇水面积过大，源头径流控制不足	上海海事大学海绵化提升工程
6	0.02	2年一遇	地势低洼	积水处增加敷设排水管
7	0.01	2年一遇	地势低洼	降雨时采用雨水口清通、水泵强排的措施

（2）涝水行泄通道

涝水行泄通道主要用以排除城区雨水径流，避免在遭遇城市内涝防治标准的降雨时产生内涝灾害。暴雨期间，超设计降雨的地表径流需通过建设行泄通道进行排放。由于试点区为平原河网，在河网、水系构筑物的排涝体系基础上，主要采用开发空间滞蓄行泄技术，利用道路及周边绿地作为超设计降雨径流的行泄通道，将涝水汇聚排入河道等调蓄水体。道路两侧若有绿地，考虑沿道路设置植草沟式或旱溪式行泄通道，将暴雨时道路径流雨水汇入行泄通道；道路两侧若无绿地，可考虑新建涝水分流管，将涝水就近排入河道、下沉广场或其他调蓄设施。至试点期结束，针对易积水道路做局部改造，包括芦茂路、沪城环路和美人蕉路，详见第8章。远期，在新区开发时优先考虑构建行泄通道。通过与竖向规划和绿地规划等的衔接和控制，把道路地面径流引到周边绿地，将涝水汇聚后排入河道等调蓄水体。

（3）排水压差确定

根据2.5节研究成果，主城区自成圩区，通过管控河道水位，提高排水压差的方式，增加主城区管网排水能力。

统计排水管渠起端或者排水距离最远端地面高程，主城区共统计节点119个，地面高程最高为4.78m、最低为3.8m，平均高程为4.18m。根据主城区河道不同控制水位，取地面平均高程4.18m，分别模拟高水位（3.3m）、常水位（2.6m）和预降水位（2.2m）对试点区内管道排水能力的影响，即排水压差为0.88m、1.58m和1.98m情况下的主城区管道排水能力，评价标准为管道满管流和地面出现积水两种标准。最终得到3.0m作为河道较优的最高控制水位，5年一遇降雨下，雨水系统过流能力能满足排水需要。

（4）河道水位调控

主城区现状采用候潮排水模式，对应除涝标准下对河道水位起决定作用的因素有两点，一是主城区内可调蓄水量的大小，包括源头地块内可调蓄水量和河湖水系可调蓄水量的总和；二是外排能力的多少，现状模式下主要是通过水闸外排。

试点建设前，主城区建成区面积为24.3km²，河湖水面积为7.5km²，主城区水面率为11.1%，经排涝演算，100年一遇24h（降雨量279.1mm）降雨建成区产流647.8万m³，赤风港水闸外排总量568.5万m³，河网调蓄总量79.4万m³，河湖最高水位约2.8m。

主城区在不同规划水平年用地情况和水面率情况均不同，在遭遇100年一遇24h降雨时面临的防汛安全水平也不相同，规划至试点期结束和远期采用的措施也有所不同。

1）试点期结束2018年

至近期，主城区建设面积达35.02km²，较2016年增加10.7km²，增幅为44%，而河湖水面积若保持不变，100年一遇24h降雨时，建设用地产流929.8万m³，赤风港水闸外排总量654.8万m³，河网调蓄总量275万m³，河道最高水位由现状2.78m上涨至3.05m，突破了管道排水压差要求的河道最高控制水位不超过3.0m的要求，对城区排水构成安全威胁。经核算，为了控制河道最高水位不超过3.0m，主城区内需同步提升河湖水面积至少1.5km²，即至试点期结束主城区河湖水面积达到9.0km²时，才能将河湖最高水位控制在3.0m以内，从而为建成区提供良好的自流排水条件。

经多部门沟通和协商，结合规划用地和新开河的建设时序，主城区内河湖面积至试点期结束达9.04km²，主城区排水条件保持较高水平，即试点区水域面积达到9.46km²。新开水系分布见图5-23和表5-4。

2）远期2035年

至远期，临港主城区67.76km²范围内基本建成，建设用地有大幅增长，而河湖水面率基本无增长，区域水安全风险加剧。按现有排水模式和排水水平，

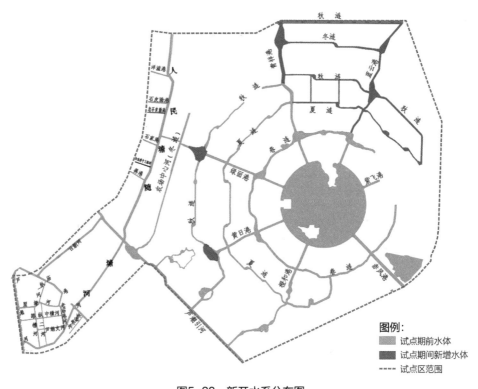

图5-23　新开水系分布图

新开水系水面统计表　　　　　　　　表5-4

新增河湖名称	面积（km²）
夏涟河	0.06
秋涟河	0.18
冬涟河	0.14
青祥港	0.22
北护城河	0.35
黄日港调蓄湖	0.14
绿丽港调蓄湖	0.22
蓝云港	0.23
合计	1.54

100年一遇24h降雨远期用地产流1799万m³，赤风港水闸外排总量874万m³，河网调蓄总量925万m³，河道最高水位为3.67m，远超城区自流排水压差最高控制水位3.0m的要求，除涝形势严峻。

基于此，拟在赤风港出海闸附近建造一座排涝泵站（图5-24），当沿海水闸受外江潮位影响不能开启时开启泵站，加强区域的排涝能力。经试算，泵站规模

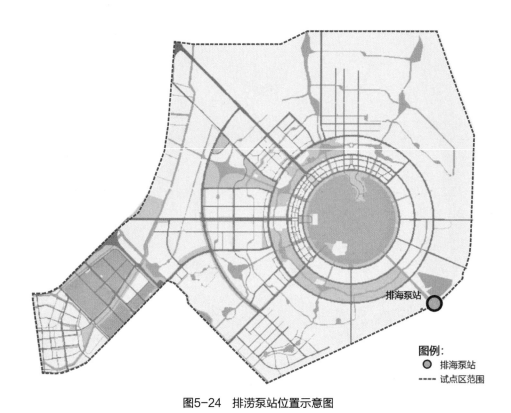

图5-24   排涝泵站位置示意图

为160m³/s，遭遇100年一遇24h降雨时，赤风港水闸外排总量499.6万m³，新建泵站外排总量892.8万m³，河网调蓄总量406.6万m³，新建泵站外排水量占外排总水量约69%，泵站建设后最高水位由原不建泵站3.67m下降至3.00m，在城市建设进程中，当河湖水面率无法实现配套增速的情况下，建设排涝泵站以提升防汛安全水平是非常必要的。

4. 应急管理，提升应对能力

为做好试点区水安全保障，增强在台风等极端天气下应对内涝的能力，增强忧患意识，防患于未然，应坚持预防与应急相结合、常态与非常态相结合，在发生内涝时，能做好应对内涝的准备，快速反应，损益合理，最大程度减少危害、降低影响。

一是加强气象与排水、防涝的联动机制。气象部门的预警预报应及时转达到防汛相关部门，并针对预报的准确性和重要性进行必要沟通。针对气象部门的预警预报，排水防涝部门应当提高重视程度，做出积极和充分的应急响应，以"防患于未然"的姿态全力应对每次灾害预警预报。

二是建立排水防涝综合信息管理平台。应结合试点区海绵城市智慧管控平台的建设建立完善的，具有积水监测、预警防控、风险评估、运行管理、决策支持等功能的排水防涝综合信息管理平台，并确保数据每年定期更新。完整准确的数据支撑可极大地提高试点区排水防涝设施的规划、建设、管理和应急水平，降低内涝风险。

三是提升试点区应急排涝能力。当遭遇超过内涝防治设计重现期标准降雨时，利用试点区海绵城市智慧管控平台的海绵城市应急预警平台，在内涝数据采集监控与预警系统建立的有效预警下，提前配置一定规模的移动应急排涝泵车，通过应急抢险决策与管理系统的统一调度应急排涝，保证试点区正常运转，保障居民的生命和财产安全。

5.2.3 遵循自然保生态

根据上位规划确定的海绵城市建设目标，充分分析现状，确定临港试点区水生态修复目标为：至试点期结束（2018年），试点范围内河面率和生态岸线能够得到合理修复与保护，年径流总量控制率达80%，临港试点区能够实现水生态环境的持续稳定改善。年径流总量的控制，通过对已建区采取源头径流控制、待建区进行规划指标管控的措施达到。生态岸线的恢复，通过采取生态岸线建设、滨岸缓冲带建设等措施达到。

1. 径流总量控制，恢复产汇流平衡

根据评估结果，试点区内试点建设前年径流总量控制率为74.2%，试点区各地块海绵工程实施前现状年径流总量控制率如图5-25所示，达标情况如图5-26所示。由于试点区内有大部分区域属于未建成区，原始年径流总量控制率较高，整体本底较好，不达标区域主要集中在建成区。

因此，建成区结合各地块的年径流总量控制指标要求和地块改造性分析情况，确定源头减排项目，在进行源头海绵改造时，结合试点建设前存在问题和年径流总量控制率指标要求确定建设内容。未建成区按照《规划》中提出的海绵城市要求进行建设。

基于前期建设情况调研及与管理部门的沟通，通过工程经济技术评估，明确源头减排项目共111个。其中，建筑与小区项目32个、道路与广场项目49个、绿地项目共30个。

2. 生态岸线恢复，确保水陆物质交换

根据区域试点建设前河道护岸建设情况、水系规划情况，河湖新开之后，新

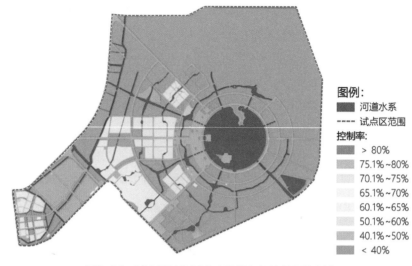

图5-25 试点区地块试点建设前年径流总量控制率

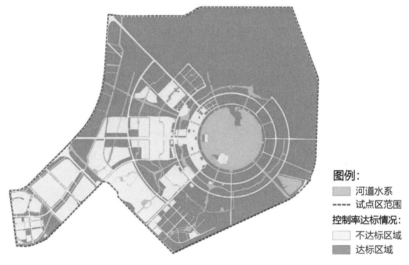

图5-26 试点区地块试点建设前控制率达标情况

建护岸50.7km，其中生态护岸长49km。对硬质护岸且有条件改造的河道进行生态岸线恢复，共计21.5km。其中，主城区护岸生态化改造17km，包括春涟河、黄日港、绿丽港三条河道的护岸生态化改造；老城区（含临港森林）河道生态岸线改造4.51km，将日新河、老庙港河、路槽河、芦潮支河等河段的浆砌石混凝土换改建成为生态护岸，对洋溢港开展河道生态整治。

3. 盐碱化改良，奠定区域开发基础

为了改善试点区土壤盐碱化严重的问题，围垦区生态保护与修复利用示范区内设置了土壤改良工程。拟在相关工程经验的基础上，结合海绵城市技术手段，

如土地保护与修复、地形堆土、高大乔木种植等，进一步探索试点区盐碱化改良技术，推进试点区盐碱化改良。

滴水湖以东区域尚未大规模开发，土地上的一枝黄花等有害植物较多，对土壤的肥力产生一定影响。通过土方消纳回填、整平等措施，将大部分一枝黄花等植被清理或埋藏于地下，一是减少有害植被并防止再次生长蔓延；二是增加土壤的有机质含量；三是在平整好的土地上撒播本地草种等，增加植被，增强土地肥力。部分场地经过土地整理后种植小麦、玉米、水稻等农作物，或者种植公益林，并开挖排水沟渠，既能满足国家对提高林地覆盖率的要求，也是改善环境改良土壤的措施之一。

5.2.4　循环利用保资源

海绵城市理念不同于传统以排为主的城市雨水管理理念，提倡最大限度地实现雨水在城市区域的积存、渗透和净化，促进雨水资源的利用和生态环境保护。根据上位规划确定的海绵城市建设目标，充分分析试点建设前情况，确定临港试点区水资源目标为：雨水资源利用率达5%。该指标通过收集处理雨水资源并用于绿化浇灌及水体生态补水达到。临港试点区典型年平均降雨量为1228.1mm，试点区总面积为79.08km^2，平均降雨总量为9711.8万m^3，则雨水资源利用量应达到485.6万m^3。

1. 地块项目绿化浇灌

地块项目通过建设调蓄池、雨水桶及储水舱等设施，对雨水进行收集和处理，雨后用于地块内部小区绿化、集中绿地、河道坡面绿化等的浇洒及灌溉，实现雨水的资源化利用。试点区雨水利用项目见表5-5。统计试点区域内雨水收集设施的蓄水容量，可得出各地块雨水收集调蓄设施的设计调蓄总量2509.5m^3，年雨水资源利用总量约8.4万m^3。

试点区雨水利用项目汇总表　　　　　　　　　　　　表5-5

项目编号	设施	用途	设施容量（m^3）
1	调蓄池	绿化浇灌	360
2	调蓄池	集中绿地浇灌	100
	雨水桶	绿化浇洒	12
3	蓄水池	绿化浇洒	330
4	雨水蓄渗模块	河道坡面绿化浇洒	183.3
5	蓄水池	绿化喷灌	1473.6
6	PP蓄水模块	河道坡面绿化浇洒	56.6

2. 水体生态补水

水体生态补水是指利用海绵城市设施对雨水进行收集处理后用于水体补水。滴水湖湖面每年直接蒸发损失量约695万m³，且滴水湖出海闸每年需要约700万m³的冲淤，很显然滴水湖是缺水的。目前，滴水湖主要依靠外围水系引水进行常态化补水，但外围水系水质明显劣于滴水湖水质。通过海绵城市建设，利用主城区河道对雨水进行收集和不断净化，最后汇入滴水湖对其进行补水，替代了部分外围水系引水量。通过开展主城区河道水资源平衡计算，河道收集的雨水有559万m³经过海绵城市设施净化处理后排入滴水湖对其进行生态补水，即试点区用于水体生态补水的雨水资源量为559万m³，满足雨水资源化利用率的要求。

5.3 › 分区建设指引

根据总体系统方案，形成11个分区的海绵城市建设指引，见表5-6。

试点区分区建设指引　　　　　　　　　　　　　　　表5-6

分区名称	面积（km²）	建设指引
1分区	10.44	主要为生态涵养区，部分地块待开发建设，海绵城市建设以目标为导向。区域建设重点是生态保护和水环境提升。该区水环境方面主要以源头雨水净化为主；水生态方面包括生态护岸建设和新区规划管控；水安全方面主要是源头水量削减
2分区	9.08	主要为生态涵养区，示范围垦区生态保护与修复利用。水环境方面主要以削减污染源为主；水生态方面包括生态护岸建设、新区规划管控、生态防护林建设、盐碱地土壤改良为主；水安全方面主要是源头水量削减和调蓄
3分区	10.02	区域为新区，海绵城市建设以目标为导向，主要示范海绵型生态河道建设和海绵型道路建设。该区水环境方面主要以污染物控制为主；水生态方面包括生态护岸建设和新区规划管控；水安全方面主要是源头水量削减和调蓄
4分区	11.48	区域为新区，海绵城市建设以目标为导向，建设重点是生态保护与修复和水系完善。水环境方面主要以源头雨水净化为主；水生态方面包括生态护岸建设和新区规划管控；水安全方面主要是源头水量削减。海绵城市建设方案分成源头减排、过程控制和系统治理
5分区	10.44	区域为已建区，海绵城市建设以问题为导向。该区建设重点是源头混接改造、降雨径流污染控制、积水点整治。水环境方面包括源头雨水净化和雨污混接改造；水生态方面包括生态护岸建设和新区规划管控；水安全方面主要是源头水量削减和积水点整治。海绵城市建设方案分成源头减排、过程控制和系统治理。区域二环带公园部分系统方案与其他二环带公园类似

续表

分区 名称	面积 （km²）	建设指引
6分区	9.32	区域为已建区，海绵城市建设以问题为导向。该区建设重点是源头混接改造、降雨径流污染控制、积水点整治。水环境方面包括源头雨水净化和雨污混接改造；水生态方面包括生态护岸建设和新区规划管控；水安全方面主要是源头水量削减和积水点整治。海绵城市建设方案分成源头减排、过程控制和系统治理
7分区	1.20	区域为建成区，仅包含上海海洋大学，学校已初步建成和正常运行。该区建设重点是面源污染控制，水系生态修复，定位为海绵型大学示范区。高校现状绿化率高，本底年径流总量控制率较高，海绵城市建设条件良好，且人群素质整体较高，教育示范效果好。针对片区内用地类型和开发情况的特点，主要示范大学城海绵工程建设。措施重点在于源头控制，高校的海绵城市建设目标，尤其是年径流总量控制率，应高于临港试点区整体目标
8分区	5.78	区域为湖泊水体生态保护净化示范区，部分地块待开发建设。水环境方面主要是源头雨水净化；水生态方面主要是生态岸线建设；水安全方面包括源头水量削减
9分区	7.90	区域主要示范产业园区低影响开发改造以及河道综合治理，部分地块待开发建设。区域内已建区以问题为导向，未建区以目标为导向。建设重点包括物流园区面源污染控制、场地竖向控制、临港森林远期规划管控。水环境方面包括源头雨水净化、排放口处理设施；水生态方面包括生态岸线建设；水安全方面包括源头水量削减、行泄通道建设
10分区	1.44	区域为积水改造及河道综合治理示范区。该片区建设方案主要包括河道综合治理、积水点改造、绿地、道路及建筑小区等海绵化改造
11分区	1.89	区域为积水改造及河道综合治理示范区。由于本排水区与芦潮港社区（江山路以北）基本情况及面临问题较为一致，因此采用类似的系统方案，即通过建筑小区、道路海绵化改造实现源头减排，通过道路海绵化改造、市政雨水管网养护等措施实现过程控制，通过河道生态整治、雨水排口改造及监测实现系统治理

5.4 › 试点期建设项目实施规划

　　试点区尚在开发建设过程中，水环境问题已凸显，水安全体系尚未完善，水资源需求日益迫切。经系统分析，结合试点区水环境、水生态、水安全及水资源的各项建设指标，在确保达标的情况下充分发挥各项目对多系统的贡献，综合考虑形成了试点期内的233个项目（含建设工程197个、研究类项目36个）。其中包含控源截污、内源治理、生态修复、活水提质等水环境改善及非常规水资源利用项目，并随近期地块、道路和水系建设生成源头减排、管网建设、水系连通等水安全保障项目，总投资约76.47亿元，如图5-27所示。

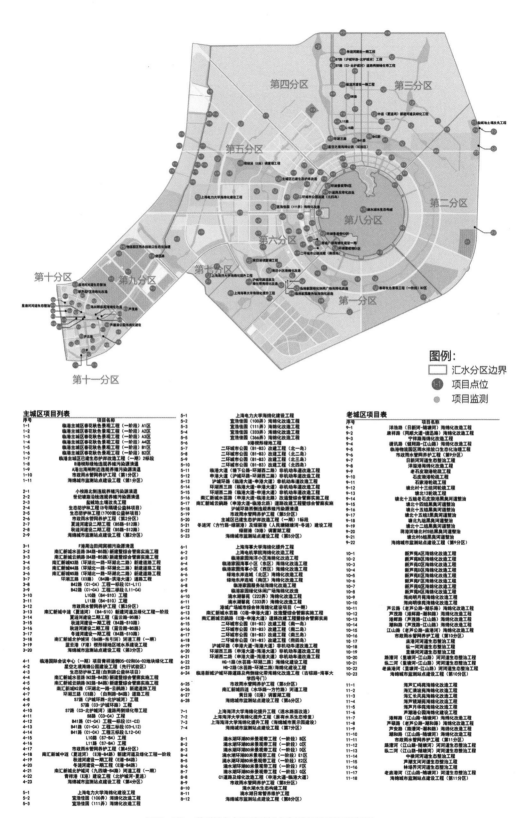

图5-27　临港试点区海绵城市建设项目示意图

第**6**章

> ## 海绵城市建设管控
> ## 平台建设

　　为科学、有效地指导海绵城市建设，临港地区于2018年着手开展临港海绵城市智慧管控平台建设，力求建立科学、高效、规范的海绵城市管控平台，助力临港试点区海绵城市建设，积极响应国家海绵城市试点要"建立有效的暴雨内涝监测预警体系"的需求，有效提高城市管理水平，实现高效能治理。

　　临港海绵城市智慧管控平台建设使用物联网、大数据、云计算等新一代信息化技术，以云计算虚拟化平台为基础，以海绵城市数据中心为核心，结合GIS+物联感知网络构建海绵城市数字化管控平台，多角度全方位实时监测临港试点区海绵城市建设过程和运行情况，通过多源数据融合技术，实现对海绵城市从规划、设计、建设到运行的闭环精细化管理，实现决策更科学、管理更高效、数据更精准、服务更主动的目标（图6-1）。

决策　**更科学**
建立一个基于监测物联网络＋流计算、数据挖掘（时序模型）、仿真模型的一体化数据分析体系，全面评价预测临港雨水管理及水质、内涝等状况

管理　**更高效**
通过数据集成来支撑业务：1. 衔接海绵项目从规划、建设到运维、改造的全生命周期；2. 衔接雨水、污水业务以支持一体化排水管理及智慧水务

数据　**更精准**
21个水质监测站、18个流量计/SS计、6个积水尺、9个雨量计形成一张覆盖全区的监测网络，实时反映临港水安全、水环境的当前状况

服务　**更主动**
结合雨水管理及城市水务管理的特点，针对采集、诊断和报警建立算法集，为平台业务系统提供更主动、更及时的报警预警技术支撑

图6-1　临港海绵城市智慧管控平台总体建设目标

6.1 › 平台建设构架

　　临港海绵城市智慧管控平台采用B/S架构，实现Web端和移动端的系统浏览及功能使用。平台采用SOA系统设计理念，系统设计充分考虑业务与功能的紧密结合，将系统总体结构分为基础设施层、感知层、数据层、应用层、交互层以及展示层。总体架构设计如图6-2所示。

　　（1）基础设施层：为临港海绵城市智慧管控平台提供运行支撑的各类基础软硬件及地理空间基础数据。其中IT基础软硬件利用临港智慧城市政务云现有资源，包括防火墙、安全网关、服务器、存储器、网络等。

　　（2）感知层：实现各类传感仪器仪表（雨量、流量、SS、水质监测站等）

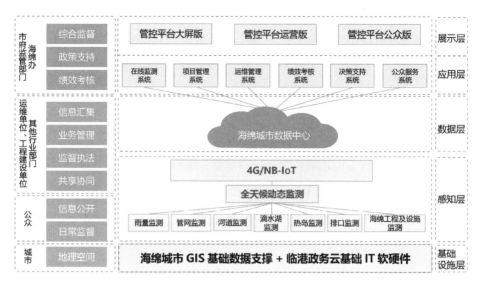

图6-2　总体设计架构

的数据监测与采集，并通过物联网多种通信方式（GPRS/3G/4G/NB-IoT）进行实时传输。

（3）数据层：数据层以海绵城市数据仓库为核心，实现数据的资产化管理。包括数据的抽取整理、实时计算、统计分析、主题关系建立、仿真模拟及共享交换等。

（4）应用层：主要包括SOA服务构建平台及海绵城市应用子系统，包括在线监测子系统、项目管理子系统、运维管理子系统、绩效考核子系统、决策支持子系统、公众服务子系统。

（5）展示层：根据临港海绵城市智慧管控平台应用主体的不同，基于应用层系统进行数据抽取与整合，以管控平台大屏版、管控平台运管版、管控平台公众版的展现形式，以满足不同用户的访问使用（图6-3）。

以下主要重点介绍感知层（含监测布点）、应用层和展示层三部分。

图6-3　临港海绵城市智慧管控平台展现形式

6.2 › 感知层建设

6.2.1　考核体系

根据临港试点区海绵城市建设考核指标要求，结合现状人工监测布点情况，以及海绵城市建设运行效果及维护需求，聚焦滴水湖流域水质水量控制，构建临港海绵城市监测考核体系（图6-4），重点对流域内河湖水质达标率、年径流污染控制率、年径流总量控制率和内涝防治等进行监测和评估，为海绵设施运行维护和管理提供基础。

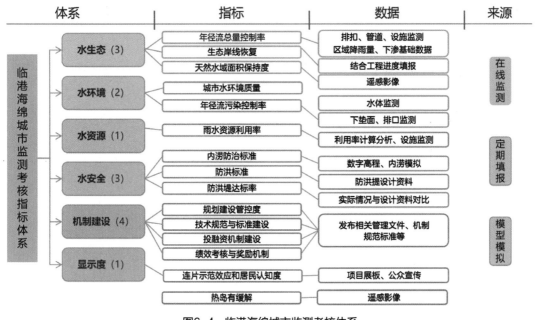

图6-4　临港海绵城市监测考核体系

6.2.2　监测方案

1. 总体思路

根据海绵城市建设考核的要求，监测点应综合考虑汇水分区、典型项目和典型设施的考核要求进行布置，并应兼顾本底的监测。为了及时掌握临港重要点位海绵城市相关数据，临港试点区布置了5个层面的监测，具体包括：1）试点区层面：主要监测降雨量；2）汇水分区层面：主要监测分析河湖水质达标情况；

3）排水分区层面：主要监测排水分区层面的管网和排水口，为海绵城市数学模型的参数率定和模型验证提供数据支撑；4）典型项目层面：主要监测项目流量和SS，以分析项目的年径流总量控制率和年径流污染控制率，结合数学模型评估各汇水分区的海绵城市建设效果；5）典型海绵设施层面：在利用人工采样和在线监测数据对模型关键参数率定和验证的基础上，模拟和评估其他类似项目的建设效果。监测对象和指标选取见表6-1。

监测对象和指标选取　　　　　　　　　　表6-1

监测层次	监测对象	监测类型	监测指标（在线）	监测意义
试点区层面	汇水分区	雨量监测	雨量	获取连续降雨数据，作为评估基础
汇水分区层面	滴水湖湖体	水质监测	五参数[①]、氨氮、叶绿素/蓝绿藻	掌握湖区水体水质情况，为制定应改善措施提供依据
	滴水湖出入水口	水质、液位监测	五参数[①]、COD、TP、氨氮、液位	掌握入出水口水质情况，进行水质预警监测，防止污染水体进入或流出滴水湖
	河道关键断面	水质、液位监测	五参数[①]、COD、TP、氨氮、液位	水环境、水质安全质量的考核依据
排水分区层面	排水口	排水口监测	流量、SS	掌握各排污口的水质情况，对潜在的污染源予以监督，及时应对突发污染事件
	管网	管网关键节点	流量、SS	作为过程监测数据，并为运行评估及风险预警提供依据
典型项目层面	典型项目地块	地块出口水质、水量监测	流量、SS	作为绩效考核评估的末端验证，为关键指标年径流总量控制率、年径流污染控制率等计算提供依据
典型海绵设施层面	典型海绵设施	海绵设施水质、水量监测	流量、SS	检验设施运行效果，为地块年径流总量控制率、年径流污染控制率的计算提供率定验证数据

①五参数是指水温、pH、溶解氧、电导率、浊度。

2. 总体监测方案

结合相关研究成果，在利用模型工具总结流域内水质水量变化特点的基础上，根据监测的5个层面，优化布置监测点，形成临港海绵城市总体监测布点方案（图6-5）。

3. 一期监测方案

根据"一次规划、分期实施"的原则，一期监测点位布置已实施完成，结合重点监测对象滴水湖建设项目以及现场实际条件，集中对典型项目和海绵设施进行监测点位的布置。一期监测点位示意如图6-6所示。

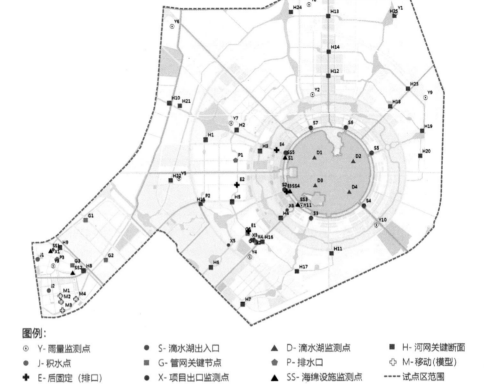

图例：
- ⊙ Y- 雨量监测点
- ● S- 滴水湖出入口
- ▲ D- 滴水湖监测点
- ■ H- 河网关键断面
- ● J- 积水点
- ■ G- 管网关键节点
- ⬠ P- 排水口
- ⬦ M- 移动（模型）
- ✚ E- 后固定（排口）
- ● X- 项目出口监测点
- ▲ SS- 海绵设施监测点
- ---- 试点区范围

图6-5   临港海绵城市总体监测布点方案

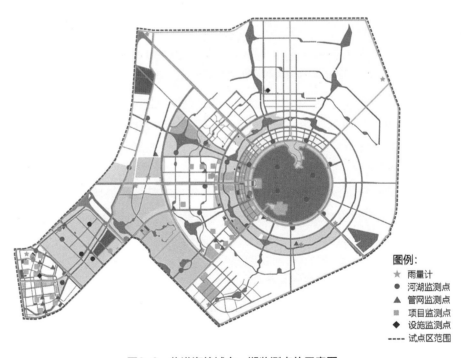

图例：
- ★ 雨量计
- ● 河湖监测点
- ▲ 管网监测点
- ■ 项目监测点
- ◆ 设施监测点
- ---- 试点区范围

图6-6   临港海绵城市一期监测点位示意图

6.2.3　监测布点

1. 降雨监测

考虑到降雨分布的不均匀性，按每8~9km²布设1个雨量在线监测点的原则，在试点区内共安装9台在线雨量计（图6-7），用于反映雨季不同汇水分区的降雨情况，也为年径流总量控制率等指标的量化评估提供依据。

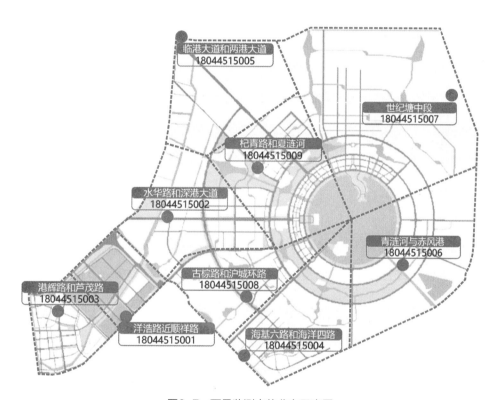

图6-7　雨量监测点位分布示意图

2. 河湖水质监测

为评估临港试点区地表水环境质量变化规律，对试点区内河道主要断面及滴水湖开展在线水质监测，一期监测点如图6-8所示。河道主要断面的监测点有10处，滴水湖内监测点有4处，滴水湖入湖口监测点有7处。

3. 排水分区监测

（1）主城区

选取古棕路附近地块作为主城区典型排水分区进行监测，包括海事小区及临

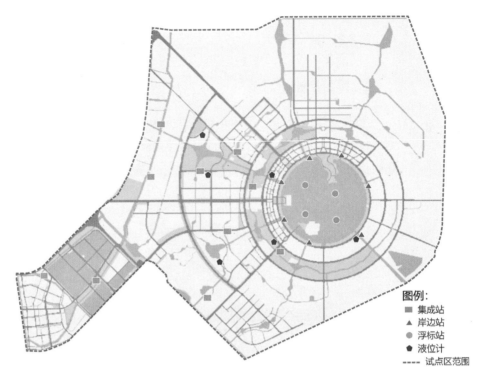

图6-8　水质监测站点分布图（一期）

港服务站，该排水分区汇水面积约10.5hm²。在该排水分区的两个排口G4和G5处进行流量和SS监测。排水分区和监测点位如图6-9所示。

（2）老城区

选取港辉路附近地块作为老城区典型排水分区进行监测，包括海汇清波苑及海汇长风苑，该排水分区汇水面积约13.5hm²。在该排水分区的四个排口M1~M4处进行流量和SS监测。排水分区和监测点位如图6-10所示。

4．项目地块监测

项目地块层级主要针对建设项目地块出口进行监测，选取新芦苑F区、口袋公园（临港服务站）、春花秋色公园（B1）、滴水湖环湖景观带E区、电力学院（东北地块）、宜浩佳园（东北地块）等六个不同类型的典型项目开展在线流量和SS监测。具体监测情况如下：

（1）新芦苑F区

新芦苑F区占地面积3.36hm²，项目监测点汇水面积3.36hm²，在项目总排口处进行流量和SS监测。项目和监测点位如图6-11所示。

（2）口袋公园（临港服务站）

口袋公园（临港服务站）占地面积1.96hm²，项目监测点汇水面积0.74hm²，

图6-9　主城区典型排水分区监测

图6-10　老城区典型排水分区监测

图6-11　新芦苑F区监测

在项目总排口处进行流量和SS监测。项目和监测点位如图6-12所示。

（3）春花秋色公园（B1区）

春花秋色公园（B1区）项目监测点汇水14.7hm²，在项目两个排口处进行流量和SS监测。项目和监测点位如图6-13所示。

（4）滴水湖环湖景观带E区

滴水湖环湖景观带E区项目监测点汇水面积0.4hm²，在跑道透水铺装汇水处进行流量和SS监测。项目和监测点位如图6-14所示。

（5）电力学院（东北地块）

电力学院（东北地块）的监测点汇水面积为6.75hm²，在该项目花柏路总排口处进行流量和SS监测。项目和监测点位如图6-15所示。

（6）宜浩佳园（东北地块）

电力学院（东北地块）的监测点汇水面积为4.24hm²，在总排口处进行流量和SS监测。项目和监测点位如图6-16所示。

图6-12　口袋公园（临港服务站）项目监测

图6-13　春花秋色项目监测

5. 海绵设施监测

于上述监测地块内选择不同的源头海绵设施开展监测，监测位置主要为源头海绵设施入口和排口，入口无法监测时，确保源头海绵设施汇水范围清晰。

（1）新芦苑F区雨水花园

新芦苑F区雨水花园由内而外分别为砾石层、砂层、种植土壤层、覆盖层和

图6-14 滴水湖环湖景观带E区项目监测

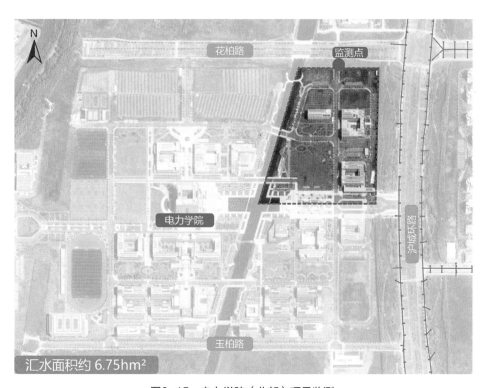

图6-15 电力学院（北部）项目监测

图6-16　宜浩佳园项目监测

蓄水层，同时设有穿孔管收集雨水，溢流管以排除超过设计蓄水量的积水，设施服务面积73.2m²。设施剖面示意如图6-17所示。

　　该雨水花园周围没有汇流管道，入口流量太小不具备安装条件，出口为雨水花园盲管排口，出口安装环境好。根据雨水花园设计和建设情况，明确清晰的汇水范围。在雨水花园出口处安装流量计和SS计，用于监测评估雨水花园对雨量和污染物的控制效果。监测点位如图6-18所示。

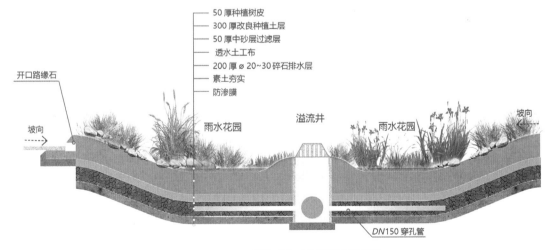

图6-17　雨水花园剖面图

图6-18　新芦苑F区雨水花园监测点位布置图

（2）芦茂路人工湿地

芦茂路人工湿地由进水区、处理区和出水区组成，由内而外分别铺设防渗膜、砂砾石、透水土工布和种植土。同时设有溢流井，以排除超过设计标准的水量。设施剖面示意如图6-19所示。

芦茂路人工湿地收集海尚明徕苑小区及芦茂路雨水，雨水先收集至调蓄池，调蓄池雨水一部分直接排河，一部分通过泵站将水引入湿地。在调蓄池前安装流量计和SS计用于人工湿地入口监测，在人工湿地排口处安装流量计和SS计用于人工湿地出口监测。监测点位如图6-20所示。

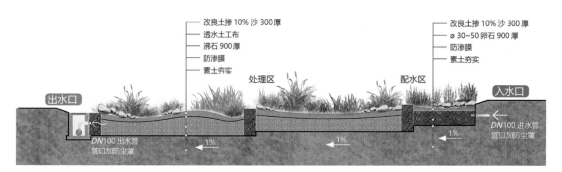

图6-19　人工湿地剖面图

配水区　泵站　调蓄池
入水口监测点位　进水管
处理区
处理区　石笼挡墙
出水管
石笼挡墙
出水井　出水口监测点位

图6-20　人工湿地监测布点示意图

6.3 › 应用层建设

应用层包括在线监测、项目管理、运维管理、绩效考核、决策支持、公众服务6个子系统，支撑试点区建设。

6.3.1　在线监测子系统

在线监测子系统可实现远程监测数据的实时监控（包括雨量、流量、液位、水质等多项指标）与人工检测数据的在线录入。图6-21展示了不同层级及设备在线监测实时数据。可对各项设备及数据进行查询、统计分析、数据对比、下载及可视化信息管理等功能。同时能够利用智能算法评估实时监测数据及设备运行状态，自动判断报警状态，对报警情况进行统一分析管理。

分水质、水量及设备报警类别进行汇总统计，可实现报警站点、报警内容、报警时间、报警值、报警阈值、报警类型等详细信息参看。并可以基于站点类型、站点状态、报警类型等条件进行筛选查询。针对报警信息通过人工判断是否需要创建工单、解除报警。基于地图展示报警站点位置、点击可查看报警站点报警指标、监测数据、分析曲线以及站点信息。

基于在线监测数据叠合展示本月降雨与水质监测站点叠合数据曲线，可选择不同站点及指标，叠合曲线可通过鼠标缩放拖动时间，能够基于人工监测数据填报，

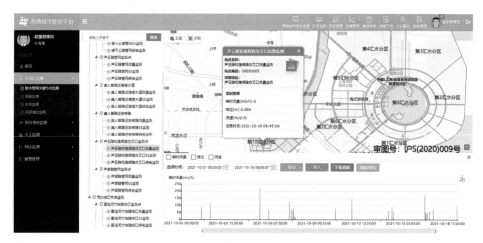

图6-21 不同层级及设备在线监测实时数据

（来源：临港海绵城市智慧管控平台）

结合滴水湖营养化评价考核计算方法，展示滴水湖营养化指数变化数值及趋势。

6.3.2 项目管理子系统

项目管理系统实现了对海绵工程项目基本信息、项目改造前情况、项目设计及工程资料、项目监测信息的录入、审批以及档案管理，从而掌控项目建设进度，监管项目的建设质量。图6-22展示了海绵工程项目基本资料填报及项目审批节点情况。

图6-22 海绵工程项目基本资料填报及项目审批节点情况

（来源：临港海绵城市智慧管控平台）

6.3.3 运维管理子系统

运维管理系统实现了海绵设施及监测设备巡检、养护、维修等一系列工作的信息化流程管理。巡检维护管理能够协助维护单位建立各类巡检养护计划，并落实到责任主体，建立工单预警机制，并通过各类工单回单采集发现问题并反馈到海绵设施维护单位，最终执行维护措施并反馈处理结果。系统具备完善的数据分析功能，通过建立KPI指标强化管理，统计养护计划的完成率、海绵设施的故障率、巡检覆盖率等。图6-23展示了海绵运维信息，包括设备设施正常异常统计、工单执行统计等。

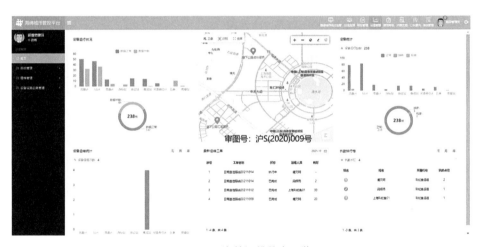

图6-23 海绵运维信息一览
（来源：临港海绵城市智慧管控平台）

6.3.4 绩效考核子系统

绩效考核系统结合住房和城乡建设部海绵试点城市绩效考核要求，实现海绵考核的自评与自动汇总计算。平台以典型海绵设施流量和SS、管道流量和液位、河道断面液位和水质数据等一系列数据为支撑，以在线监测和定期填报相结合的方式获取数据，构建考核评估计算方法体系，为考核评估建立了必不可少的数据采集、分析与展示的平台。图6-24展示了海绵绩效考核自评结果。

6.3.5 决策支持子系统

决策支持系统基于对水安全、水环境的全天候动态监测及平台内涝积水模型

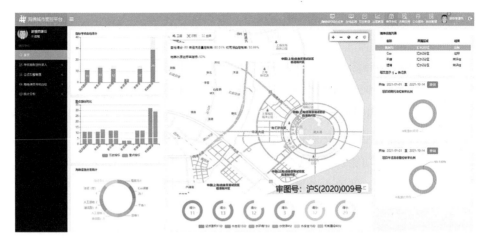

图6-24　海绵绩效考核自评结果展示

（来源：临港海绵城市智慧管控平台）

和水质预测模型，实现预警预报，为应急指挥调度提供支撑。在水安全方面，针对海绵建设前后不同重现期降雨进行内涝风险模拟并针对可能存在的内涝风险进行预警预报和指挥调度。在水环境方面，分析不同重现期降雨下面源污染在管道排口处汇入河道时COD、氨氮和TP的变化趋势，并针对水质较差区域模拟不同引水路线和引水量对河道水质的影响并提前做出水质预警。如发生突发性水污染事件，则通过分析模拟预测污染物的传播路径、范围和浓度及时制定应急响应指挥方案。图6-25展示了应急预警平台中不同工况模拟结果。

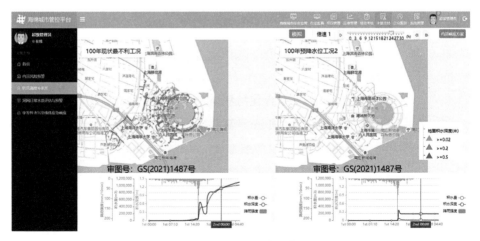

图6-25　海绵城市应急预警平台

（来源：临港海绵城市智慧管控平台）

6.3.6　公众服务子系统

通过网站、微信公众号、移动App等推行社会公众舆情监督、网上信息披露与公开，向公众提供水情反馈、海绵城市信息互动等，增强社会公众对海绵城市的参与度。公众服务平台主要包括海绵城市宣传、进度公示、水情反馈、互动交流、系统管理等功能。图6-26为公众服务平台信息总览情况。

图6-26　公众服务信息总览

（来源：临港海绵城市智慧管控平台）

6.4 › 展示层建设

根据临港海绵城市智慧管控平台应用主体的不同，基于应用层系统进行数据抽取与整合，以管控平台大屏版、管控平台运管版、管控平台公众版的展现形式，以满足不同用户的访问使用。

6.4.1　管控平台大屏版

基于大屏场景化宏观展示临港海绵整体建设情况，主要服务临港管委会、海绵技术支持单位。管控平台大屏版包括系统方案、项目管理、在线监测、运维管理、生态环境改善、绩效考核、决策支持、典型场景展示、三维场景展示功能模块。

1. 系统方案功能模块（图6-27）

基于GIS地图展现临港海绵城市总体规划建设工程方案。展示临港海绵建设前水安全、水生态、水环境现状及原因分析；展示基于住房和城乡建设部考核指标的临港海绵城市建设目标；展示基于现状及建设目标要求下的临港海绵总体规划、具体工程实现方式以及机制建设、监测体系等保障性措施。

（a）

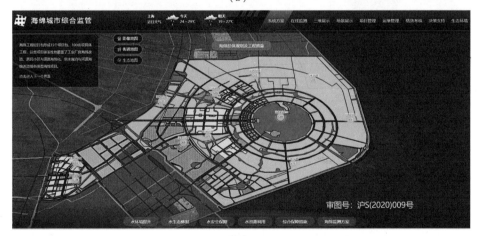

（b）

图6-27　系统方案功能模块

（a）海绵建设前水环境现状原因分析一张图（雨污混接）；（b）海绵城市工程项目分布及类型统计

（来源：临港海绵城市智慧管控平台）

2. 项目管理功能模块（图6-28）

项目管理功能模块实现各汇水分区项目分布统计、项目建设类型统计，能够查看项目基本情况、项目规划信息、项目海绵设施类型统计等内容。

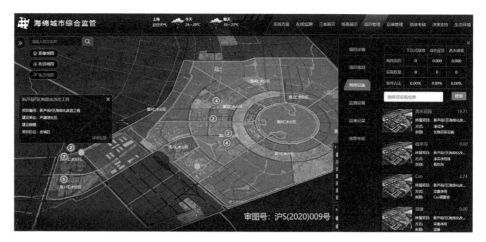

图6-28 项目管理功能模块
（来源：临港海绵城市智慧管控平台）

3. 在线监测功能模块（图6-29）

基于GIS地图实现监测数据的实时监控与报警，可按试点区、项目地块不同层级进行查询展示。

基于地图展示海绵监测网络布设情况，可根据不同设备监测类型、所属项目等维度来选择展示，各个监测设备能够查询站点位置、站点编号以及监测数值及历史值。能够结合叠加展示降雨、水质水量过程线。

图6-29 在线监测功能模块
（来源：临港海绵城市智慧管控平台）

4. 运维管理功能模块（图6-30）

运维管理功能模块实现设备设施运行异常事件的实时定位及情况分析、运维工单执行情况统计分析。分平台和项目层级能显示当前设备设施正常、异常、维修情况。

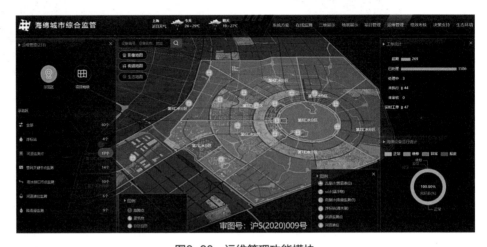

图6-30　运维管理功能模块

（来源：临港海绵城市智慧管控平台）

5. 生态环境改善功能模块（图6-31）

生态环境改善功能模块实现基于时间空间动态展示海绵城市建设以来水质、热岛效应、生态岸线及天然水域面积的动态变化过程，提供不同时间段的指标对比分析。

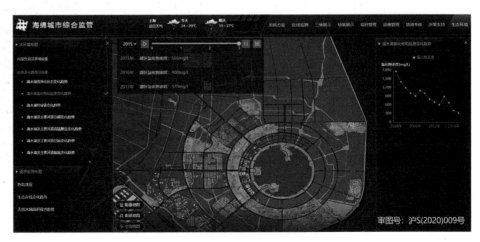

图6-31　生态环境改善功能模块

（来源：临港海绵城市智慧管控平台）

6. 绩效考核功能模块（图6-32）

绩效考核功能模块主要实现试点区、汇水分区、项目三个层级的海绵建设绩效指标的统计分析，其中典型项目地块通过在线监测结合考核方法计算展示，试点区、汇水分区基于经监测数据率定的模型进行汇总统计。

图6-32　绩效考核功能模块

（来源：临港海绵城市智慧管控平台）

7. 决策支持功能模块（图6-33）

实时接入天气预报降雨信息，通过匹配模型库不同降雨条件（降雨量、降雨历时、峰值时间）、实时管网液位、河道水位等数据，动态计算降雨造成的影响范围、积水水深，并提供相应的调度最优方案。同时以一张图的形式进行可视化展示。

图6-33　决策支持功能模块

（来源：临港海绵城市智慧管控平台）

8. 典型场景功能模块（图6-34）

通过场景化动态展示临港海绵城市整体、典型项目的建设数据统计、试点建设前后考核数据对比分析。

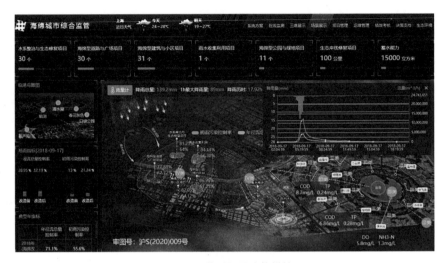

图6-34　典型场景功能模块

（来源：临港海绵城市智慧管控平台）

9. 三维场景展示功能模块（图6-35）

通过三维场景展示临港海绵城市建设汇水分区划分、排水分区划分以及项目地块分布等信息。实现三维场景下在线监测、模型模拟、管网管线等一张图展示内容。

图6-35　三维场景功能模块

（来源：临港海绵城市智慧管控平台）

6.4.2　管控平台运管版

基于PC端进行海绵项目建设、运行管理以及绩效考核，主要服务临港城投、项目建设单位、项目运维单位和项目设计单位、海绵技术支持单位。临港海绵城市智慧管控平台运管版包括在线监测、项目管理、运维管理、绩效考核、决策支持、公众服务、系统管理子系统。运管版界面见6.3节。

6.4.3　管控平台公众版

基于微信小程序进行海绵知识科普、监测信息发布、公众信息反馈等，主要服务社会公众、项目运维单位。管控平台移动版主要包括运行维护App与微信公众小程序。

1. 运行维护App（图6-36）

运行维护App包括实时监测、异常报警和巡检维修等功能模块，可将监测点的数据、报警信息和巡检任务实时反馈至移动设备，供现场人员及时查看并处置。

图6-36　三维场景功能模块

（a）异常报警；（b）巡检维修

（来源：临港海绵城市智慧管控平台）

2. 微信公众小程序（图6-37）

微信公众小程序包括临港海绵、业务监管和公众互动等功能模块。其中，临港海绵功能模块包括临港海绵整体介绍、建设成果展示、海绵科普知识以及海绵技术等内容。同时集成融入临港海绵展示中心海绵之源、海绵之路、海绵之城、海绵之芯展示模块的音频及画面介绍。

图6-37　临港海绵功能模块

（a）小程序首页；（b）管控平台介绍

（来源：临港海绵城市智慧管控平台）

业务监管功能模块包括临港海绵项目分布、建设情况、进度以及资金使用情况介绍、水质水量实时监测数据动态（图6-38）。

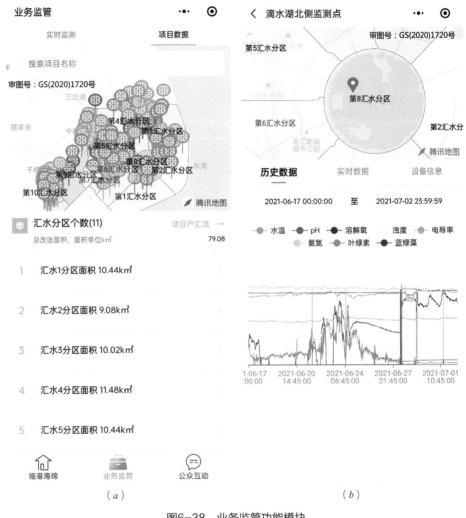

（a）　　　　　　　　　　　　　　　　（b）

图6-38　业务监管功能模块

（a）海绵项目分布；（b）在线监测数据

（来源：临港海绵城市智慧管控平台）

公众互动功能模块包括临港海绵信息发布、公众互动意见反馈等内容，提供公众意见征询平台（图6-39）。

图6-39　公众互动功能模块
（*a*）公众互动页面；（*b*）意见反馈页面
（来源：临港海绵城市智慧管控平台）

第 7 章

> ## 海绵城市建设保障
> ## 措施探索

海绵城市建设离不开系统、完善的保障措施保驾护航，本章从组织机构、管理制度、技术规范、保障机制和海绵宣传五个方面对上海市及临港试点区的探索情况进行介绍。

7.1 › 明确组织机构职责

7.1.1　机构完善，责任明晰

1. 上海市

海绵城市是一种新型的城市建设理念，需要参与城市建设管理的相关部门互相配合、合力推进。2015年11月，上海市政府办公厅印发《关于贯彻落实国务院办公厅〈关于推进海绵城市建设的指导意见〉的实施意见》（沪府办〔2015〕111号），明确了上海市推进海绵建设工作的领导机构、部门分工和支持政策等重要内容。上海建立市海绵城市建设推进协调联席会议制度，市政府分管领导任召集人，联席会议办公室设在市住房和城乡建设管理委员会。市住房和城乡建设管理委员会、发展和改革委员会、规划国土、财政、水务、环保、交通、绿化市容等部门按照职责分工，各司其职，共同做好海绵城市建设相关工作。同时，明确推进海绵城市建设的责任主体为各区政府和有关管委会，具体负责海绵城市建设项目的推进实施。全市16个区和临港、虹桥商务区、国际旅游度假区、长兴岛等管委会均已建立了海绵城市建设推进工作机制，明确了牵头部门，积极推进海绵城市建设。

2. 临港地区

（1）组织架构

临港地区在试点初期便建立了海绵城市建设推进工作机制。作为市政府派出机构，临港管委会成立了以管委会主要领导担任组长的"临港地区海绵城市建设试点推进领导小组"。2018年初，为常态化推进临港地区（343km²）海绵城市建设，在原试点推进领导小组的基础上，临港管委会成立了"上海市临港地区海绵城市和地下综合管廊建设领导小组"，下设领导小组办公室（设在建设和环境保护办公室）和3个专项推进工作小组（分别为规划管控组、审批服务组和建设管理组）。临港海绵城市建设推进组织构架如图7-1所示。

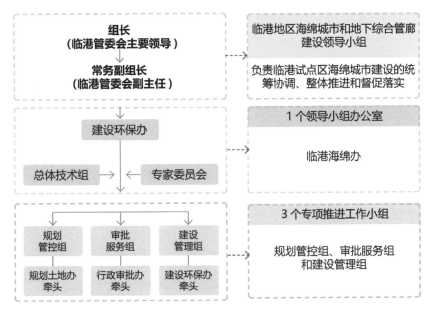

图7-1 临港海绵城市建设推进组织构架

领导小组成员单位包括管委会办公室、综合计划办、财政办、建设环保办、规划土地办、行政审批办等部门和单位。

（2）职责分工

综合计划办：负责试点项目的立项、工程可行性报告和概算审批、PPP项目研究和推进、社会投资项目补贴政策研究、海绵城市建设定额编制、海绵城市建设资金统筹、协调等。

财政办：负责中央财政专项补助资金和地方财政配套资金的拨付和管理，财政资金使用的绩效评价，各级财政审计工作对接等。

建设环保办：牵头推进试点区海绵城市建设工作，负责海绵城市建设成效自评估，根据海绵城市建设相关技术规范和标准要求，做好项目施工、竣工验收阶段海绵城市工程质量的监督管理工作。建设管理组牵头部门。

规划土地办：负责海绵城市专项规划编制，并将海绵城市建设要求落实到城市总体规划和控制性详细规划中，负责在土地供应中落实海绵城市建设要求，并做好与用地相关的指标协调工作。规划管控组牵头部门。

行政审批办：负责在项目审批各环节中落实海绵城市建设规划管控指标和相关技术标准、规范要求。审批服务组牵头部门。

7.1.2 系统协调，高效协同

1. 上海市

为提高各部门协同工作效率、有序推进海绵城市建设，上海市搭建了市级层面的统筹机制（图7-2），实现上海市发展和改革委员会、住房和城乡建设管理委员会、水务局、生态环境局、规划和自然资源局、绿化和市容管理局等多部门业务协同办理，解决存在多头管理、多环节、多层次、低效率的问题，掌握各区海绵城市建设情况，同时实现各部门信息资源共享，分享全市海绵城市学习资源，普及海绵城市建设理念。

图7-2 上海市海绵城市协同机制示意图

2. 临港地区

临港地区建立工作例会制度，临港海绵城市建设领导小组办公室每月召开一次工作例会，沟通、协调和推进海绵城市建设各项工作。对于推进过程中出现的重要问题和需要决策的重大事项及时提交领导小组进行专题会议研究。领导小组根据实际工作需要定期或不定期召开专题会议，听取海绵城市建设工作情况汇报，审议海绵城市建设总体部署、重要规划、重大政策和重要工作安排，协调解决重点难点问题，督促检查重要事项落实情况。

7.2 › 制定管理制度办法

1. 上海市

充分的管理制度保障是海绵城市理念在城市开发建设中得到全过程、全方位落实的必要条件。2018年6月，上海市政府办公厅出台《上海市海绵城市规划建设管理办法》，该管理办法是上海市海绵城市建设的统领性文件。

要将海绵城市管理制度进一步固化，则需要将核心制度法规化。2017年11月23日，上海市十四届人大常委会第四十一次会议审议通过了《上海市水资源管理若干规定》。该规定首次将低影响开发雨水设施的配建提升到法律制度层面，其中第十四条明确提出了新建的大型公共建筑以及绿地、公园和工业园区等，应当按照标准和规定相应配建低影响开发雨水设施。2019年12月19日，上海市第十五届人民代表大会常务委员会第十六次会议审议通过了《上海市排水与污水处理条例》，明确提出海绵城市建设要求。该条例要求，市建设行政管理部门应当会同市规划资源、水务等行政管理部门组织编制全市海绵城市专项规划，区人民政府编制本辖区海绵城市建设实施方案，应当将雨水源头减排建设要求和控制指标纳入城市总体规划，控制性详细规划以及生态空间、道路等专项规划应当落实雨水源头减排建设要求和控制指标，同时，明确规定了排水与污水处理规划应包括源头减排和雨水利用等内容，并要求对新建、改建、扩建建设项目应当按照标准建设雨水源头减排设施。

2. 临港地区

2016年11月，临港新片区管理委员会发布了《上海市临港地区海绵城市建设试点区建设管理暂行办法》，该办法建立了涵盖工程项目立项、建设、运营各个阶段的系统管控制度。随后发布《上海市临港地区海绵城市建设行政审批操作口径（试点）》、《临港地区海绵城市建设指标管控实施细则（试行）》、《临港地区海绵城市建设专项资金管理办法（试行）》等体制机制文件，逐步对管控系统进行补充和完善，临港地区由"一个实施意见"+"一个管理办法"+"若干管理文件"构成的"1+1+N"海绵城市管控制度体系逐渐形成（图7-3）。

"一个实施意见"，即《关于推进临港地区海绵城市建设试点工作的实施意见》（沪临地管委﹝2016﹞16号），建立了临港地区海绵城市建设试点推进领导小组以及专项推进工作小组，并组建了第三方专业咨询团队，形成了初步的试点工作推进机制。

图7-3　"1+1+N"管控制度体系

（来源：临港新片区管理委员会）

　　"一个管理办法"，即《上海市临港地区海绵城市建设试点区建设管理暂行办法》，将海绵城市建设要求纳入了建设项目"两证一书"，要求在土地出让环节或项目选址阶段明确提出海绵城市建设指标，作为后续环节的管控依据。规划设计方案报批时，需同时报送海绵城市设计专篇（章）等相关材料。临港地区财力投资项目及海绵办明确需落实海绵城市建设要求的项目，应当严格执行海绵城市建设相关技术规范和标准。对于试点区内其他项目，可根据实际情况结合排水管网更新改造、雨污混接改造等工程，综合考虑并尽量融入海绵城市建设相关措施。

　　"若干管理文件"，在上述框架下，临港又发布了一系列管控文件，包括《上海市临港地区海绵城市建设行政审批操作口径（试点）》（沪临地管委〔2016〕61号）、《临港地区海绵城市建设项目指标管控实施细则（试行）》（沪临地管委建〔2017〕6号）、《临港地区海绵城市建设专项资金管理办法（试行）》（沪临地管委计〔2016〕47号）等，逐步对海绵城市管控制度体系进行补充、优化和完善。

　　海绵城市建设要求的落实涵盖建设项目全过程，为保障各环节有章可循，临港试点区建立了系统的管控制度，在建设项目审批流程中全面运用"+海绵"理念，即在规划、立项、土地出让/选址（规划设计条件）、设计招标、方案设计及审查、建设工程规划许可、施工图审查、竣工验收备案等环节中层层落实海绵城市建设要求。

　　（1）前期审批管控

　　2018年出台的《上海市海绵城市规划建设管理办法》（沪府办〔2018〕42号）明确了海绵城市规划指标管控的关键环节和操作办法：对于出让供地建设

项目，由规划国土资源部门征询建设管理部门有关海绵城市建设方面意见，并将相关内容和指标要求纳入土地出让合同；对于土地划拨供地建设项目，在选址意见书阶段或自有土地规划设计条件阶段由规划国土资源部门要求建设单位征求住房城乡建设管理部门有关海绵城市建设方面的意见。对于已出让或划拨的建设项目，通过设计变更、协商激励等方式落实海绵相关要求。

在项目设计过程中，设计单位在项目设计过程中落实海绵城市建设的相关目标和指标要求，重点项目应编制海绵城市专篇，其他项目编制海绵城市专章。工程可行性研究报告、方案设计、初步设计文件、施工图审查阶段，由审批审查部门委托专业审查（评审）单位依据相关审查（评审）标准，对建设单位报送的项目设计文件海绵城市专篇（章）进行专项审查评估。

临港试点区建设项目前期审批阶段海绵城市管控流程如图7-4所示。

临港试点区建设项目审批根据工程类别主要分为两大类：房建、市政、水域类以及绿化类，具体审批流程如图7-5和图7-6所示。

（2）施工过程监督

施工阶段通过政府主管部门、监理单位、建设单位共同管控：

1）政府主管部门对重点项目主体工程的施工投标单位进行资格预审，并加强对施工人员的管理和技术培训。施工期间，由海绵办组织技术支撑团队对施工现场进行不定期巡查，及时发现问题并提出整改意见。

2）监理单位对施工现场特别是隐蔽工程的施工进行严格巡视监督，确保施工单位按图施工，充分实现设计文件中确定的海绵设施布设意图。

3）建设单位负责项目建设期间的监督和管理，积极组织设计、技术单位对现场施工、监理人员的海绵城市技术宣贯，加强相关各方的沟通协调。

（3）验收管控和跟踪评估

项目完工后，由政府主管部门、技术支撑单位、建设单位、设计单位、监理单位、施工单位共同参与开展海绵设施专项验收工作，验收内容包括海绵设施是否按图施工、海绵设施运行效果是否满足相关指标要求，若不满足要求，则需按要求整改后再验收，直至验收通过为止。

海绵城市建设项目需按要求配套建设监测设施，将监测设施接入临港海绵城市智慧管控平台作为项目验收的必要条件，后期通过监测数据对项目建设成效进行跟踪评估。

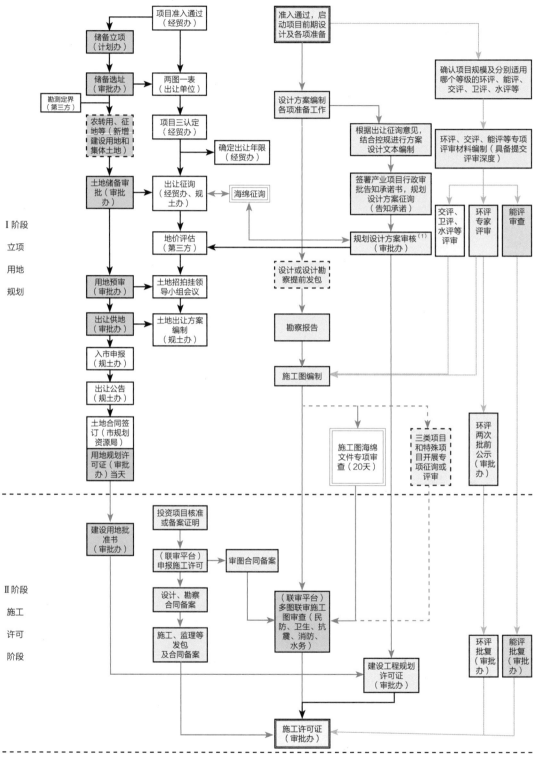

备注：（1）工业项目免于方案设计审核；（2）小型项目取消备案、环评手续

图7-4   临港地区海绵城市建设项目带方案拿地审批工作流程

（来源：临港新片区管理委员会）

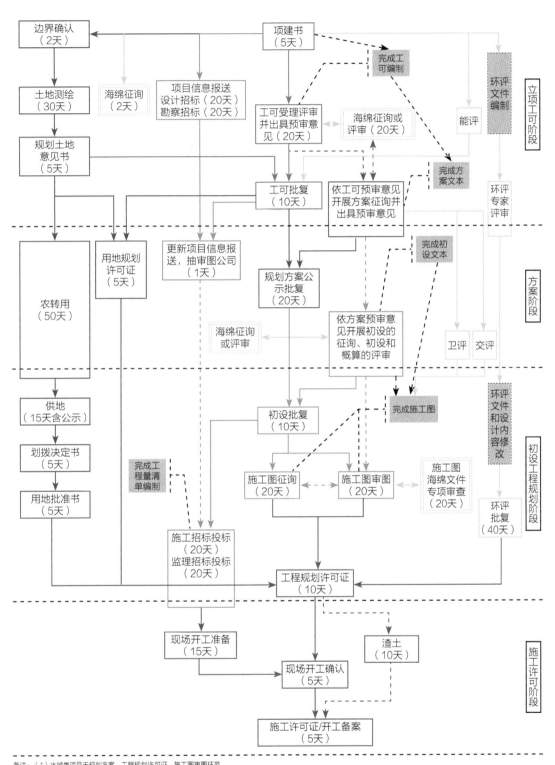

边界确认
（2天）

项建书
（5天）

完成工
可编制

环评
文件
编制

立
项
工
可
阶
段

土地测绘
（30天）

海绵征询
（2天）

项目信息报送
设计招标（20天）
勘察招标（20天）

工可受理评审
并出具预审意
见（20天）

海绵征询或
评审（20天）

能评

环评
专家
评审

规划土地
意见书
（5天）

工可批复
（10天）

依工可预审意见
开展方案征询并
出具预审意见

完成方
案文本

用地规划
许可证
（5天）

更新项目信息报
送，抽审图公司
（1天）

规划方案公
示批复
（20天）

完成初
设文本

方
案
阶
段

农转用
（50天）

海绵征询
或评审

依方案预审意
见开展初设的
征询、初设和
概算的评审

卫评 交评

供地
（15天含公示）

初设批复
（10天）

完成施工图

环评
文件
和设
计内
容修
改

初
设
工
程
规
划
阶
段

划拨决定书
（5天）

用地批准书
（5天）

完成工
程量清
单编制

施工图征询
（20天）

施工图审图
（20天）

施工图
海绵文件
专项审查
（20天）

环评
批复
（40天）

施工招标投标
（20天）
监理招标投标
（20天）

工程规划许可证
（10天）

现场开工准备
（15天）

渣土
（10天）

现场开工确认
（5天）

施
工
许
可
阶
段

施工许可证/开工备案
（5天）

备注：（1）水域类项目无规划方案、工程规划许可证、施工图审图环节
　　　（2）根据项目类型、规模开展卫评、交评、能评、环评等专项评审工作

图7-5　临港地区海绵城市建设项目（房建、市政、水域类工程）审批工作流程

（来源：临港新片区管理委员会）

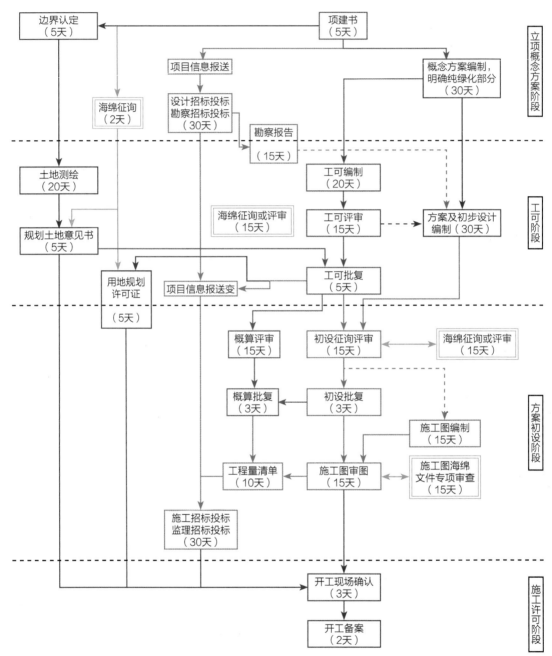

图7-6　临港地区海绵城市建设项目（纯绿化工程）审批工作流程

（来源：临港新片区管理委员会）

7.3 › 编制技术规范标准

7.3.1　组建团队，把关技术

为进一步加强海绵城市建设技术指导，上海在试点初期便着手构建海绵城市建设专业技术支撑体系。由市住房和城乡建设管理委员会成立"上海市海绵城市建设专家委员会"，集中了来自全国各大高校、科研设计单位和行业领军企业的近70位专家学者，为上海市海绵城市建设重点难点问题进行技术咨询、把关，为全市海绵城市建设提供技术保障。

此外，临港管理委员会专门成立了"上海市临港地区海绵城市建设技术指导专家委员会"，为试点区内海绵城市建设项目提供技术咨询服务。临港海绵城市专家委员会由给水排水、环境工程、风景园林等多个领域15位专家学者组成。在此基础上，临港地区建立了"临港地区海绵城市建设技术专家库"，涵盖区域与规划系统、建筑与小区系统、绿地与景观系统、道路与广场系统、河道与水务系统和投资与政策系统，服务海绵城市建设全过程。

7.3.2　规范标准，立足本地

1. 上海市

结合上海市"三高一低"（不透水面积比例高、河网密度高、地下水位高、土壤渗透率低）的实际，着力构建了一套适用于上海特点的南方平原河网地区海绵城市建设的技术标准体系。

2016年以来，上海市已印发了《上海市海绵城市建设指标体系（试行）》《上海市海绵城市建设技术导则（试行）》《上海市海绵城市建设标准图集（试行）》。上述技术导则和标准图集有效指导了本市海绵城市建设。上海市已正式发布工程建设规范《海绵城市建设技术标准》DG/TJ 08-2298-2019，自2019年11月1日起开始实施。

2019年7月《上海市建设项目设计文件海绵专篇（章）编制深度（试行）》印发，规范和指导建设项目设计文件海绵专篇（章）编制工作。通过编制《上海市海绵城市建设工程投资估算指标》SHZO-12-2018，为上海市海绵城市建设提供投资测算依据。编制《上海市海绵城市建设施工图审查要点（试行）》，指导上海市海绵城市建设的施工图审查工作。发布地方标准《海绵城市设施施工验收与运行维护标准》DG/TJ 08-2370-2021，为海绵设施的施工验收和运行维护提供依据。

此外，各行业主管部门研究制定本行业领域海绵城市建设的相关标准规范，积极推进、落实海绵城市建设要求。上海市绿化和市容管理局研究制定了《上海市海绵城市绿地建设技术导则（试行）》（沪绿容2016〔165〕号）、《上海市屋顶绿化技术规范》DB 31/T 493-2010，上海市水务局组织编制印发了《上海市水务设施（厂/站）海绵城市建设技术导则》。上海市交通委员会发布了上海地方标准《道路排水性沥青路面技术规程》DG/TJ 08-2074-2016、《透水人行道技术规程》DG/TJ 08-2241-2017，支撑上海海绵城市道路系统的建设，同时开展《透水铺装技术在道路养护工程中的应用研究》，编制上海地方标准《道路排水性沥青路面养护技术规程》。

2. 临港地区

在国家和本市当时已发布海绵城市建设标准、规范、指南等技术文件的基础上，临港地区针对自身特点探索制定了一系列技术导则、技术要点。

（1）设计阶段

临港地区存在地下水位高、土壤盐碱化等特点，在技术设施和植物物种选择上明显受限。针对该地区特点和实际情况，在不断总结应用研究和工程实践经验的基础上，临港地区制定了针对试点区的海绵城市建技术导则以及多项专项审查标准及规范，包括《上海市临港地区海绵城市建设技术导则》《临港试点区海绵城市建设定额》《临港试点区建设项目方案设计海绵城市专项评审标准》《临港试点区建设项目初步设计海绵城市专项评审标准》《临港试区建设项目施工图海绵城市专项审查要点》等。

（2）施工及验收阶段

为规范施工作业和监管，统一工程质量验收标准，临港地区制定了《临港试点区建设项目海绵城市专项施工监理及验收技术导则》，明确了海绵城市建设项目施工及验收过程的主控项目及一般项目，规定了各类海绵设施的验收检验方法和检查数量。

（3）运维阶段

临港试点区目前已有大批项目完工或处于实施阶段，工程建设完成之后各类设施如何有效地进行维护，成为临港试点区下一阶段的重大课题。为了确保各类海绵设施能够充分发挥设计功能和作用，临港管委会制定了《临港试点区建设项目海绵设施运行维护要点》。该技术要点汲取国内外海绵设施的运行维护经验，根据项目类型和设施种类两个维度提出了海绵设施运行维护技术要点，提出各类海绵设施的日常维护频次及要求，明确海绵设施在试运行期间宜开展的监测内容，为海绵设施更长久地发挥效果以及试点期后落实常态化管理提供技术支撑。

7.4 > 建设过程管控

7.4.1 开展海绵城市施工巡查

在工程质量管理部门、施工监理、建设单位根据工程质量管理的相关规定开展的常规监督检查工作外，临港管委会委托专业机构重点针对透水铺装、调蓄净化设施、生物滞留设施等关键海绵设施和新技术新材料专门开展常态化的海绵城市施工巡查工作，对于巡查过程中发现的问题根据情况口头或书面提出整改意见，由建设单位牵头，设计、施工单位配合完成整改，并将整改情况报告海绵办。

7.4.2 创新实施打样、留样制度

为减少工程返工量，临港试点区要求，在海绵城市建设项目中的重点海绵设施大规模铺开实施前，应先行建设若干样板设施，即"打样"，打样完成后通知海绵办和技术支撑单位进行现场检查，以便及时发现存在的问题，符合要求后方可铺开实施。同时，为便与后期跟踪监管，典型的海绵材料应留存样本，即"留样"。海绵设施施工现场如图7-7所示。

7.4.3 规范海绵展板设计制作

为便于群众了解海绵城市建设理念、技术和成果，临港管委会要求试点项目建设过程中应同步完成海绵展板的设计、制作和安装工作，对海绵展板的风格、样式、材料等进行了统一规定。

7.4.4 注重建设资料整理存档

临港试点区海绵城市建设项目均按要求逐一建立项目档案，包括项目立项、设计、审批等前期资料，项目建设前、建设中和建设后照片、影像资料，项目建设前后及建设过程中积累的监测数据，项目施工过程中的材料进场检验、隐蔽工

图7-7　临港海绵设施施工现场

（a）生态停车位基础；（b）生态停车位铺装；（c）雨水花园定线及砾石层；（d）雨水花园不同基层

程验收资料等，形成了完整的海绵城市建设档案，积累了大量丰富、宝贵的过程材料。

7.5 › 完善各类保障机制

7.5.1　加强资金使用管理

2016年，临港地区通过了《临港地区海绵城市建设专项资金管理办法（试行）》。该办法中明确了专项资金的来源、管理机构及其主要职责、资金的使用和拨付、资金的管理和监督等，发挥资金使用效益，并确保资金专款专用。

7.5.2 多途径建设投资模式

为充分发挥设计施工单位的能动作用，临港试点区采用勘察设计施工一体化模式（EPC模式）推进源头地块改造项目，该模式能有效解决源头地块项目分散、投资规模小、业主诉求多样等导致的管理问题。在排水分区整体建设方面，试点区结合实际情况，创新运用设计建设运维一体化模式（DBO模式）。

1. 源头改造项目EPC模式

临港试点区结合源头改造项目实施难点（单个项目投资小，较难招到有实力、有经验、能够规范标准化建设的大企业），探索已建城区项目的改造模式，采用EPC项目包模式推进既有小区、道路改造，按照项目成片建设、责任主体统筹的原则，打包实施改造项目。有效解决项目规模小、分布分散给施工建设带来的管理难题，以及审批、招标环节耗时过长的问题。试点区财政下达专项资金约4亿元，支持5个既有住宅小区海绵化改造EPC项目包、1个道路海绵化改造EPC项目包等源头改造EPC项目，实现统一设计、统一施工、统一交付的目标。

2. 排水分区打包DBO模式

临港试点区结合上海和临港的实际情况，在临港二环城市公园带内的独立排水分区——南汇新城星空之境地块，探索应用DBO模式。该项目是临港试点区面积最大的新建海绵试点项目（图7-8和图7-9），总面积约57.5hm²，其中绿地面积约41.3hm²。海绵公园集观星活动、湿地乐园、海洋科普、水景互动、探秘竞赛、观光游乐于一体，主要建设内容涵盖海绵景观工程、海绵设施工程、海绵监测工程、水质改善、河道改线、管线工程及配套附属设施等，场地内设置植草沟、雨水花园、下凹式绿地等海绵设施，将星空之境融入海绵之景。

该项目采用DBO模式，将项目的设计、施工和运维整合委托给承包商实施，制定科学、详细的绩效考核办法，约定项目的建设期3年、运营期15年，总投资约10亿元。与目前国内大部分PPP项目采用的BOT模式相比，DBO的融资属性低，既避免了政府债务风险，又引入了社会第三方对海绵城市建设运营管理提供专业的服务，在以绩效为导向的海绵城市建设项目中，更符合提供公共供给质量和供给效率的要求，较为符合上海实际情况。

图7-8　星空之境海绵公园平面图

（来源：临港新片区管理委员会）

图7-9　星空之境海绵公园效果图

（来源：临港新片区管理委员会）

7.5.3　运营管理保障机制

1.　上海市

全市层面，上海市政府办公厅出台的《上海市海绵城市规划建设管理办法》中明确了海绵城市建设运营管理制度，确保项目可持续运营。同时，地方标准《海绵城市设施施工验收与运行维护标准》DG/TJ 08-2370-2021已发布，为海绵设施的施工验收和运行维护提供依据。

2.　临港地区

临港海绵城市建设试点区域内的建设主体很多，包括上海港城开发（集团）有限公司、上海临港新城投资建设有限公司、上海临港南汇新城经济发展有限公司、上海临港现代物流经济发展有限公司等国企，南汇新城镇申港社区、芦潮港社区、区域发展办公室等政府部门，上海海洋大学、上海海事大学、上海电力学院、上海电机学院等高校，以及一些房产开发商等，明确运营管理的责任主体及其具体责任是健全运营管理机制的第一步。根据《上海市临港地区海绵城市建设试点区建设管理暂行办法》，海绵设施运营主体必须制定长效化管理和考核评估办法并报临港管委会批准，定期对设施进行监测和评估，以确保设施正常运行、功能正常发挥。道路广场、公园绿地等公共项目的海绵设施的运营主体为各项目管理单位或政府组织的管理单位；建筑与小区等其他类型海绵设施的运营主体为设施所有者或委托方。临港海绵设施维护如图7-10所示。

（a）　　　　　　　　　　　　　　　　　（b）

图7-10　临港海绵设施维护
（a）高位花坛；（b）人工湿地

结合临港地区近年来颁布的《上海市临港地区市政基础设施维护资金管理办法（试行）》《上海市临港地区市政基础设施维护项目管理办法（试行）》《上海市临港地区市政基础设施维护项目储备库管理办法（试行）》等规章制度，临港地区运营管理相关的政府规章已较为全面，为临港地区逐步由试点向常态化管理转变提供了保障。

2020年11月，临港地区开始系统开展海绵设施运维工作。第一批海绵设施维护服务范围为南汇新城镇21个海绵化改造小区，总面积共计210.6hm²。开展维护的海绵设施主要包括雨水花园、高位雨水花坛、生物滞留设施、调蓄净化系统、生态停车场、调蓄沟、植草沟及其附属设施，设施量参照海绵工程竣工图纸，维护标准及频次参照《上海市临港地区建设项目海绵设施运行维护技术要点》等技术标准，以期通过开展维护工作，确保海绵设施外观及结构状态良好，设计要求的海绵功能正常发挥。海绵设施运维状况考核现场如图7-11所示。

(a)   (b)

图7-11   临港海绵设施运维状况现场考核

(a)高位花坛;(b)生态雨水口

7.6 › 加强海绵宣传教育

7.6.1   临港展示中心建设和教育

为加强海绵城市理念的宣传和推广，践行"人民城市人民建，人民城市为人民"的重要理念，让广大群众能够更好、更直接地了解海绵城市，并参与到海绵城市建设和海绵设施的维护中，一座集宣传、教育、科普、环保等功能于一体的海绵城市展示中心亮相临港。

1. 展示中心建设情况

临港海绵城市展示中心位于临港滴水湖旁，东临环湖西一路、北靠申港大道、西接水芸路，在临港金融大厦与临港城投之间的中庭绿地与出入口位置，分为室内展示馆和室外展示区两大部分，如图7-12所示。

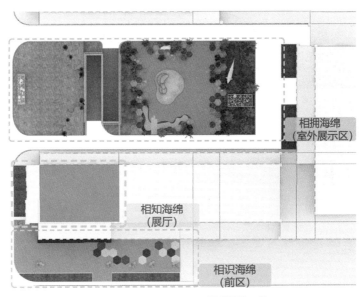

图7-12 临港海绵城市展示中心功能布局图

（来源：上海临港海绵城市展示中心）

室内展示馆突出了知识性、观赏性和互动性，以三维动画影片、互动多媒体和图片为主，穿插模型、影视墙和多媒体演示等展示手段，合理利用新型材料，展示海绵城市建设的成就和未来。建筑面积418m^2，内容包括海绵之源、海绵之路、海绵之芯、海绵之城以及海绵之美五个展厅，通过声、光、电等现代科技手段，并采用三维动画影片、大屏幕、影视墙、游戏互动等表现形式，让观众了解海绵城市规划成果和科普原理知识（图7-13）。"海绵之源"融入千年来水与人类的相互关系，重点介绍海绵城市建设理念；"海绵之路"展示海绵城市建设"渗、滞、蓄、净、用、排"等技术手段；"海绵之芯"展示海绵城市信息化平台在建设项目规划设计、工程实施、运维管理等阶段的管控；"海绵之城"展示临港地区海绵城市未来建设规划蓝图，对比建设前后的变化；"海绵之美"展示海

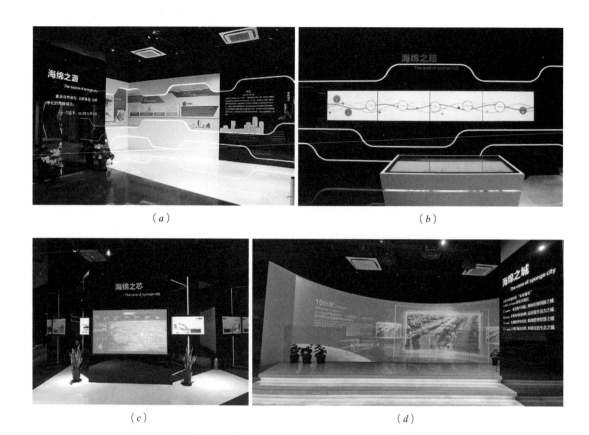

图7-13　临港海绵城市展示中心室内景象
（*a*）海绵之源；（*b*）海绵之路；（*c*）海绵之芯；（*d*）海绵之城
（来源：上海临港海绵城市展示中心）

绵城市相关趣味互动环节和功能。

　　室外展示区通过景观实景和海绵技术运用表演，展示了海绵城市"渗、滞、蓄、净、用、排"技术手段的综合应用（图7-14），成人与儿童可通过参与、互动、科普等直观了解海绵城市相关功能。

　　（1）雨水净化池：展示海绵城市雨水净化过程，部分透明段可展示其内部构造。净化池内种旱生植物，表演时模拟雨水汇入过程，通过演示讲解及透明断面，使参观者了解雨水渗透净化过程，更直接、深刻地了解海绵设施的构造形式。

　　（2）"伞"型雕塑（模拟人工降雨）：利用树形的景观艺术雕塑结合人工模拟降雨系统模拟降雨过程，下设水池将净化过的雨水储存起来加以利用，结合音乐、灯光和各种烘托气氛的特效，成为中心独特的地标性展示。

　　（3）中庭区域：在中庭区域设置雨水花园、生态多孔纤维棉、透水铺装材料等海绵技术展示区，并预留新技术展示区域，为观众更直接地展示海绵新技

(a)　　　　　　　　　　　　　　　　(b)

(c)　　　　　　　　　　　　　　　　(d)

图7-14　临港海绵城市展示中心室外布置

(a)彩虹装置；(b)水循环艺术树雕塑；(c)动物雕塑；(d)自排污型调蓄雨水花箱
(来源：上海临港海绵城市展示中心)

术的应用，让观众更深刻地了解海绵城市。同时，布置了一些儿童体验区，儿童在戏玩、互动的同时，了解海绵城市原理，起到科普教育、宣传、展示作用。

（4）旱溪：室外广场地面的雨水汇入旱溪，可让观众直观地感受海绵城市"自然存积、自然渗透、自然净化"的作用。

2. 展示中心教育活动

临港展示中心建成后，自2018年7月24日免费对外开放，已获批"2019浦东新区科普教育基地"；接待住房和城乡建设部、财政部、水利部三部委督导专家团、市人大代表团、市住房和城乡建设管理委员会、市住房和城乡建设管理委员会特邀专家团、区城市精细化管理领导小组、荷兰王国布雷达市市长考察团、新加坡专家团、国际生态安全可持续发展论坛美国考察团队等专业团队（图7-15）；开展"周末科普课堂"（图7-16）、"夏令营活动"（图7-17）、"小小海绵勘探队"（图7-18）、"新华小记者系列"（图7-19）等专题科普活动。

（a） （b）

图7-15 接待专业团队
（a）住房和城乡建设部专家团队；（b）国际生态安全可持续发展论坛美国考察团队
（来源：上海临港海绵城市展示中心）

（a） （b）

图7-16 周末科普课堂
（a）DIY新年贺卡；（b）手工搞怪百变面具
（来源：上海临港海绵城市展示中心）

图7-17 夏令营活动
（来源：上海临港海绵城市展示中心）

（a）　　　　　　　　　　　　　　　　（b）

图7-18　"小小海绵勘探队"活动

（a）室内海绵展馆讲解；（b）室外生态雨水口讲解

（来源：上海临港海绵城市展示中心）

（a）　　　　　　　　　　　　　　　　（b）

图7-19　"新华小记者系列"活动

（a）向小记者们讲解海绵城市；（b）现场接受小记者采访

（来源：上海临港海绵城市展示中心）

7.6.2　海绵教育进学校，海绵宣传进社区

海绵展示中心定期开展"海绵进校园"活动，让广大师生了解海绵知识、认识海绵城市建设的重要性。

为贯彻全民科普的宗旨，积极响应2019年上海市"全国科普日"活动，海绵馆于2019年9月18日首次走进冰厂田滴水湖幼儿园（图7-20），给祖国的小花朵们带来了一场神秘的海绵之旅。通过听科普、看动画、做实验、画"叮咚"，丰富有趣的活动让孩子们很快就了解了海绵的奥秘，在孩子们的心中埋下了科学的种子。

海绵进校园第二站，打卡耀华国际临港校区（图7-21）。海绵展示中心特别

（a）　　　　　　　　　　　（b）

图7-20　"全国科普日活动"——海绵城市进校园

（a）现场讲解透水铺装；（b）小朋友与"叮咚"合影

（来源：上海临港海绵城市展示中心）

（a）　　　　　　　　　　　（b）

图7-21　"海绵进校园"现场照片

（a）现场讲解海绵城市；（b）学生认真参与

（来源：上海临港海绵城市展示中心）

邀请专家一起走进耀华国际，为学生讲解海绵城市，让更多人了解到海绵城市带来的好处，体会到海绵城市建设的魅力。通过本次活动，同学们对海绵城市都有了一定的认识，满足同学们对科学技术的好奇心，培养同学们的爱学习、爱实践、爱探索的精神。

此外，海绵展示中心也定期开展"科普进社区、商场"活动，让广大居民了解海绵知识、认识海绵城市建设的重要性。2019年3月24日，海绵馆首次入驻宜浩佳园社区，为广大居民和亲子家庭进行一场以"水去哪了呢?"为主题的周末科普小课堂，整个活动通过亲子DIY手工活动、现场科普知识讲解等方式开展普及海绵城市相关知识，活动现场吸引了广大社区居民积极参与，并获得一致好评。2019年6月1日、2日，海绵馆走进宜浩晶萃小区，为社区居民带来两天科普教育活动。内容包括展架介绍、材料展示和亲子手工，宣教海绵城市理念，让他们对这项惠民工程有更多的了解。2021年4月3日，海绵馆首次入驻临港百联商场为广大居民和亲子家庭进行一场以"海绵就在你身边"为主题的周末科普小课堂（图7-22），整个活动通过亲子DIY手工活动、现场科普知识讲解等方式开展普及海绵城市相关知识，活动现场吸引了广大社区居民积极参与，并得到大家的交口称赞。

图7-22　"海绵就在你身边"活动现场照片

（来源：上海临港海绵城市展示中心）

第**8**章

▶ 海绵城市建设典型案例

　　海绵城市是落实生态文明建设理念和绿色发展要求的重要举措，有利于推进城市基础设施建设的系统性，有利于将城市建成人与自然和谐共生的生命共同体。海绵城市建设典型项目，是临港试点区海绵城市理念的具体展示，能让人民群众更直观地感受到海绵城市建设项目改善城市生态环境质量、提升城市防灾减灾能力、扩大优质生态产品供给、增强群众获得感和幸福感。

　　下列的典型案例，项目类型涵盖了源头削减、过程控制、末端系统治理等多种项目类型，各个项目无论在年径流总量控制率还是径流污染控制关键指标上都满足设计规定要求，竖向上能将雨水径流有效收集进入海绵设施，道路项目能有效控制路面积水避免城市内涝，河道公园类项目有效提升城市水体环境质量、在城市人居空间实现自然生态格局管控与水体生态性岸线保护。通过展示和分析海绵城市典型项目，为今后的海绵城市全域推进工作总结所取得的成功经验和实现路径，以便后续更好地服务于临港地区、上海市乃至长三角地区"五位一体"生态文明建设实践。

8.1 ＞ 第10汇水分区海绵化改造

8.1.1　建设前基本情况

1. 区域概况

　　第10汇水分区位于芦潮港社区，主要是指江山路以北的区域，东临物流园区，西至芦潮港，北起两港大道，南至江山路（图8-1），总面积约为$1.28km^2$，以居住用地为主，配有部分社区配套商业设施。共建成有小区十余个，建成时间从20世纪80年代到2010年。其中，建成年代较早的桃源公寓一村为农民自建房；其余小区均在近10年内建成，品质相对较好。

2. 场地基本情况

　　第10汇水分区以居住用地为主，总面积$0.63km^2$，占建设用地总面积49.2%；其次为道路用地，总面积$0.26km^2$，占建设用地面积的20.3%；第三为未建成区，总面积$0.22km^2$，占建设用地面积的17.2%；第四为绿地，总面积$0.11km^2$，占建设用地面积的8.6%，试点建设前建设用地见图8-2和表8-1，区域内不透水面积比例较高。

图8-1 第10汇水分区范围图

图8-2 试点建设前用地图

土地使用情况汇总表 表8-1

用地类型	用地面积（km²）	占比（%）
道路	0.26	20.3
公建	0.01	0.8
绿地	0.11	8.6
居住	0.63	49.2
其他用地	0.05	3.9
未建成区	0.22	17.2
规划范围总用地	1.28	100

3. 河道水系

区域内河道水系较丰富，主要涉及芦潮河、纵一河、里塘河、日新河、庙港河和老庙港河，如图8-3所示。

图8-3　河道水系图

4. 道路分布

区域内南北向共有四条道路，自西向东分别为渔港路、潮乐路、港辉路、潮和路；东西向共有四条道路，分别为：大芦东路、芦云路、芦茂路、江山路，如图8-4所示。

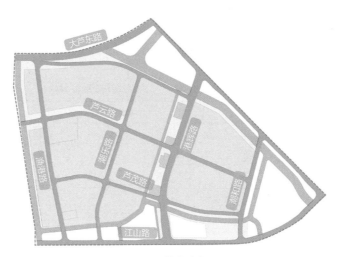

图8-4　道路分布图

5. 排水情况

区域排水采用雨污水分流制，雨水管道设计重现期为1年一遇。最大管径为*DN*1200，最小管径为*DN*300，如图8-5所示。雨水排放采用自排模式。

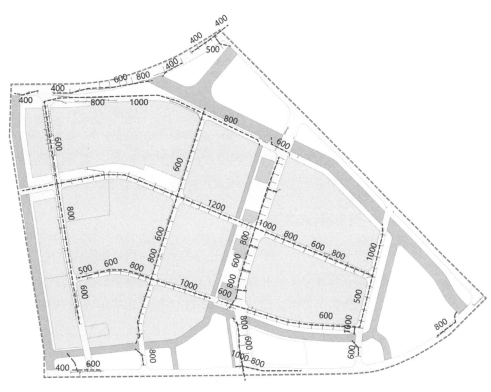

图8-5　雨水管网分布图

8.1.2　区域问题

1. 水环境方面

区域内河道平均水质Ⅳ～Ⅴ类，纵一河—芦云路断面存在超标现象，主要超标因子为TP。这是由于老城区内市政排水管混接现象严重，混接污水随雨水管直排河道。

此外，第10汇水分区为城市建成区，面源污染较严重，初期雨水径流携带的污染负荷大，经核算，建设用地面源污染占污染物入河总量的82%，为主要污染源。区域内水系与外河（如区级河道人民塘随塘河等）相连，河道水质直接受外河水质影响。

2. 水生态方面

区域内不透水下垫面占比较大,综合径流系数较大,尤其是建成年代较早的老小区,绿化率较低,如桃源公寓一村经模型模拟,试点建设前其年径流总量控制率为56.5%。

生态护岸方面,自然和人工护岸并存,其中,日新河、纵一河、老庙港河为硬质直立护岸,水、陆生态沟通性较差;庙港河和芦潮河为原生态护岸;里塘河部分现状为生态护岸,部分为原生态护岸。

3. 水安全方面

根据模型评估结果,区域内大部分管道排水能力小于1年一遇。在5年一遇降雨条件下存在积水风险,100年一遇长历时设计降雨条件下面临内涝风险。其中,芦云路潮乐路周边存在一处现状易涝点,涝渍频率为2年一遇,主要原因有:1)地势低洼;2)汇水面积过大,源头径流控制不足;3)排水管网等设施能力不足。

4. 其他问题与需求

结合现场调研,区域内道路还存在其他问题有待同步解决,如道路人行道铺装破损、路面由于沉降不均匀导致破损、局部路面易积水等。居民还反应小区周边缺乏公共休闲空间,希望能结合海绵改造增加公共休闲空间,改善景观效果等需求。

8.1.3　设计目标

第10汇水分区为面源污染治理及河道综合治理示范区,海绵城市建设指标如下:

(1)年径流总量控制率67%,对应降雨量17.17mm。

(2)年径流污染控制率47%。

(3)排水系统和内涝标准:5年一遇不积水(2h降雨76mm),100年一遇不内涝(24h降雨279.1mm)。

8.1.4　设计方案

1. 设计原则

(1)因地制宜原则。在保证片区达标的基础上,结合建筑与小区实际情况因地制宜制定不同改造策略，分成重改和轻改。

（2）系统治理原则。以系统性思维开展海绵城市改造，源头–过程–系统相衔接，系统提标。

（3）以人为本原则。改造过程中注重景观提升，提升居民获得感。

2. 技术路线

技术路线如图8-6所示。

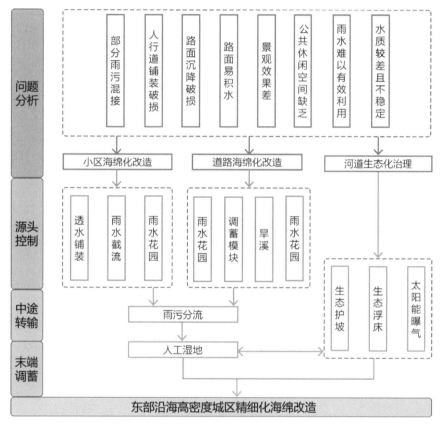

图8-6　技术路线图

3. 系统方案

该片区建设方案包括源头减排、过程控制和系统治理。主要包括建筑小区、道路、绿地等海绵化改造、积水点改造、排水管网清淤、河道综合治理。

（1）源头减排：老城区海绵化改造以"净"为核心，海绵工程重点在于初期雨水径流污染控制。在建筑与小区开展海绵改造，分成重改和轻改两种，提高建筑与小区系统的年径流总量控制率。其中，重改地区的主要措施为落水管断接、透水铺装、雨污分流；轻改地区的措施主要为落水管断接。选择港辉路、芦茂路、江山路、潮和路、芦云路进行道路海绵化改造，通过透水铺装、下沉绿地、植草沟、旱溪、生物滞留设施等低影响开发设施的综合应用，削减道路及周边地块雨水径流。

（2）过程控制：定期对区域排水管道进行清淤等管理修复措施，避免管道淤积污染物因降雨冲刷进入河道，污染水体。

（3）系统治理：结合生态护岸改造在雨水排放口开展生态化治理。区域内有条件建设生态护岸的河道有庙港河、纵一河、日新河、里塘河。对以上河道开展生态型滨水岸线建设及雨水排放口生态化治理，充分利用低影响开发设施及河湖水体及滨岸带的截留、自然净化功能，削减入河污染物量。

为了检验区域海绵城市建设效果，在雨水排水口、管网关键节点、水系关键节点、河道关键断面、典型海绵设施等实施水质水量监测，为区域评估提供依据。

第10汇水分区内建筑与小区海绵改造项目10个，控制指标为年径流总量控制率达75%，年径流污染控制率达50%，总面积为50.84hm²；道路海绵改造项目5个，控制指标为年径流总量控制率达85%，年径流污染控制率达55%，总长度为2.34km，总面积为7.34hm²；河道生态化治理项目6个，控制指标为年径流总量控制率达90%，年径流污染控制率达60%，总长度为4.74km。项目分布如图8-7所示。

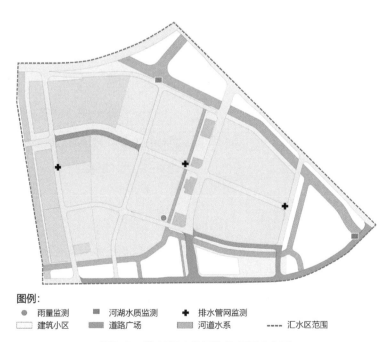

图例:
● 雨量监测   ■ 河湖水质监测   ✚ 排水管网监测
▭ 建筑小区   ■ 道路广场   ▨ 河道水系   ---- 汇水区范围

图8-7　第10汇水分区海绵项目分布图

4．目标可达性分析

根据系统方案，结合保留地块的评估结果，核算总体设计目标见表8-2。

第10汇水分区达标分析计算表　　　　　　　　表8-2

用地类型	用地面积（km²）	年径流总量控制率（%）	年径流污染控制率（%）
保留道路	0.19	40	32
改造道路	0.07	85	55
公建	0.01	40	32
绿地	0.11	90	70
保留居住	0.12	50	35
改造居住一	0.51	75	50
其他用地	0.05	30	24
未建成区	0.22	75	52
合计	1.28	67.2	47.1

8.1.5　典型项目

区域内老旧小区较多，普遍存在雨污混接、阳台废水错接、人行道铺装破损、部分路面沉降破损、整体景观效果差、周边小区缺少公共亲水休闲空间、河道水质较差等现象。针对以上问题，以海尚明徕苑（小区）—芦茂路（道路）—里塘河（河道）综合治理项目（图8-8）为例，系统阐述老城区海绵城市改造的核心理念和精细化设计做法，从而构建雨水径流全过程控制的海绵城市建设体系。

1．海尚明徕苑海绵化改造工程

（1）项目基本情况

1）场地基本情况

海尚明徕苑位于芦潮港芦云路200弄，建于2008年，东沿Y927高速、南至芦茂路、西临紫菁庭、北靠芦云路，占地面积41660m²，绿化总面积15277m²，绿化率36.67%。绿地主要集中在楼前楼后，有少量成片绿地，小区内道路均为沥青路面，广场采用花岗岩片材。

2）雨污分流及地下管网情况

建筑排水：雨落管+排水沟（排水井）排入雨水管网。

图8-8　综合治理项目位置图

绿地排水：漫流至道路雨水口或建筑物边沟排入雨水管网。

停车位排水：漫流至道路与道路雨水排入雨水管网。

道路排水：道路雨水口进入雨水管网。

小区内雨水干管顺主路铺设，小区室外雨水管网共划分为1个排水分区，排放口管径为DN500，接至市政雨水管网。小区为雨污分流制，但存在混接现象，包括阳台洗衣废水入雨水管网和厨房排水不畅居民私接排水管入雨水井，共排查出混接点196个。

（2）设计目标

1）年径流总量控制率75%，对应降雨量22.44mm；

2）年径流污染控制率50%；

3）雨污混接改造率达100%。

（3）设计方案

1）汇水分区划分

汇水分区划分以小区内原有雨水管网分布作为前提，以道路作为分区主体轮廓；依据下垫面组成、竖向标高、排水特性，划分为10个汇水分区（见图8-9）。

2）设施选择

海尚明徕苑在海绵城市改造的过程中，灵活选用了多种技术设施及工艺组

图8-9　汇水分区图

合，并根据目标和指标要求进行了优化。

3）工艺流程

小区内雨水经海绵设施有组织地净化处理，超过设计降雨量的部分通过溢流口排入雨水管网。

①建筑屋面雨水处理——运用了高位雨水花坛、延时调节设施、雨落管断接井、雨水花园四种技术设施和两种工艺组合方式。

工艺路线1：雨落管断接井+雨水花园

a. 屋面雨水通过雨落管接至雨水断接井内；

b. 雨落管断接井出水引至雨水花园内；

c. 雨水花园控制消纳设计目标内的雨水，超过设计降雨量雨水溢流接入雨水井。

其工艺流程如图8-10所示。

工艺路线2：雨落管断接井+高位雨水花坛+延时调节设施

a. 屋面雨水通过雨落管断接至高位雨水花坛内；

b. 雨水经花坛砾石层及土壤层后进入储水空腔；

c. 储水空腔内雨水受延时调节设施控制，在24~48h内延时匀速排出。

其工艺流程如图8-11所示。

图8-10   建筑屋面雨水处理工艺流程图1

图8-11   建筑屋面雨水处理工艺流程图2

②小区路面雨水处理——选择了立箅式雨水口、雨水花园、配水溢流井、地下调蓄净化设施、延时调节设施五种技术设施和两种工艺系统组合方式。

工艺路线1：立箅式雨水口+雨水花园

a. 小区道路路面雨水通过立箅雨水口引至雨水花园内；

b. 雨水花园控制消纳设计目标内的雨水，超过设计降雨量雨水溢流接入雨水井。

其工艺流程如图8-12所示。

图8-12   道路雨水处理工艺流程图1

工艺路线2：立箅式雨水口+配水溢流井+地下调蓄净化设施

a. 道路路面雨水通过立箅式雨水口接至配水溢流井内；

b. 配水溢流井出水进入地下调蓄净化设施；超过设计降雨量雨水溢流至雨水井；

c. 设计目标内的雨水储存在地下调蓄净化设施内，储存的雨水受延时调节设施控制，以均匀流速在24～48h内排入砾石排水层；

d. 砾石排水层的雨水渗入地下，其余部分排入雨水井。

其工艺流程如图8-13所示。

图8-13　道路雨水处理工艺流程图2

③停车场铺装雨水——选择了透水铺装、盖板排水沟、雨水花园/调蓄净化设施、蓄沉沟及延时调节设施五种技术设施和两种组合方式。

工艺路线1：透水铺装+盖板排水沟+雨水花园/调蓄净化设施

a. 停车场表面雨水通过透水铺装，渗入地下，经透水管排入雨水井；

b. 其他雨水通过径流进入盖板排水沟；

c. 盖板排水沟将雨水引入雨水花园或引入调蓄净化设施；

d. 超过设计降雨量雨水溢流接入雨水井。

其工艺流程如图8-14所示。

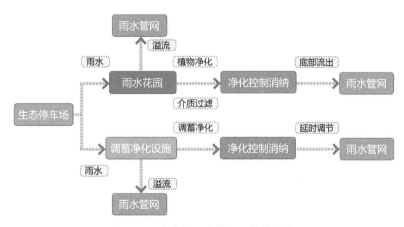

图8-14　停车场雨水处理工艺流程图1

工艺路线2：透水铺装+蓄沉沟+延时调节设施

a. 停车场雨水通过透水铺装下渗，经透水管排入雨水井；

b. 表面径流雨水进入蓄沉沟储存，超过设计降雨量雨水溢流进入雨水井；

c. 蓄沉沟内雨水排放受延时调节设施控制，雨水沉淀净化后，以均匀流速在24～48h内排入雨水井。

其工艺流程如图8-15所示。

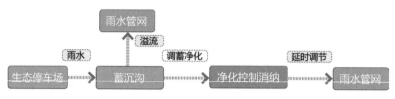

图8-15　停车场雨水处理工艺流程图2

针对混接问题，阳台洗衣废水接入雨水管网的将排水管接入污水管网，并设置水封井。厨房排水不畅居民私接排水管入雨水井的将排水管断接后改接到污水管网。

（4）设计校核

低影响开发设施设计调蓄量采用容积法进行计算，见表8-3和表8-4。

下垫面统计及调蓄容积设计计算表　　　　　　　　表8-3

项目	合计	建筑	道路及铺装	停车位	绿化
面积（m²）	41660	11927	11772	2810	15277
径流系数	0.59	0.90	0.90	0.30	0.15
年径流总量控制率（%）	75				
设计降雨量（mm）	22.44				
计算径流量（m³）	548.97	240.88	237.75	18.92	51.42

海绵设施调蓄量计算表　　　　　　　　表8-4

序号	LID设施名称	设施规模（m²）	设施控制量（m³）
1	雨水花园	1110	466.20
2	高位花坛	21	7.35
3	调蓄净化设施	40	15.38
4	调蓄净化沟	273	81.90
设施控制量合计			570.83

经核算，通过海绵化改造，海尚明徕苑雨水径流控制量可达到570.83m³，大于控制径流量548.97m³，满足海绵城市建设75%控制率的指标要求，见表8-5。

经核算，通过海绵化改造，海尚明徕苑雨水径流污染控制率可达到53.9%，大于目标值50%，满足海绵城市建设对雨水径流污染控制率的要求。

通过对196个混接点进行改造，海尚明徕苑混接改造率达到100%。

海绵设施径流污染控制率计算表　　　　　表8-5

序号	LID设施名称	设施控制量（m³）	污染物去除率（%）
1	雨水花园	466.20	70
2	高位花坛	7.35	80
3	调蓄净化设施	15.38	80
4	调蓄净化沟	81.90	80
年径流污染控制率			53.9

2. 芦茂路海绵化改造工程

（1）项目基本情况

1）管网建设情况

芦茂路采用雨污分流的排水体制，雨水管渠设计重现期为1年一遇。芦茂路位于里塘河北侧、汇水分区末端，其中一个市政雨水排口位于芦茂路、潮和路交叉处。

2）交通设计情况

芦茂路全长约0.44km，红线宽度20m，北侧为海尚明徕苑小区，南侧为里塘河。芦茂路机动车双向2车道，横断面布置为：3.0m（人行道）+14.0m（机动车道）+3.0m（人行道），如图8-16所示。

3）项目周边水体

里塘河位于本项目南侧，芦茂路及周边小区雨水就近排入里塘河。

4）项目问题

芦茂路海绵化改造前以硬质铺装为主，径流系数高，且雨水径流未经处理直

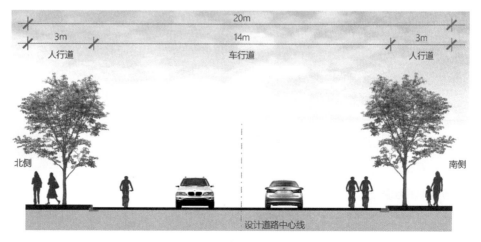

图8-16　芦茂路横断面示意图

接排入河道，不利于整个区域内水环境提升。

（2）设计目标

1）年径流总量控制率85%，对应降雨量32.96mm；

2）年径流污染控制率55%；

3）结合海绵设施提升景观品质，建设成为居民休憩娱乐的沿河生态道路。

（3）设计方案

1）设施选择

根据区域及项目的问题与需求分析，芦茂路海绵化改造设施主要有人行道透水铺装、新型浅层调蓄设施（该设施模块主要采用多孔纤维棉等新型材料）、旱溪和雨水花园、排放口人工湿地等。

海绵城市设施布局主要考虑以下原则：

①人行道均采用透水砖铺装；

②人行道有围墙时，采用新型浅层调蓄设施消纳道路雨水；

③红线外为绿地时，采用旱溪和雨水花园消纳道路雨水；

④雨水花园设置溢流口，超过设计降雨量雨水排入市政管道；

⑤雨水排放口增加生态化治理措施，雨水经过湿地净化后排入河道，改善芦潮港社区水环境质量。

设施平面总体布局如图8-17所示。

2）工艺流程

芦茂路现状道路北侧为围墙，红线外空间不可利用，南侧红线外为绿化，根据道路红线外是否具有可改造、可利用绿地，芦茂路海绵化改造断面设计可分为以下两种情况。

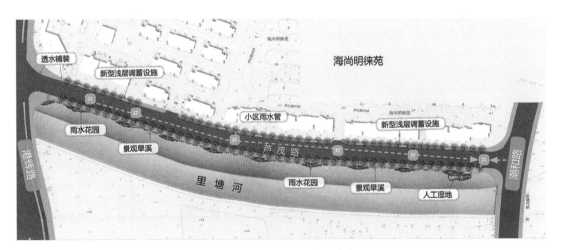

图8-17　芦茂路海绵化改造总体布局图

①道路红线外不可利用

人行道、车行道雨水径流均汇入新建雨水口进入新型浅层调蓄设施，汇水区内雨水径流由新型浅层调蓄设施消纳，如图8-18所示。

图8-18　芦茂路道路汇水分区工艺流程图（道路红线外不可利用）

②道路红线外有绿地

当道路红线外有可利用绿地且现状绿地地势较低时，人行道、车行道雨水径流均通过人行道盖板沟，汇入红线外旱溪和雨水花园，汇水区内雨水径流通过下渗消纳，如图8-19所示。

图8-19　芦茂路道路汇水分区工艺流程图（道路红线外绿地可用）

（4）标准段设计

1）标准段划分

根据道路原有雨水口位置，本项目以芦茂路30m间距的道路长度形成标准设计单元（见图8-20）。

2）设施规模计算

①人行道透水铺装

设施数量：人行道透水铺装总面积2640m²；

调蓄容积：透水铺装渗透量不计入调蓄容积。

②新型浅层调蓄设施

设施数量：新型浅层调蓄设施共168块，单块尺寸为0.3m×0.5m×1.2m；

调蓄容积：新型浅层调蓄设施调蓄容积为0.18m³/块。

③红线外旱溪

旱溪尺寸：红线外旱溪宽度3m，下沉深度0.2m；

调蓄容积：单位面积调蓄容积0.2m³/m²。

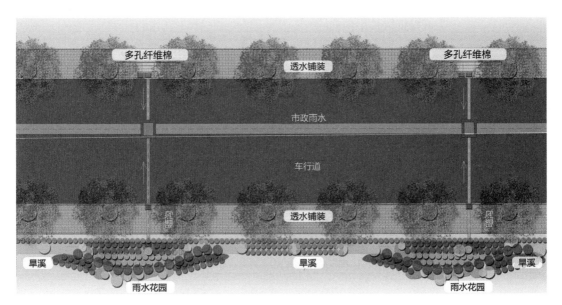

图8-20　芦茂路海绵化改造平面详图

④红线外雨水花园

雨水花园尺寸：雨水花园平面尺寸6m×3m，下沉深度0.4m；

雨水花园渗透速度：100mm/h，内部孔隙率10%；

调蓄容积：单位面积调蓄容积0.42m³/m²。

（5）设计校核

低影响开发设施设计调蓄量采用容积法进行计算，见表8-6和表8-7。

下垫面统计及调蓄容积设计计算表　　　　　　　　表8-6

项目	合计	人行道	机动车道
面积（m²）	8800	2640	6160
径流系数	0.72	0.30	0.90
年径流总量控制率（%）	85		
设计降雨量（mm）	32.96		
计算径流量（m³）	208.83	26.10	182.73

海绵设施调蓄量计算表　　　　　　　　表8-7

序号	LID设施名称	设施规模	单位	设施控制量（m³）
1	新型浅层调蓄设施	168	块	30.20
2	红线外雨水花园	162	m²	64.80
3	调蓄池+人工湿地	120	m²	120.00
4	人行道透水铺装	2640	m²	0
设施控制量合计（m³）				214.80

经核算，通过海绵化改造，芦茂路雨水径流控制量可达到214.80m³，大于道路产流量208.83m³，满足年径流总量控制率85%的指标要求。

经核算，通过海绵化改造，芦茂路雨水径流污染控制率可达到57.16%，大于目标值55%，满足海绵城市建设对雨水径流控制去除率的要求，见表8-8。

海绵设施污染控制计算表　　　　　　　　　　　　表8-8

序号	LID设施名称	设施控制量	单位	污染控制率（%）
1	新型浅层调蓄设施	30.20	m³	50
2	红线外雨水花园	64.80	m³	70
3	调蓄池+人工湿地	120.00	m³	70
4	人行道透水铺装	0	m³	50
年径流污染控制率（%）				57.16

3. 里塘河海绵型河道改造工程

（1）项目基本情况

1）护岸建设情况

在改造前，里塘河护岸结构有木桩、植生护坡、混凝土小挡墙、土坡四种，生态护岸比例约为55%。护岸如图8-21所示。

2）河道生态情况

里塘河只有小部分河段水生植物较多，岸坡上有草被和乔木灌木植物。但大部分河段水生与陆生植物缺失。生态见图8-22。

3）土地开发利用情况

里塘河北岸土地开发程度较高，从西至东分布有新芦苑D区、新芦苑C区、

（a）　　　　　　　　　　　（b）　　　　　　　　　　　（c）

图8-21　里塘河试点建设前实景图

（a）木桩结构；（b）土坡结构；（c）植生护坡结构

（来源：临港新片区管理委员会）

（a）　　　　　　　　　　　　　　　　　　　（b）

图8-22　里塘河试点建设前生态情况

（a）有水生植物；（b）水生植物缺失

（来源：临港新片区管理委员会）

紫青庭、海尚明徕苑等居住小区，港辉路至潮和路之间建有沿河亲水步道；河道南侧现状为农田和公园。

（2）设计目标

通过河道整治全面提高里塘河的水安全、水环境、水生态、水景观水平。根据上位规划，具体控制指标包括：

1）雨水口生态化治理率90%；

2）生态岸线恢复率95%；

3）河道水质：不低于上游来水水质；上游来水水质达标，本工程达到水（环境）功能区要求；

4）除涝标准：20年一遇。

（3）设计方案

1）设施选择

根据海绵城市建设需求，因地制宜地在河道陆域布设低影响开发设施，通过植草沟将收集的雨水汇入雨水花园，净化后排入调蓄模块，回用于绿化喷灌，实现雨水的渗透、滞蓄、净化与利用。同时结合生态河道建设的技术要求，对部分岸坡坍塌不稳定、堤顶高程不足的河段进行改造提升，提升河道护岸安全稳定性，护岸生态化改造结构断面如图8-23所示。对水域、陆域生态系统进行修复与提升，实现从陆生到水生的多层次生物拦截净化系统，最大限度地将入河污染物拦蓄、滞留、净化削减在河道水体外，达到改善与提升河道水质的目标，河道生态化改造如图8-24所示。

2）工艺流程

在河道两岸公共绿地布置海绵设施，包括植草沟、雨水花园、雨水口湿地等，并对道路雨水口以及场地地形局部改造，设置雨水调蓄池、喷灌等雨水收

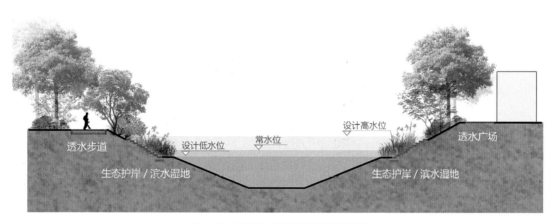

图8-23 护岸生态化改造结构断面图

（来源：临港新片区管理委员会）

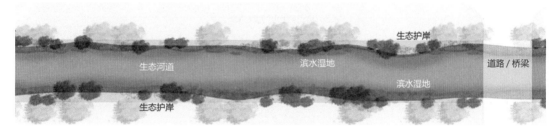

图8-24 河道生态化改造平面图

（来源：临港新片区管理委员会）

集、利用设施。通过海绵设施收集地面道路、绿地中的雨水，减轻雨水管网的排水压力，减少排河水量，提高区域防洪防涝能力。

①场地雨水

本项目采用海绵城市建设理念对河道周边场地雨水排放进行控制，利用植草沟、雨水花园收集并初步过滤净化雨水，设置，结合雨水调蓄池、雨水再利用设施等深化处理后排入河道，同时在河道雨水口处设置雨水口湿地，进一步保障进入河道的雨水的净化效果。

②路面雨水

道路以透水沥青、料石嵌草等透水铺装为主，有效减小地表径流系数。改造道路临海绵公园一侧通过盖板沟将道路收集的雨水通过植草沟转输进入雨水花园，进行净化处理。

③雨水径流组织形式

道路及场地的雨水经植草沟转输后，首先在雨水花园中蓄存、过滤、渗透，

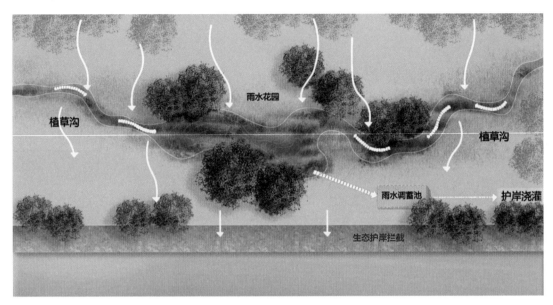

图8-25　雨水径流组织示意图

（来源：临港新片区管理委员会）

多余的雨水经溢流口汇入雨水调蓄池，调蓄池储存的雨水，通过自流排水管或场地喷灌设备，进行雨水再利用。当调蓄池中雨水超过调蓄池容量，则溢流进入河道。雨水径流组织示意如图8-25所示。

（4）分段设计

1）里塘河（潮和路—港辉路段）海绵化改造

选取里塘河（潮和路—港辉路段）为河道海绵化改造的标准段，通过两岸道路绿化用地的低影响开发设施建设，实现河道北岸道路绿化率提高约2%，海绵设施可起到对雨水的削峰、延峰作用，提高排水能力，削减入河污染。海绵设施和径流汇水方向如图8-26所示。

具体工程包括：

①面源污染治理工程，包括雨水花园、植草沟、透水沥青混凝土小路、岸坡绿化；

②水质保障工程，包括排放口生态化治理、生态浮床、充氧曝气机、挺水与沉水植物种植；

③雨水资源化利用工程，含蓄水模块；

④护岸改造工程，包括护岸结构改造、防汛通道建设、彩色沥青步道；

⑤河道水质监测设备一套，数据连接到临港海绵城市智慧管控平台。

2）海绵花园

里塘河海绵花园位于江山路—潮和路和里塘河—老庙港河交汇区域的城市

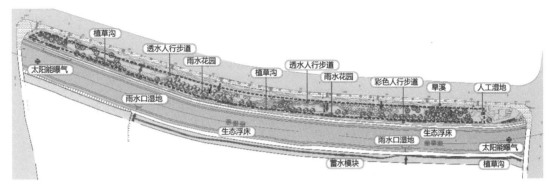

图8-26　里塘河（潮和路—港辉路段）海绵设施和径流汇水方向示意图
（来源：临港新片区管理委员会）

绿地范围内，面积8696m²。

潮和路、江山路市政道路雨水及场地内降雨径流通过植草沟转输汇入雨水花园；净化后流入雨水调蓄设施，雨水调蓄设施收集的雨水通过自动喷灌系统作为雨水花园日常灌溉养护用水，实现雨水资源化利用。海绵设施和径流汇水方向如图8-27所示。

具体工程包括：

①雨水转输设施，含盖板沟8处、植草沟80m²；

②雨水滞蓄及净化设施，含雨水花园350m²、透水沥青混凝土小路163m、石板小路320m、绿化约7623m²；

③雨水资源化利用设施，含蓄水模块48m³、喷灌系统1套。

8.1.6　建设效果

1. 实景效果

经过海绵化改造，第10汇水分区生态景观得到较大提升，各典型项目的实景效果如图8-28～图8-30所示。

2. 监测效果

（1）芦茂路湿地监测效果

芦茂路人工湿地设计污染物总量削减率为55%。

选取2018年11月至2019年6月长序列降雨量和SS进行分析，芦茂路入口SS浓度明显高于出口SS浓度（图8-31），人工湿地对雨水水质净化效果较好。

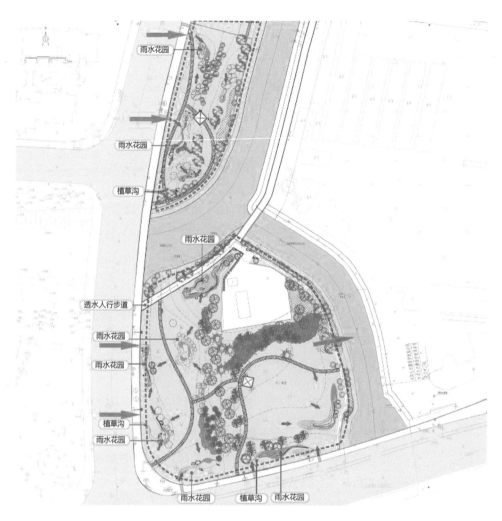

图8-27　里塘河海绵花园海绵设施和径流汇水方向示意图

（来源：临港新片区管理委员会）

（a）　　　　　　　　　　　　　　　　　（b）

图8-28　海尚明徕苑改造后实景图

（a）雨水花园；（b）高位花坛

（来源：临港新片区管理委员会）

（a）

（b）

（c）

图8-29　芦茂路改造后实景图

（a）鸟瞰图；（b）人工湿地；（c）旱溪和景观桥

（来源：临港新片区管理委员会）

图8-30　里塘河改造后实景图

（来源：临港新片区管理委员会）

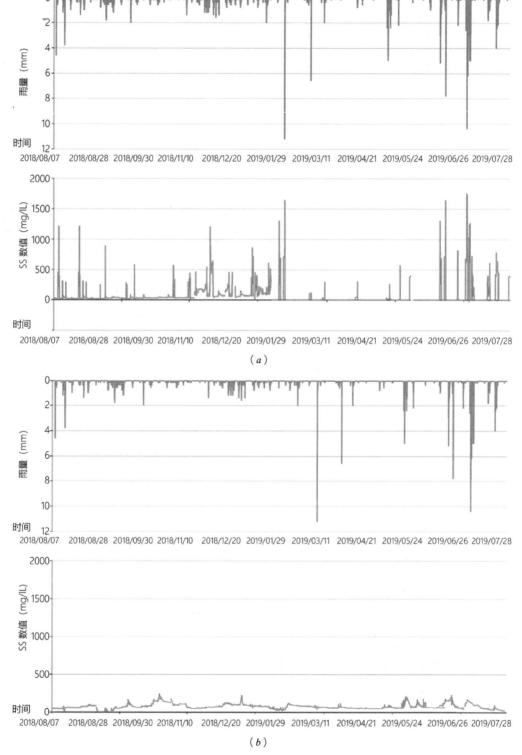

图8-31 芦茂路人工湿地降雨-SS曲线图

（a）入口处；（b）出口处

（2）里塘河水质监测效果

里塘河海绵改造工程实施后，河道水质得到一定改善，对比施工前和施工完工后水质监测数据（表8-9和图8-32），可以发现在施工初期的护岸结构改造阶段，河道水质在一定时段内出现波动，但随着后期水生态系统的构建，河道水质逐渐稳定，其中高锰酸盐指数为Ⅲ～Ⅳ类，氨氮稳定在Ⅱ类。

里塘河水质监测结果　　　　　　　　　　　表8-9

指标（mg/L）	2017年			2018年					
	5月	7月	9月	1月	3月	4月	5月	6月	7月
高锰酸盐指数	3.9	5.8	6.6	4.8	9.2	5.6	3.8	4.1	4.0
氨氮	0.51	0.60	1.05	0.90	0.23	0.12	0.12	0.14	0.19

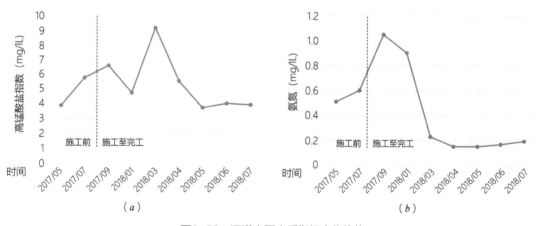

图8-32　河道主要水质指标变化趋势

（a）COD_{Mn}；（b）氨氮

3. 分区建设效果

结合实际监测，运用模型对第10汇水分区对年径流总量控制率、年径流污染控制率（试点区总体年径流污染控制率包括源头面源污染控制和末端生态污染控制，所以对各汇水分区的年径流总量控制率特指其源头面源污染控制率）和内涝防治标准下积水情况进行模拟评估。经模拟，第10汇水分区在试点期所有项目建成后，年径流总量控制率达68%（表8-10），年径流污染控制率达48.9%（表8-11），100年一遇长历时设计降雨下均为低风险，满足设计目标要求。

模拟第10汇水分区在5年一遇2h降雨情况下，海绵化改造前后的积水情况，

第10汇水分区年径流总量控制率核算情况　　　　　　　表8-10

分区	面积（hm²）	全年降雨量（万m³）	排出量（万m³）	经LID流量（万m³）	规划年径流控制率（%，考虑LID）	目标值（%）
10	121.55	158.53	66.83	16.17	68.0	67

第10汇水分区源头面源污染控制率核算情况　　　　　　　表8-11

分区	面积（hm²）	全年降雨量（万m³）	现状面源污染控制率（%）	试点期结束改造方案				目标值（%）
				TSS累积冲刷量（t）	TSS管网末端排量（t）	削减量（t）	规划面源污染控制率（%）	
10	121.55	158.53	37.0	68.89	35.17	33.72	48.9	47

模型模拟结果见图8-33和图8-34。源头海绵设施建设前，片区内积水总量达335.7m³，芦茂路、老芦公路部分路段积水超过5cm，最大积水深度6.3cm。经统计，片区内源头海绵设施的总调蓄量为16677m³，容积换算系数取0.35，即可用于提标的调蓄量为5837m³，高于片区内积水总量，可消除片区积水。通过试点区水—陆—网耦合模型对片区排水和内涝标准进行核算，模拟结果表明，片区内5年一遇降雨下积水情况已得到消除。

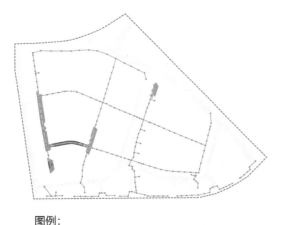

图例：
● 雨水井　　—— 管渠　　▨ 积水深度0~5cm
▓ 积水深度5~15cm　　---- 汇水分区范围

图8-33　第10汇水分区海绵改造前积水情况（5年一遇）

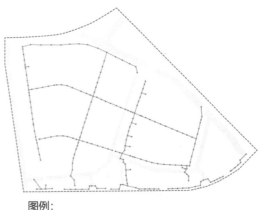

图例：
● 雨水井　　—— 管渠　　---- 汇水分区范围

图8-34　第10汇水分区海绵改造后积水情况（5年一遇）

8.2 › 主城区美人蕉路片区海绵化改造

8.2.1 建设前基本情况

1. 区域概况

主城区美人蕉路片区位于第6汇水分区，北至古棕路，南至海港大道（图8-35），包括美人蕉路、临港家园海事小区、临港家园服务站及绿化休闲广场，总面积约11.9hm²。

区域内雨水径流汇入美人蕉路雨水管，就近排入附近夏涟河。与第10汇水分区等老城片区不同，主城区海绵改造条件较好，且小区内大多无雨污混接现象。

2. 场地基本情况

场地内临港家园海事小区于2009年建成，房屋品质较好（图8-36），总面积7.27hm²。

临港家园服务站占地面积为0.18hm²，包括居委会楼、社区广场和停车位等；绿化及休闲广场占地面积为1.78hm²。其中，绿地面积占地比为84.2%；道路和停

图8-35　美人蕉路片区范围图

（a）　　　　　　　　　　　　　　　　　　（b）

图8-36　临港家园海事小区

（a）小区整体效果；（b）小区道路

车位均为砌块路面，广场为花岗岩片材路面。下垫面情况见表8-12。

临港家园服务站和绿化及休闲广场下垫面情况　　　　　　　　表8-12

总面积（m²）	建筑（m²）	绿化（m²）	道路及铺装（m²）	停车位（m²）
19600	2000	16508	645	447

美人蕉路道路长约450m，标准段宽度为35m，机动车双向4车道，横断面布置为：4.0m（人行道）+3.5m（非机动车道）+1.5m（机非分隔带）+7.5m（机动车道）+2.0m（中央分隔带）+7.5m（机动车道）+1.5m（机非分隔带）+3.5m（非机动车道）+4.0m（人行道），如图8-37所示。

图8-37　美人蕉路横断面示意图

8.2.2 区域问题

1. 区域存在内涝风险

在2018年9月17日的暴雨中,美人蕉路和古棕路积水严重(图8-38)。其中,美人蕉路部分路段积水深度达30cm,退水慢,对交通出行产生不利的影响。

区域积水的主要原因有:1)根据排水设计,临港主城区内河除涝最高水位为3.3m,美人蕉路最不利点排水距离约400m,管道平均坡降为1‰,并需留0.3m安全水头,排水最不利点道路标高需在4.0m以上,而美人蕉路道路标高基本低于4.0m,最低点标高仅3.51m;2)雨水箅、雨水管道堵塞等情况导致退水慢。

(a)   (b)

图8-38 "9.17"暴雨下美人蕉路及古棕路积水情况
(a)美人蕉路;(b)古棕路

结合水力模型分析,美人蕉路片区有一定内涝风险(图8-39),亟需结合试点区的海绵城市建设开展内涝积水改造。

2. 服务站设施有待完善

服务站居委会屋顶绿化维护不到位,存在屋顶漏水现象,广场硬质铺装破损,广场周边景观效果单一,如图8-40所示。

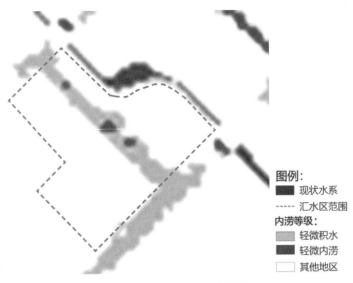

图8-39　区域内涝风险分析

图例：
■ 现状水系
---- 汇水区范围
内涝等级：
■ 轻微积水
■ 轻微内涝
□ 其他地区

图8-40　临港家园服务站及绿化休闲广场改造前

8.2.3　设计目标

主城区美人蕉路片区为新城已建区，区域海绵化建设以问题为导向，解决区域积水和铺装、绿化损坏等问题，同步提升景观和公共环境，增加居民获得感。设计目标如下：

（1）年径流总量控制率65%，对应降雨量16.09mm；

（2）年径流污染控制率44%；

（3）排水系统和内涝标准：5年一遇不积水（2h降雨76mm），100年一遇不内涝（24h降雨279.1mm）。

8.2.4 设计方案

1. 设计原则

（1）解决片区内涝积水问题；

（2）因地制宜，从实际存在和居民关心的问题出发，充分尊重居民需求，结合地块的实际情况和现有条件，进行海绵化改造；

（3）充分结合原有地形地貌进行平面布置及竖向设计，减少土方平整费用以节约投资；

（4）通过"渗、滞、蓄、净、用、排"等多种技术措施，构建低影响开发雨水系统、城镇雨水管渠系统和超过设计降雨量雨水径流排放系统。

2. 技术路线

技术路线如图8-41所示。

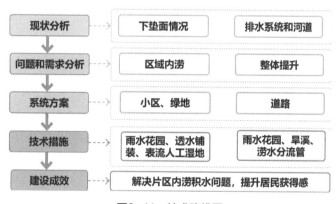

图8-41 技术路线图

3. 系统方案

针对该片区内涝积水等问题，海绵改造从源头减排、过程控制和系统治理等方面开展：源头减排方面，结合临港家园服务站和绿化休闲广场、美人蕉路等实际问题，以低影响开发建设理念进行海绵化改造，削减径流峰值和径流污染；过程控制和系统治理方面，结合美人蕉路建设涝水行泄通道，综合提升片区排水防涝能力。

综上，主城区美人蕉路主要实施的工程为临港家园服务站和绿化休闲广场海绵化改造，以及美人蕉路海绵化改造。结合实际情况，确定年径流总量控制率设计目标：临港家园服务站为75%、绿化休闲广场为80%、美人蕉路为70%。

4. 目标可达性分析

根据系统方案确定的临港家园服务站和绿化休闲广场、美人蕉路海绵化改造目标，结合海事小区评估结果（其年径流总量控制率为60%），核算总体设计目标见表8-13。由表8-13得知，片区年径流总量控制率65%、年径流污染控制率44%的目标可达。

主城区美人蕉路片区达标分析计算   表8-13

序号	地块名称	面积（hm²）	年径流总量控制率（%）	年径流污染控制率（%）
1	海事小区	7.27	60	40
2	临港家园服务站及绿化休闲广场	1.96	80	55
3	美人蕉路	2.67	70	50
片区年径流总量控制率（%）		—	65.5	44.7

通过试点区水—陆—网耦合模型对片区排水和内涝标准进行核算，模拟结果表明，片区满足5年一遇不积水，100年一遇无内涝风险的目标要求。

8.2.5 典型项目

1. 临港家园服务站和绿化休闲广场海绵化改造

（1）项目基本情况

临港家园服务站和绿化休闲广场海绵化改造项目于2017年12月竣工。

1）场地基本情况

临港家园服务站建筑物前后绿地偏少，与道路相邻侧绿地较宽。绿地主要集中在绿化休闲广场，为成片绿地。绿地整体比路面高20～40cm，中间高四周低，绿化养护水平一般。绿地内无排水设施，雨水径流漫流至道路或建筑周边排水沟，极易将泥沙冲刷至地面及管网。

场地内道路均为沥青路面，广场为花岗岩片材路面，总体比绿地低20～25cm。

停车位采用沥青路面，渗透性能不佳；大部分铺装状态尚可，部分有破损。排水漫流至道路，与道路雨水一同汇入雨水井。

2）雨污分流及地下管网情况

建筑排水：雨落管+排水沟（排水井）入雨水管网。

绿地排水：漫流至道路或建筑物边沟排入雨水管网。

停车位排水：漫流至道路与道路雨水排入雨水管网。

道路排水：开口路缘石+排水井入雨水管网。

该地块为雨污分流制，主要雨水管顺主路铺设，室外雨水划分为1个区域，区域的排放口管径为DN300；主要污水管顺主路铺设，美人蕉路设有2个排放口，管径为DN300。

本项目无周边客水排水进入场地。市政雨水管网位于场地西南方向的美人蕉路，市政主管径为DN800。

（2）设计目标

1）年径流总量控制率80%，对应设计降雨量26.87mm；

2）年径流污染控制率55%。

（3）设计方案

1）汇水分区划分

本项目的汇水分区划分是按实际地形分水线详细划分的排水区域，共划分了10个汇水分区（图8-42），每个汇水区内的雨水都将流入对应汇水分区内的海绵设施（雨水花园、表流人工湿地等）进行过滤、净化处理，超过设计降雨量雨水将通过溢流设施流入市政雨水管网。

2）工艺流程

在本项目海绵城市改造的过程中，结合实际情况，根据主要功能按源头（包

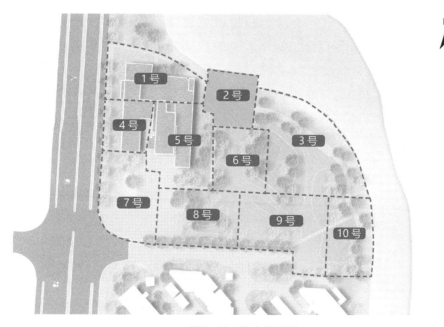

图8-42　汇水分区图

括建筑屋面、道路路面）和末端雨水进行分类，制定海绵化改造设计方案。

①建筑屋面雨水

采用绿色屋顶+雨水断接井+雨水花园三种技术设施进行海绵化改造。屋面雨水通过绿色屋顶吸收过滤后，多余雨水通过雨落管接至雨水断接井内；雨落管断接井出水引至雨水花园内；雨水花园控制消纳设计目标内的雨水，超过设计降雨量雨水溢流出水接入雨水井。

工艺流程如图8-43所示。

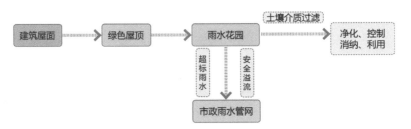

图8-43　建筑屋面雨水工艺流程图

②道路路面雨水

采用透水铺装（含生态停车位）、立箅式雨水口+雨水花园两种方案进行海绵化改造。

透水铺装：雨水落到透水铺装（含生态停车位）并直接渗入，进入到埋在透水铺装下的透水盲管，经过盲管排放至管网或排水沟。

立箅式雨水口+雨水花园：雨水通过立箅雨水口引至雨水花园内；雨水花园控制消纳设计目标内的雨水，超过设计降雨量雨水溢流出水接入雨水井。

工艺流程如图8-44所示。

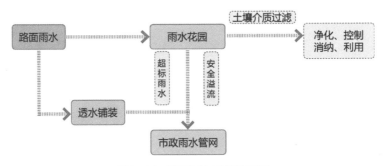

图8-44　路面雨水工艺流程图

③系统调蓄净化

新建表流人工湿地，降雨时，周围路面、广场、绿地等径流雨水汇流至前置塘，雨水经过179m²前置塘的沉淀、石笼的过滤、310m²沼泽区的生物吸附净化处理后，然后通过126m²的过渡区进入85m²清水池供景观使用。设计水力负荷80L/（m³·d）。常水位3.90m，平均水深1.00m，溢流水位4.00m。平时发挥正常的景观及休闲、娱乐功能；小中雨时净化水质，达到降低径流污染的效果；暴雨发生时发挥调蓄、错峰延峰功能。

工艺流程如图8-45所示。表流人工湿地剖面如图8-46所示。

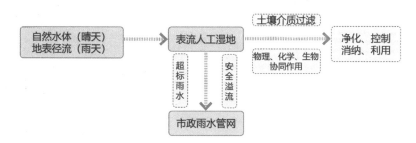

图8-45　表流人工湿地工艺流程图

图8-46　表流人工湿地剖面示意图

（4）总体布局

综上，临港家园服务站和绿化休闲广场海绵化改造运用到的具体海绵设施包括：绿色屋顶、透水铺装、雨水花园和表流人工湿地。海绵化改造布局效果如图8-47所示。

（5）设计校核

海绵城市改造后雨水控制量根据容积法计算（表8-14），其中雨水花园共

图8-47　临港家园服务站和休闲广场海绵化改造布局效果图

154m²，总调蓄容积61.6m³；表流人工湿地共700m²，总调蓄容积70m³；透水铺装共1724m²。

LID设施汇总及对应控制量表　　　　　　　　表8-14

序号	LID设施名称	设施规模	单位	设施控制量（m³）
1	雨水花园	154	m²	61.60
2	表流人工湿地	700	m²	70.00
设施控制量合计		—	—	131.60

经核算，通过海绵设施改造，雨水径流控制量可达到131.60m³，大于地块产流量116.08m³，满足年径流总量控制率80%的指标要求，见表8-15。

年径流污染控制率汇总表　　　　　　　　表8-15

序号	LID设施名称	设施控制量	单位	污染物去除率（%）
1	雨水花园	61.6	m³	70
2	表流人工湿地	70.0	m³	70
年径流污染控制率		—	—	56.0

经核算，通过海绵设施改造，本项目雨水径流污染控制率可达到56.0%，满足年径流污染控制率50%的要求。

2. 美人蕉路海绵化改造

（1）项目基本情况

美人蕉路位于临港主城区，道路东南方向接入海港大道，西北方向接入古棕路，道路东北侧为临港家园海事小区东区、临港家园服务站、绿化休闲广场、绿地，西南侧为临港家园海事小区西区（图8-48）。美人蕉路海绵化改造于2019年11月开工，2020年4月完工。

图8-48　雨水管道流向示意图

（2）设计目标

1）年径流总量控制率为70%，对应降雨量18.95mm；

2）年径流污染控制率为50%。

（3）设计方案

在美人蕉路人行道透水铺装改造后，道路排水改造考虑设计标准降雨下正常排水和超过设计降雨量降雨下涝水分流两种工况。设计标准降雨工况时，结合现状绿地，将道路雨水引入道路外景观旱溪和雨水花园进行蓄存和水质净化；超过设计降雨量降雨工况时，新建超过设计降雨量溢流管和涝水分流管，解决内涝问题。雨水工艺流程如图8-49所示，排水和排涝方案如图8-50所示。

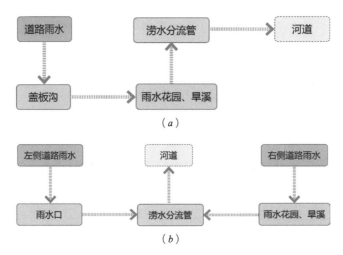

图8-49　美人蕉路海绵化改造雨水工艺流程图

（a）设计标准降雨工况；（b）超设计降雨量降雨工况

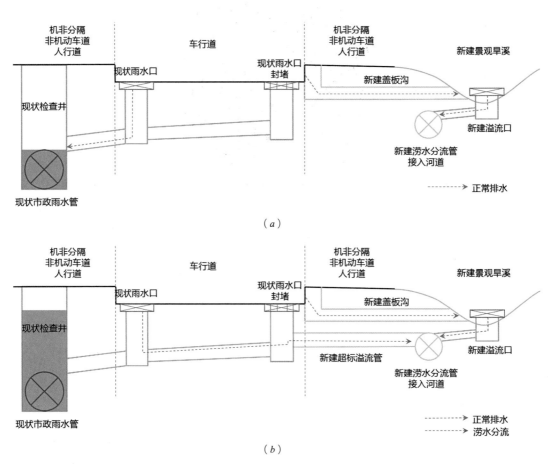

图8-50　美人蕉路海绵化改造排水和排涝方案

（a）设计标准降雨工况排水方案；（b）超设计降雨量降雨工况排涝方案

（4）总体布局

1）设计标准降雨工况

人行道透水铺装削减一定径流峰值。非机动车道和机动车道雨水通过盖板沟/流水槽引入美人蕉路东侧绿地内雨水花园和旱溪进行调蓄净化。设施总体布局如图8-51所示。

图8-51　设计标准降雨工况设施总体布局图

2）超设计降雨量降雨工况

通过新建超设计降雨量溢流管和涝水分流管，解决超设计降雨量降雨工况下的积水问题。结合海绵城市建设，将绿地调蓄作为源头减排设施，兼具排涝功能，景观旱溪内设置溢流口接入涝水分流管。同时，另外半幅道路的涝水通过现状雨水口和连通管进入涝水分流管，最终排入河道。设施总体布局如图8-52所示。

（5）设计校核

1）总径流量

美人蕉路设计目标为年径流总量控制率70%，对应设计降雨量为18.95mm，综合径流系数为0.69，总调蓄容积为97.08m³，见表8-16。

2）设施调蓄量

海绵设施总调蓄量为108.8m³，大于设计调蓄量97.8m³，满足设计目标，见表8-17。

图8-52　超设计降雨量降雨工况设施总体布局图

总径流量计算表　　　　　　　　　　　　　　　表8-16

一	透水人行道	非机动车道	车行道	侧分带
面积（m²）	1800	1575	3375	675
径流系数	0.3	0.9	0.9	0.15
年径流总量控制率（%）				70
设计降雨量（mm）				18.95
综合径流系数				0.69
设计调蓄容积（m³）				97.08

海绵设施调蓄水量计算表　　　　　　　　　　　表8-17

一	面积（m²）	单位调蓄量（m³/m²）	设施调蓄量（m³）
雨水花园	72	0.4	28.8
旱溪	400	0.2	80.0
总调蓄量			108.8

3）径流污染控制率

年径流污染控制率为51%，大于设计径流污染控制率50%，满足设计目标，见表8-18。

LID设施名称	设施控制量（m³）	污染物控制率（%）
雨水花园	28.8	70
旱溪	80	70
年径流污染控制率		51

径流污染控制率计算表　　　　　　　　　表8-18

8.2.6　建设效果

1. 实景效果

主城区美人蕉路片区从源头减排、过程控制和系统治理等方面开展海绵化改造，解决片区内涝积水问题，通过建设生态停车位，解决了居民停车难问题，充分利用集中绿化，为居民休憩娱乐增添了美丽风景，提升了排涝能力，使居民们有了获得感，也充分体现了"海绵+"的理念。各典型项目的实景效果如图8-53~图8-55所示。

2. 监测效果

美人蕉路片区的两个排口G4和G5处进行流量和SS监测。详细位置如图6-9所示。海绵化改造前，绿化休闲广场的水直排夏涟河，不汇入美人蕉路；海绵化改造后，设计标准降雨工况下旱溪内雨水径流通过暗管排入绿化休闲广场，超设计降雨量降雨工况下区域涝水通过新建涝水行泄通道直排夏涟河，有效减少了

图8-53　临港家园服务站和绿化休闲广场海绵化改造全景图

（来源：临港新片区管理委员会）

图8-54　临港家园服务站和绿化休闲广场海绵化改造局部实景图

（a）绿化休闲广场透水步道；（b）绿化休闲广场人工湿地；（c）临港家园服务站透水铺装；（d）临港家园服务站生态停车场

（来源：临港新片区管理委员会）

图8-55　美人蕉路海绵化改造实景图

（a）透水铺装；（b）旱溪

（来源：临港新片区管理委员会）

美人蕉路排口的流量。本节展示的监测数据为美人蕉路海绵化改造前开展的监测数据，故汇水范围不包括绿化休闲广场。

（1）径流总量控制率

选取2018年8月16日和2019年2月12日两场典型降雨进行分析，根据雨量数据和监测流量数据，计算单场降雨径流体积控制率，作为该项目年径流总量控制率的评估验证。计算结果见表8-19。

主城区美人蕉路片区场次降雨监测结果

表8-19

序号	降雨日期	总降雨量（mm）	降雨历时（h）	最大1h降雨量（mm）	理论径流量（m³）	项目出水径流体积（m³）	场次降雨径流总量控制率（%）
1	2018.08.16	118	27	34.9	14160	5172	63.6
2	2019.02.12	30	18.2	5.2	3600	694	80.7

经核算，降雨量在30mm时，径流总量控制率为80.7%，降雨总量为118mm时，径流总量控制率为63.6%。

选取2019年2月12日典型降雨，通过模型模拟海绵改造项目出流情况，与海绵改造后实际监测值进行对比，分析海绵项目建设的径流控制效果（图8-56）。峰值流量由改造前的0.078m³/s降低至改造后的0.025m³/s，峰值削减69%；峰值时间由改造前的225min延迟至270min，峰值延后45min；总径流体积由改造前的

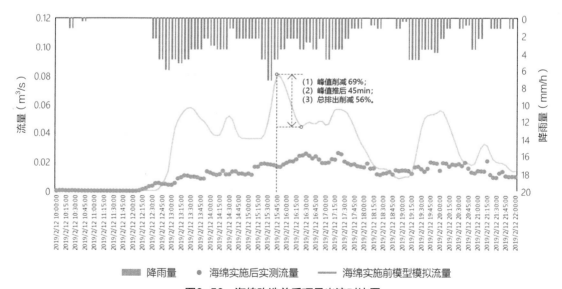

图8-56 海绵改造前后项目出流对比图

1568.4m³减小至694m³，总排出削减56%。可见海绵改造对径流控制有一定的效果，具体信息汇总见表8-20。

主城区美人蕉路片区场次降雨监测结果表　　　　表8-20

基础信息		
降雨历时（h）	18.2	
最大小时降雨量（mm）	5.2	
距离上次降水间隔时间（d）	2.5	
片区设计年径流总量控制率（%）	65	
设计降雨量（mm）	16.09	
项目占地面积（m²）	105000	
水量监测		
海绵改造前出水	峰值流量（m³/s）	0.078
	总径流体积（m³）	1568.4
	峰值时间（min）	225
海绵改造后出水	峰值流量（m³/s）	0.025
	总径流体积（m³）	694
	峰值时间（min）	270

（2）径流污染控制率

主城区美人蕉路片区设计径流污染控制率为45%，排水分区的两个排口分别安装有流量计和SS计进行在线实时监测。根据在线流量数据以及在线SS数据，计算该项目单场次降雨径流污染物平均浓度，计算结果见表8-21。满足年径流污染控制率的目标要求。

主城区美人蕉路片区场次降雨径流污染控制率监测分析表　　表8-21

序号	降雨日期	总降雨量（mm）	理论径流量（m³）	项目进水EMC模拟值（mg/L）	项目出水EMC（mg/L）	场次降雨径流污染控制率（%）
1	2018.08.16	118	14160	542	300	44.6
2	2019.02.12	38.2	3600	963	275	71.4

（3）人工湿地效果

临港家园服务站和绿化休闲广场人工湿地出水口安装有流量计和SS计进行在线实时监测。进水EMC通过面源污染人工检测数据结合项目汇水范围内不同下垫面比例加权计算。选取2019年6月20日检测结果作为湿地入口EMC的计算条件，根据在线流量数据及SS数据（图8-57），分析该项目单次降雨人工湿地污染物削减率。从表8-22可以看出，人工湿地对污染物的削减率为56.4%。

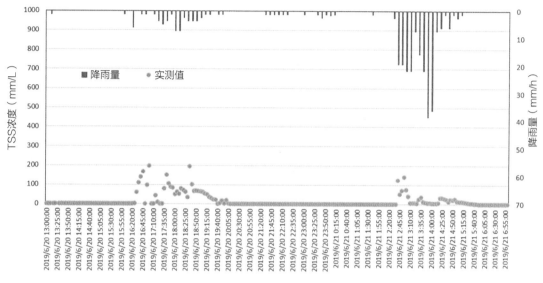

图8-57　人工湿地出口SS监测值

人工湿地场次降雨径流污染控制率监测分析表　表8-22

序号	降雨日期	总降雨量（mm）	理论径流量（m³）	项目进水EMC模拟值（mg/L）	项目出水EMC（mg/L）	场次降雨径流污染削减率（%）
1	2019.06.20	51.5	381.3	173.1	75.5	56.4

2021年7月7日，对人工湿地进水、出水进行人工取样检测，水质检测数据见表8-23。从水质检测结果可以看出，人工湿地出水水质达到地表水Ⅲ类水质标准。

人工湿地进、出水水质检测数据　表8-23

	pH	氨氮（mg/L）	总磷（mg/L）	高锰酸盐指数（mg/L）
湿地进水	7.4	1.24	0.32	6.0
湿地出水	7.5	0.46	0.09	5.2

8.3 ﹥临港物流园区海绵化改造

8.3.1　建设前基本情况

1.　区域概况

临港物流园区位于第9汇水分区，东至沪芦高速、西至庙港河、北起两港大道、南至顺翔路（图8-58），总面积为335.18hm²，以仓储运输、物流服务、铁路集疏运为主体功能。铁路仓储用地在两港大道南侧、洋浩路西侧，其他建设地块功能主要为仓储物流、国际贸易和跨国经营服务，为仓储物流服务的管理设施分散在各地块，不集中布置。目前该区域大部分已建设完成。

图8-58　物流园区区位图

2.　场地基本情况

临港物流园区以大屋面仓库及堆场为主，另有铁路仓储用地、军事用地、公共设施用地及空地，见图8-59和表8-24。

区域内地势比较平坦，地面标高大多在4.5m，如图8-60所示。

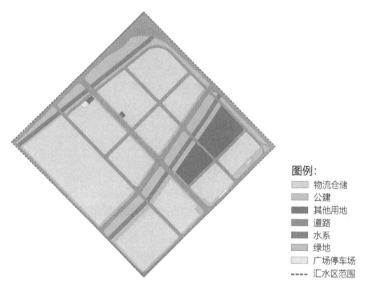

图8-59　物流园区试点建设前用地图

土地使用情况汇总表 表8-24

用地类型	面积（hm²）	占比（%）
物流仓储	127.41	38.0
铁路仓储用地	72.86	21.7
军事用地	23.17	6.9
农业用地	47.77	14.3
市政道路	63.97	19.1
总计	335.18	100

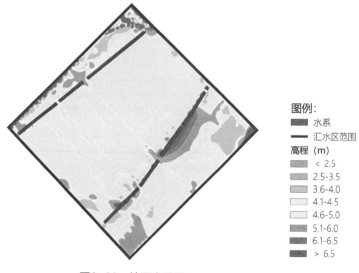

图8-60　地面高程图

3. 河道水系

物流园区内有2条过境河道，分别是日新河和人民塘随塘河（图8-61）。2017年水质监测结果基本为劣Ⅴ类，而水质目标为Ⅳ～Ⅴ类。河道水位受浦东片控制，设计高水位3.75m，常水位2.5～2.8m，设计低水位2.0m，预降水位2.0m。

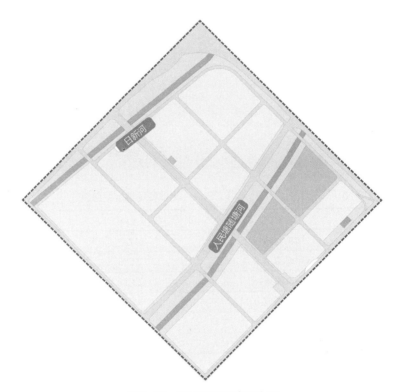

图8-61　物流园区河道分布图

4. 道路情况

物流园区道路共有9条，分别为捷迅路、同汇路、同顺大道、洋浩路、健翔路、康祥路、江山路、同汇路、顺祥路，如图8-62所示。

5. 排水情况

物流园区以日新河为界分成南北两个区域。日新河以北区域的雨水经过地面漫流入河，面积为0.1km²。日新河以南区域的雨水经管网收集后集中排河，排水体制为分流制，采用强排加自排的方式，分成3个区（图8-63），总面积3.45km²。

　　Ⅰ区为强排区，面积约1.4km²，设计重现期为2年一遇，雨水管渠最大管径

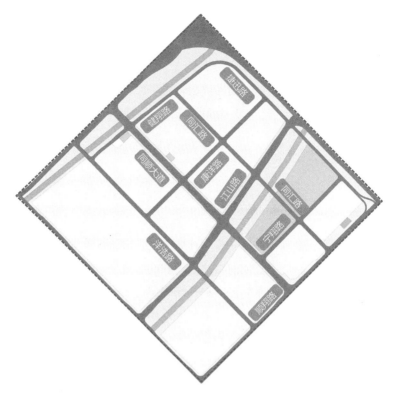

图8-62 道路分布图

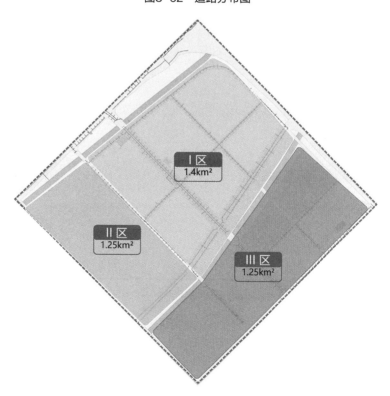

图8-63 物流园区排水体制

为$DN3000$，排水泵站流量为14.5m³/s，雨水经由排放口排入日新河；

Ⅱ区（铁路仓储用地）为自排区，面积约0.8km²，设计重现期为1年一遇，最大管径为$DN2200$，雨水经由一个排放口排入日新河；

Ⅲ区（人民塘随塘河以南地块）为自排区，面积约1.25km²，设计重现期为1年一遇，最大管径为$DN1500$，雨水经由两个排放口排入人民塘随塘河。

8.3.2 区域问题

1. 水环境问题

物流园地块内以仓库和堆场为主，道路行驶汽车多为重型载货汽车，导致道路扬尘和风沙大，同时道路建设和交通流量的快速增长带来地表径流污染的大幅增长，主要原因是轮胎磨损、沥青路面表面沥出物、汽油润滑油泄漏、制动部件磨损等，污染物随雨水径流进入水体，对周边水环境构成严重威胁。

根据3.2.3节对临港物流园区地表雨水径流污染物的监测结果，物流园区初期雨水污染严重，COD和TP严重超标，为周边河道污染物的主要来源。

2. 水生态问题

物流园区下垫面类型主要为厂房、堆场、停车场、仓库和道路，绿化率较低，下垫面硬质化程度高，径流系数高，经评估，试点建设前年径流总量控制率为34%。

3. 水安全问题

物流园区采用分流制排水系统，其中强排模式的排水系统现状雨水管渠设计重现期为2年一遇；自流模式的排水系统现状雨水管渠设计重现期为1年一遇。根据模型评估结果物流园区管道排水能力尚可，但局部路段在5年一遇降雨条件下仍存在积水风险，100年一遇长历时设计降雨条件下仍面临内涝风险（图8-64）。

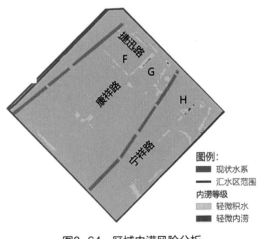

图8-64 区域内涝风险分析

8.3.3 设计目标

物流园区为已建区，以问题为导向，以控制初期雨水污染为主要目标，海绵城市设计目标为：

（1）年径流总量控制率60%，对应降雨量13.73mm；

（2）年径流污染控制率42%；

（3）排水系统和内涝标准：5年一遇不积水（2h时降雨76mm），100年一遇不内涝（24h降雨279.1mm）。

8.3.4 设计方案

1. 设计原则

（1）源头与末端相结合：难易程度选择；

（2）绿色与灰色相结合：全生命周期评价；

（3）传统与创新相结合：新技术应用；

（4）问题与展示相结合：试点的显示度；

（5）近期与远期相结合：试点经验推广。

2. 技术路线

技术路线如图8-65所示。

3. 系统方案

根据确定的技术路线，结合物流园区Ⅰ区、Ⅱ区、Ⅲ区现状用地情况和远期规划情况，提出：

（1）Ⅰ区用地性质明确，地块开发成熟，初期雨水径流污染严重，对河道水质影响较大，实施海绵化改造效益明显，适合重点打造；

（2）Ⅱ区现状整体为铁路中心站，实施海绵改造难度较大，因此考虑Ⅱ区污染物削减指标由其他区域统筹承担；

（3）Ⅲ区现状尚未完全开发，存在部分未开发地块，因此只考虑进行道路海绵化改造，并将海绵城市管控指标纳入土地出让和地块开发建设全过程。

物流园区海绵城市建设方案分成源头减排、过程控制和系统治理三个部分：

源头减排：主要包括对B地块低影响开发改造。

过程控制：结合道路现状及积水风险模拟，对道路进行海绵化改造，并结

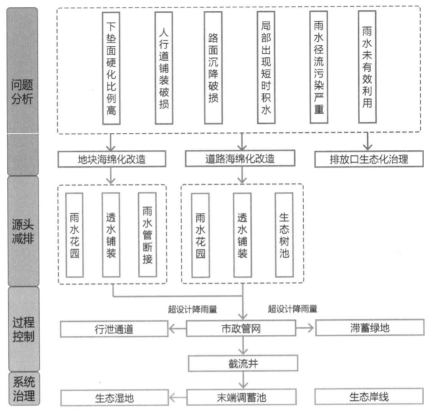

图8-65　技术路线图

合捷迅路东侧绿地新建涝水行泄通道。

系统治理：对有条件的雨水排放口进行生态化治理，使其具备初雨调蓄功能，初雨截流后通过泵站提升到调节池，随后通过人工湿地净化处理后再排入水系并对区域内的河道进行综合整治。

根据物流园区现状和系统方案，物流园区主要实施的系统工程如图8-66所示，具体包括：

1）实施一期洋浩路、康祥路、捷迅路、宁祥路四条道路海绵化改造，见表8-25。

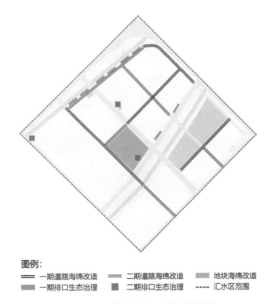

图例：
━━━ 一期道路海绵改造　━━━ 二期道路海绵改造　▨ 地块海绵改造
■ 一期排口生态治理　■ 二期排口生态治理　----- 汇水区范围

图8-66　物流园区项目分布图

物流园一期道路设计范围　　　　　　　　表8-25

项目	范围	改造长度（m）	红线宽度（m）
洋浩路	日新河至人民塘随塘河	1200	30
康祥路	同顺大道至捷迅路	860	30
宁祥路	同顺大道至S2	850	24
捷迅路	江山路至健翔路	950	24

2）实施一期排放口生态治理，使其具备初雨调蓄功能，健翔路3个排放口，北侧绿地内设置6座人工湿地，江山路两个排放口，北侧绿地内设置2座人工湿地，每座人工湿地调蓄初雨量312.5m³，共增加调蓄量2500m³。

3）实施一期B地块低影响开发改造。

4）实施二期排放口生态治理，主要对地块初期雨水截流处理，B地块调蓄量924m³，D地块调蓄量1120m³，Ⅱ区调蓄量1800m³。

5）实施二期健祥路、同汇路、康祥路、洋浩路四条道路海绵化改造，见表8-26。

物流园二期道路设计范围　　　　　　　　表8-26

项目	范围	改造长度（m）	红线宽度（m）
洋浩路	江山路至顺翔路	572	30
康祥路	洋浩路至同顺大道	400	30
健祥路	洋浩路至捷迅路	1200	24
同汇路	健翔路至顺翔路	1170	30

4. 目标可达性分析

（1）Ⅰ区

1）实施排放口生态化治理项目（一期+二期）后，初期雨水截流量可达到6mm，对应年径流总量控制率40%；

2）B地块整体海绵化改造后，年径流总量控制率达85%；

3）道路海绵化改造后，年径流总量控制率达85%。

（2）Ⅲ区

1）地块近期不改造，现状年径流总量控制率评估为30%；

2）排放口改造，实施二期排放口生态化治理后，初雨截流量为6mm，年径流总量控制率40%；

3）道路海绵化改造后，年径流总量控制率达85%；

4）未开发地块，纳入管控指标，年径流总量控制率85%。

年径流总量控制率和年径流污染控制率核算见表8-27。

物流园区达标分析计算表　　　　　表8-27

序号	下垫面	面积（hm²）	年径流总量控制率（%）	年径流污染控制率（%）
1	Ⅰ区地块	86.04	40	32
2	Ⅰ区B地块	14.67	85	55
3	Ⅰ区道路	50.50	85	55
4	Ⅱ区	72.86	40	32
5	Ⅲ区地块	26.70	30	24
6	Ⅲ区道路	13.47	85	55
7	Ⅲ区未开发地块	70.94	85	55
	合计	335.18	60	42

5）通过试点区水—陆—网耦合模型对片区排水和内涝标准进行核算，模拟结果表明，片区满足5年一遇不积水，100年一遇无内涝风险的目标要求。

8.3.5　典型项目

1. 物流园道路海绵化改造一期-洋浩路

（1）项目基本情况

洋浩路位于铁路集装箱中心站北侧，改造段为健翔路至江山路（图8-67）。洋浩路改造长度1.2km，红线宽度30m。

（2）设计目标

1）年径流总量控制率85%，对应降雨量32.96mm；

2）年径流污染控制率55%。

（3）设计方案

1）设施选择

物流园区主要用地类型为仓储用地及道路，且道路车辆多为重型货载汽车，物流园区内扬尘大、面源污染问题较为严重。因而在设计时，宜考虑以净化为主要功能的生物滞留设施、人工湿地等措施，同时也需结合景观专业提升物流园区内景观效果。洋浩路无湿地建设条件，本工程中洋浩路选用生物滞留设施调蓄净化雨水。

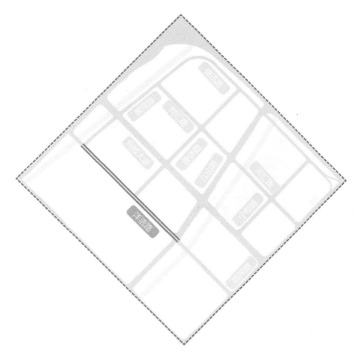

图8-67　洋浩路改造位置图

2）工艺流程

洋浩路人行道采用透水铺装，侧分带采用生物滞留带，将现有雨水口封堵，每个生物滞留池设置一处路缘石开口，车行道雨水通过路缘石开口流入到侧分带的生物滞留设施中，生物滞留设施将雨水进行调蓄净化后，通过穿孔管收集至原有改造雨水口中，超设计降雨量雨水通过溢流进入到现有雨水口中，最终输送到雨水管网中。

工艺流程如图8-68所示。

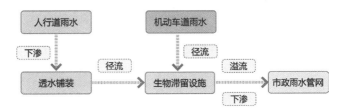

图8-68　工艺流程图

（4）标准段设计

洋浩路以雨水口30m间距的道路长度形成标准设计单元。结合道路横断面（图8-69），每个标准设计单元分为2个汇水分区：以中央分隔带中心线为轴，两侧宽度各15m、长度30m，每个分区汇水面积450m^2。

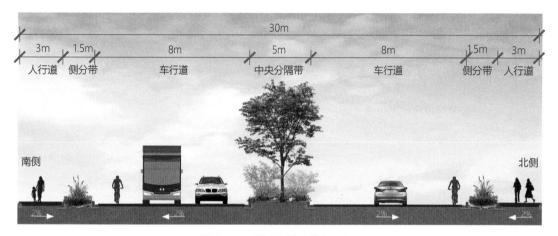

图8-69　洋浩路道路横断面图

每个汇水分区主要改造内容为人行道改为透水铺装，侧分带改为生态树池，雨水口立箅改平箅，新增开孔侧石。每个分区透水铺装改造面积为90m²，生态树池改造面积为20.25m²，如图8-70所示。

（5）设计校核

1）总径流量

洋浩路设计目标为年径流总量控制率85%，对应设计降雨量为32.96mm，综合径流系数为0.58，总调蓄容积为688.20m³，见表8-28。

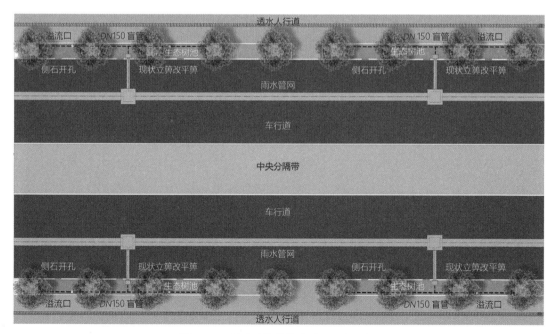

图8-70　洋浩路海绵化改造平面布置图

洋浩路径流量计算表　　表8-28

一	透水人行道	中央分隔带	车行道	侧分带
面积（m²）	7200	6000	19200	3600
径流系数	0.3	0.15	0.9	0.15
年径流总量控制率（%）				85
设计降雨量（mm）				32.96
综合径流系数				0.58
设计调蓄容积（m³）				688.20

2）设施调蓄量

生物滞留设施有效调蓄深度为30cm，其中：预留滞留层深度10cm。生物滞留设施总面积为2321m²，总调蓄量为696.3m³，见表8-29。

洋浩路海绵设施调蓄水量计算表　　表8-29

LID设施名称	面积（m²）	单位调蓄量（m³/m²）	设施调蓄量（m³）
生物滞留设施	2321	0.30	696.30
总调蓄量			696.30

3）径流污染控制率

生物滞留设施污染物去除率（以SS计）为70%，则洋浩路径流污染控制率为56%，见表8-30。

洋浩路径流污染控制率计算表　　表8-30

LID设施名称	设施控制量（m³）	污染物去除率（%）
生物滞留设施	696.30	70
年径流污染控制率		56

2. 雨水排放口生态化治理（一期）工程

（1）项目基本情况

本项目工程范围为Ⅰ区强排区，面积约1.4km²，北至捷迅路、南至洋浩路、西至健翔路、东至江山路（图8-71）。健翔路北侧和江山路北侧有大片绿地，可以设置雨水生态化治理设施，将初期雨水进行调蓄净化后再排到周边河道，减少入河污染物，提升物流园区水环境。

（2）设计目标

通过本工程可有效削减初期雨水径流的污染负荷，改善周围日新河及人民塘

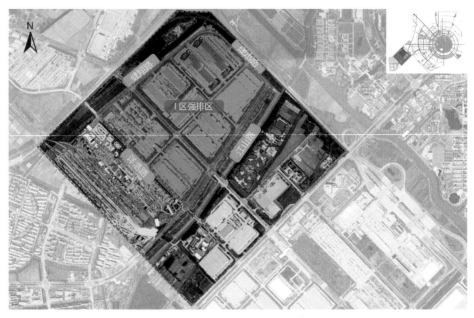

图8-71　工程范围

随塘河水环境，同时通过湿地建设改善园区的绿化景观效果，从而打造国际生态物流园区。雨水排放口生态化治理工程设计目标为：

1）截流初期6mm雨水；

2）初雨污染控制率为70%。

（3）设计方案

1）设施选择

考虑到物流园区内扬尘大、面源污染问题较为严重的情况，优先选择以调蓄净化为主要功能的措施，包括调蓄池、人工湿地等。

2）工艺流程

根据现场调研情况，在健翔路北侧和江山路北侧有大片绿地，可以设置人工湿地处理初期雨水。因此，在健翔路和江山路共设置5个截流井（图8-72）。

其中1号截流井截流汇水分区1-1、1-2、1-3、1-4初期雨水；2号截流井截流汇水分区2-1、2-2、2-3初期雨水；3号截流井截流汇水分区3-1、3-2初期雨水；4号截流井截流汇水分区4-1、4-2初期雨水；5号截流井截流汇水分区5-1、5-2、5-3初期雨水。

截流井后设置人工湿地处理设施，对雨水的污染物进行过滤净化处理。本项目共设置8座人工湿地，分别位于健翔路北侧和江山路北侧绿地内（图8-73）。

本工程人工湿地设置在园区雨水排放口或道路雨水管网末端，对初期雨水进行过滤净化，处理后的雨水排入河道或下游管网，工艺流程如图8-74所示。

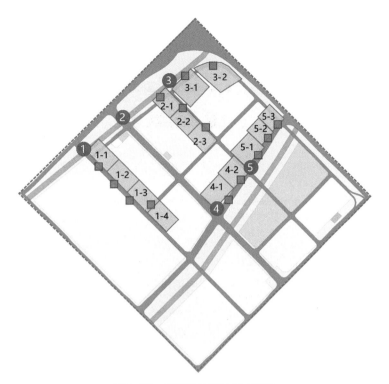

图8-72 截流井位置及汇水范围

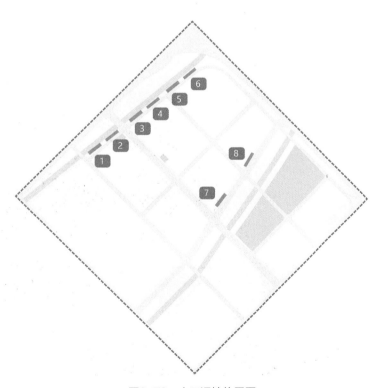

图8-73 人工湿地位置图

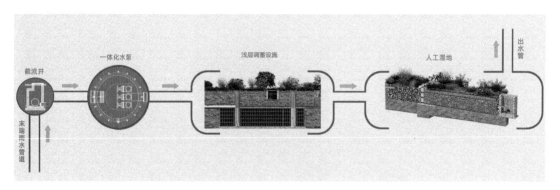

图8-74　工艺流程图

（4）标准段设计

以1号截流井为例，在健翔路靠近洋浩路处设置截流井，截流井后设置一体化雨水提升泵站，将雨水提升进入1号和2号湿地雨水调节池内，调节池内雨水通过人工湿地净化处理后排入就近河道。

1号和2号人工湿地位于健翔路和日新河中间绿地内。1号人工湿地占地面积为1000m²，设计负荷0.1m³/（m²·d）。调蓄池有效容积300m³，设计排空时间3d，调蓄池采用浅层调蓄设施。2号人工湿地占地面积为1000m²，设计负荷为0.1m³/（m²·d）。调蓄池有效容积300m³。标准段建设效果如图8-75所示。

图8-75　标准段效果图

（5）设计校核

1）径流量控制

根据《城镇雨水调蓄工程技术规范》GB 51174—2017，当调蓄设施用于源头径流总量和污染控制以及分流制排水系统径流污染控制时，调蓄量的确定可按式（8-1）计算。

$$V=10DF\phi\beta \qquad (8-1)$$

式中：D —— 单位面积调蓄深度，mm；

F —— 汇水面积，hm^2；

ϕ —— 径流系数；

β —— 安全系数，取1.1 ~ 1.5，本次取1.3。

根据《城镇雨水调蓄工程技术规范》GB 51174—2017，单位面积调蓄深度，分流制4 ~ 8mm。本项目取6mm，计算见表8-31。

初期雨量计算表 表8-31

截流井编号	汇水面积编号	汇水范围（hm^2）	径流系数	水量（m^3）	合计（m^3）	设计调蓄量（m^3）
1	1-1	3.25	0.78	197.94	580.34	600
	1-2	2.26	0.78	137.29		
	1-3	1.62	0.78	98.80		
	1-4	2.41	0.78	146.32		
2	2-1	3.21	0.78	195.59	609.76	600
	2-2	3.29	0.78	200.04		
	2-3	3.52	0.78	214.13		
3	3-1	4.34	0.78	263.86	621.99	600
	3-2	5.89	0.78	358.13		
4	4-1	2.09	0.78	126.97	289.90	300
	4-2	2.68	0.78	162.93		
5	5-1	1.88	0.78	114.67	308.60	300
	5-2	1.69	0.78	102.74		
	5-3	1.50	0.78	91.19		

由计算表可见，调蓄池调蓄容积基本满足初期雨水的调蓄量。

2）初雨污染控制率

本项目人工湿地对初期雨水污染物的控制率为70%，达到控制目标要求，见表8-32。

	初雨污染控制率计算表	表8-32
LID设施名称	设施控制量（m³）	污染物去除率（%）
人工湿地	2400.00	70
初雨污染控制率		70

8.3.6　建设效果

临港物流园区将绿地资源、水资源、路网资源进行有机整合，构建"蓝绿灰"三廊融合的立体生态网络，充分发挥集市政功能、生态功能、环境保护于一体的"整体海绵"效应。物流园区海绵化改造完成后能有效改善水生态、水安全和水环境，提升物流园区域整体景观效果（图8-76），打造"绿色生态园区"，同时，为上海乃至全国的国际物流园海绵化改造提供参考样本和经验借鉴。

图8-76　物流园区鸟瞰图

（来源：临港新片区管理委员会）

8.4 › 临港大学城片区海绵化改造

8.4.1　建设前基本情况

1. 区域概况

临港大学城片区位于临港国家海绵试点区主城区西南角，包括上海海洋大学、上海海事大学、上海电力大学、上海电机学院和上海建桥学院5所高校。该片区北至花栢路，南至海港大道，西至人民塘随塘河—芦潮港河，东至沪城环路，总面积约428.5hm²，如图8-77所示。

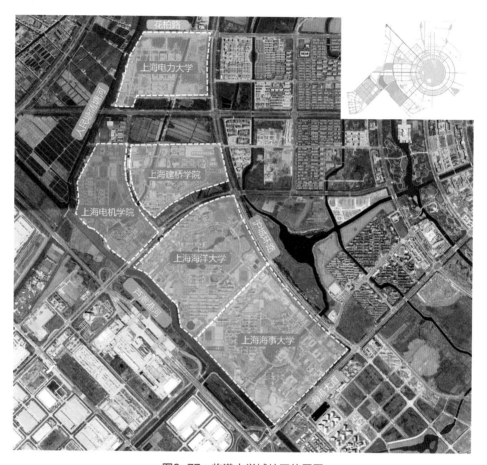

图8-77　临港大学城片区位置图

2. 场地基本情况

上海海洋大学（临港新校区）位于橄榄路以南、沪城环路以西、芦潮引河以东、南侧与海事大学相邻，占地约119hm²。该校区于2006年开工，2008年建成。该校区在规划阶段利用竖向设计引领，形成周边高、中央低的总体地形，建立独立雨水排水体系，自成汇水片区；充分利用本底水系条件，对原生态植被适当保留，并按需优化为湿地、小溪、河流；应用下凹式绿地、植草沟等形式；在河道沿岸采用缓冲带，通过挺水植物、浮叶植物、沉水植物构建全系列生态系统，如图8-78所示。

图8-78　上海海洋大学（临港校区）实景图

（来源：临港新片区管理委员会）

　　上海海事大学（临港校区）位于海港大道以北、沪城环路以西、芦潮引河以东、北侧与海洋大学相邻，占地约133hm²。该校区于2004年开工，2007年基本建成，如图8-79所示。

　　上海电力大学（临港校区）位于花柏路以南、人民塘随塘河以东、沪城环路以西、玉柏路以北，占地约62.5hm²。该校区一期工程2015年底开工，2018年9月完成，如图8-80所示。

图8-79　上海海事大学（临港校区）实景图

（来源：临港新片区管理委员会）

图8-80 上海电力大学（临港校区）实景图
（来源：临港新片区管理委员会）

上海电机大学（临港校区）位于方竹路以南、人民塘随塘河-芦潮港河以东、水华路以西、橄榄路以北，占地约119hm²。该校区一期2010年底完工，二期2013年完成，如图8-81所示。

图8-81 上海电机学院（临港校区）实景图
（来源：临港新片区管理委员会）

上海建桥学院位于方竹路以南、水华路以东、沪城环路以西、橄榄路以北，占地约53.3hm²。该校区一期2015年底完工，二期2017年开工2018年完成。

8.4.2　区域问题

1. 地表径流污染负荷高

根据3.2.3节分析，学校用地的污染负荷输出系数处于较高水平，学校片区源头污染负荷高，且因其范围广、分布分散、难以收集等特点，尚未采取有效措施进行治理。

2. 其他存在问题

结合各学校现场调研，梳理存在问题，结合海绵化建设同步改造。

上海海洋大学校内部分空置地和河道两侧杂草丛生，影响校园整体环境，需进行改造。

上海海事大学局部道路路基沉降，路面破损严重；存在积水点；雨水通过管道直接排入校内水体，中心湖湖岸和涟河河岸环境较差。

上海电力大学为新建项目，可结合海绵设计同步提升。

上海电机学院校园核心区域预留用地有建设需求。同时，在水环境方面，月河内设水闸，河道流动性差，水质易腐败，雨水（尤其是初期雨水）未经处理直接排入河道，造成河道面源污染；在水生态方面，上海电机学院现状年径流总量控制率约为50%，难以满足上位规划的要求；在景观提升方面，上海电机学院绿化本地条件较好，但绿化以草地为主，景观植被风貌一般。

上海建桥学院一期于2015年底建成，建筑密度较大，现状景观打造精致，改造难度大；二期于2017年开工、2018年完工，建设学生宿舍楼、学院楼、大学生文体活动中心等。因海绵建设时间与二期建设时间重合，设计方案变更和资金配套难以协调，因而不纳入本次学校片区海绵改造方案中。

8.4.3　设计目标

临港大学城片区海绵城市建设以"净"为核心，首要目标为年径流污染控制率，同步解决积水等现状问题，结合海绵设施，提升景观效果，建设高品质海绵校园。

（1）年径流污染控制率56%；

（2）年径流总量控制率80%，对应降雨量26.87mm；

（3）排水设计和内涝防治标准：5年一遇不积水（2h降雨76mm），100年一遇不内涝（24h降雨279.1mm）。

8.4.4　设计方案

1.　设计原则

（1）生态优先，以人为本

以绿色生态为核心，营造生态系统，打造区域生态系统平衡和生物多样性。提供良好、高品质的生态景观环境。

（2）提升内涵，突出特色

保留基地内现有雕塑设施，凸显和提升校园人文内涵；使绿地具有参与性、文化性、观赏性及示范性。

（3）生态统筹

坚持生态定位，在统筹考虑发展与良好环境的基础上，增加适当功能，提升区域活动。

（4）活力宜人

创新校园景观设计方法，构建尺度亲切、开放慢行的校园环境，营造校园环境归属感。

（5）目标导向

在满足基本功能的前提下达到相关规划提出的低影响开发控制目标与指标要求，避免出现道路积涝、出水口排放不畅等功能性问题，满足水生态、水环境、水安全的相关要求。

（6）合理布局

低影响开发设施的排出口应与周边水系或城市雨水管渠系统相衔接，保证上下游排水系统的顺畅。

2.　技术路线

技术路线如图8-82所示。

3.　系统方案

结合不同学校存在问题及建设需求，已建校区以问题为导向，新建校区以目标为导向，开展海绵城市建设。学校海绵城市建设目标和系统建设方案见表8-33。

4.　目标可达性分析

根据系统方案确定的4所学校海绵化建设目标，结合上海建桥学院评估结果

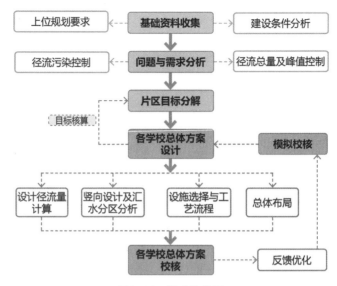

图8-82　技术路线图

学校海绵城市建设目标和系统建设方案　　　　表8-33

序号	学校名称	海绵城市建设目标		系统建设方案
		年径流总量控制率（%）	年径流污染控制率（%）	
1	上海海洋大学	79	55	对校园整体海绵达标改造、积水路面改造以及海绵示范基地建设，打造成一个具有海洋特色的海绵校园
2	上海海事大学	85	60	打造"生态韵、绿地净、花成片、树成林"的景观风貌。通过对生态自然景观与海绵城市的理念结合，展示海绵净水文化，打造生态校园环境
3	上海电力大学	85	60	新区目标导向，技术全面示范
4	上海电机学院	85	60	以水科技、水生态、水文化为出发点，创新地提出"海绵户外研习社"的概念来展示海绵景观示范点

（其年径流总量控制率为60%），核算总体设计目标。根据核算结果，片区年径流污染控制率56%、年径流总量控制率80%的目标可达，见表8-34。

学校片区海绵城市建设目标可达性分析　　　　表8-34

序号	学校	面积（hm²）	年径流总量控制率（%）	年径流污染控制率（%）
1	上海海洋大学	119	79	55
2	上海海事大学	133	85	60
3	上海电力大学	62.5	85	60

序号	学校	面积（hm²）	年径流总量控制率（%）	年径流污染控制率（%）
4	上海电机学院	60.7	85	60
5	上海建桥学院	53.3	60	42
片区海绵化建设		428.5	80.1	56.4

通过试点区水—陆—网耦合模型对片区排水和内涝标准进行核算，模拟结果表明，片区满足5年一遇不积水，100年一遇无内涝风险的目标要求。

8.4.5 典型项目

以上海电机学院海绵化改造工程为例，展示学校片区海绵化改造成果。

1. 项目基本情况

（1）场地竖向及下垫面分析

上海电机学院总体地势较为平整，整体标高在4.30～4.50m；局部绿地堆土造景，地势较高，如图8-83所示。

上海电机学院下垫面主要为建筑、绿地、道路广场和运动场，其中绿地面积占总面积的43.2%，绿化面积较大，本底条件较好，见表8-35。

下垫面情况统计表　　　表8-35

下垫面类型	数量（hm²）	比例（%）
建筑	11.09	18.9
绿地	25.38	43.2
道路广场	18.77	31.9
运动场	3.55	6.0
合计	58.80	100

（2）雨污分流及地下管网情况

学校现状排水管采用雨污分流制，管网设计合理，排水情况良好，未出现过积水现象，雨水管网采用全连通形式提高了排水安全性，如图8-84所示。

（3）水体及补水来源

上海电机学院内流经月河，且设水闸，河道流动性差；沿月河分布有5个雨水排放口，初期雨水未经处理直接排入河道；芦潮引河位于学校西侧，有2个雨

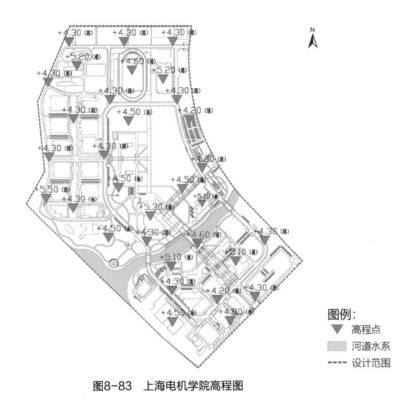

图8-83　上海电机学院高程图

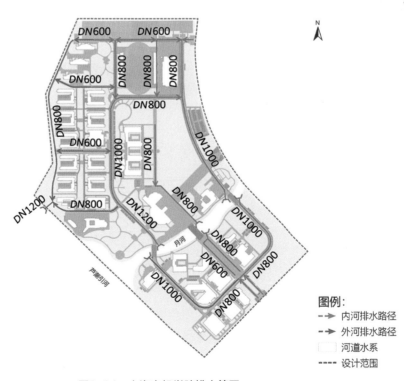

图8-84　上海电机学院排水管网

水排放口直接排入河道。

2. 设计目标

本工程海绵化改造目标为：

（1）年径流总量控制率85%，对应降雨量32.96mm；

（2）年径流污染控制率60%；

（3）结合海绵设施，提升景观效果，建设高品质海绵校园。

3. 设计方案

（1）设施选择与工艺流程

根据学校的用地规划，本次集中处理区域定为教学楼北侧和东侧绿地，将教学楼东侧和北侧绿地改造为景观水体，景观水体周边绿地进行景观提升，景观水体与月河之间通过雨水管网和一体化泵站形成校园内水体循环。设施选择与工艺流程如图8-85所示。

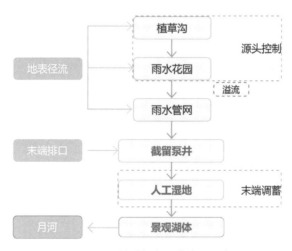

图8-85　设施选择与工艺流程示意图

（2）水循环系统

根据月河水位、雨水管网标高和景观水体水位的相对关系，充分利用现状雨水管网用于景观水体补水和排水，雨水径流方向如图8-86所示。

降雨时，教学楼北侧和东侧部分地表径流进入景观水体周边绿地，绿地内局部下凹形成雨水花园，经雨水花园处理后进入景观水体，其余径流雨水进入学校雨水管网，通过雨水管网及一体化泵站进入景观水体起端湿地溢流池，雨水经预处理后进入景观水体。

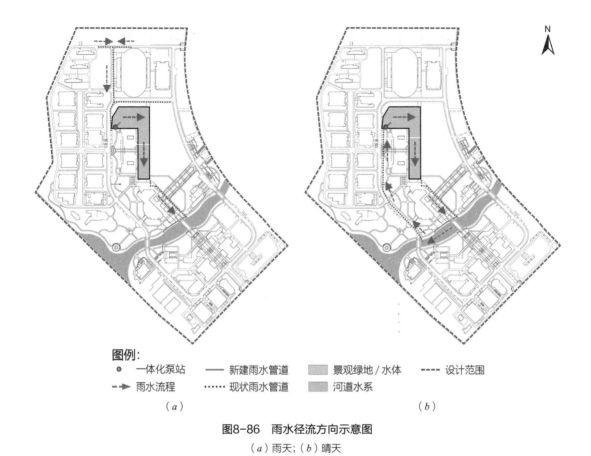

图例:
　● 一体化泵站　—— 新建雨水管道　▨ 景观绿地 / 水体　---- 设计范围
　-→ 雨水流程　…… 现状雨水管道　▨ 河道水系
　　　　（a）　　　　　　　　　　　　　　　　　　　　　（b）

图8-86　雨水径流方向示意图
（a）雨天；（b）晴天

　　晴天时，由于月河水位高于景观水体起端雨水管标高，充分利用现状管网，月河中的水可通过现状管网和景观水体起端一体化泵站进入景观水体，经处理净化后通过雨水管网排至月河，形成校园内水体循环。

　　（3）水生态系统

　　降雨不足时，为确保人工湿地的水体生态功能，需通过一体化泵站从最近的雨水管抽水补给。雨水管直排芦潮引河，所以其补给水源实质来自芦潮引河。根据水质监测结果，芦潮引河水质，基本处于Ⅳ～劣Ⅴ类（经现场采样测定，TP约0.2mg/L，总氮约2.5mg/L）。加之，管道沉积物易释放，将进一步导致补水水质下降。雨后，由于地表径流中含有大量污染物，浊度较高，人工湿地中含有较多浅水区，流动性较差，容易造成浅水区藻类大量增长的水质风险，也影响水体透明度，影响整体景观效果。

　　针对项目上述特点，采用雨后水质快速恢复的净水生态系统构建技术（详见2.14节），构建了底栖净水生态系统和水下草坪。具体方案包括：1）调整水深以保证生态系统存活并发挥净水效果，增加库容减少引水次数；2）对靠近教学楼侧的生态河道驳岸形态和水上汀步的构筑进行调整，避免出现水质死角区域；
3）引入底栖软体动物；4）科学种植功能沉水植物——多年生密刺苦草低矮种。

4. 总体布局

综上，对校园中部教学楼北侧和东侧的绿地进行海绵化改造，以景观水系为
主，辅之以人工湿地、下凹式绿地、生物滞留带等，建立校园雨水循环系统，打
造"渗、滞、蓄、净、用、排"的校园海绵体，具体布局如下：

（1）教学楼北侧区块改造成湿地和大面积景观水系，将管网水引至湿地进行
处理后排入景观水系；

（2）教学楼东侧部分进行海绵化改造，并将北侧湿地处理后的雨水作为景观
水利用；

（3）湿地及景观轴线周边绿地改造为生物滞留带。

改造整体布局和意向鸟瞰图如图8-87和图8-88所示。

5. 特色节点打造

铺装采用预制透水混凝土砖、透水混凝土等透水材料，如图8-89所示。

造型别致的亲水栈桥。曲线造型横跨湖面，钢结构具有生态性特点，微微高
出水面保证栈桥的亲水性，如图8-90所示。

湿地中廊架采用耐候钢板框架，结合石笼结构，造型为不规则形式。充分体

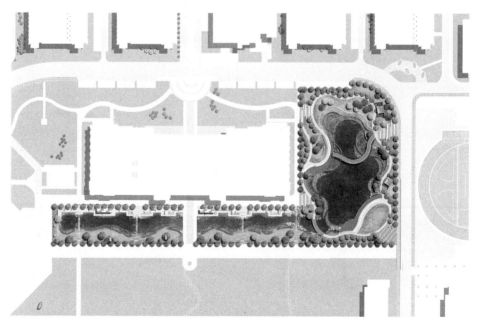

图8-87 上海电机学院海绵化改造整体布局

图8-88　上海电机学院海绵化改造意向鸟瞰图

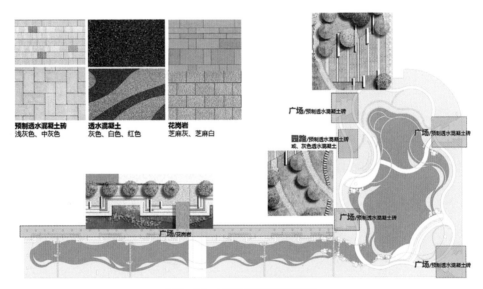

图8-89　铺装材质及颜色建议

图8-90　亲水栈桥节点效果

图8-91　廊架节点效果

图8-92　坐凳节点效果

图8-93　文化雕塑与景观节点效果图

现生态自然的特点，并且结合生物等形态的剪影，在顶面形成正负形，随着阳光的照射，可在地面上形成剪影的投影效果，如图8-91所示。

坐凳上的"发现之旅"，这是一个充斥着一系列学校故事、社会动态和个人回忆的文化长廊，如图8-92所示。

教学楼前文化雕塑与景观改造方案相结合形成文化景点，如图8-93所示。

8.4.6　建设效果

在充分掌握学校本底条件和改造需求的基础上，以水环境提升为核心，综合考虑水生态、水安全、水资源。本项目将海绵理念完全融入景观中，提升整体景观品质。海绵城市建成后效果显著，获得师生一致好评。景观湖构建底栖净水生态系统和水下草坪，打造沉水植被景观效果，旱天水体清澈见底，雨后3日浊度低于15NTU，水质达到地表水Ⅲ～Ⅳ类。

2021年7月2日，对电机学院人工湿地进水、出水水质进行人工取样检测。

从水质检测结果（表8-36）可以看出，人工湿地出水水质达到地表水Ⅲ类水质标准。

人工湿地进、出水水质检测数据   表8-36

	pH	氨氮（mg/L）	总磷（mg/L）	高锰酸盐指数（mg/L）
湿地进水	8.4	1.81	0.19	6.4
湿地出水	7.2	0.12	0.03	3.1

各学校海绵化改造实景如图8-94～图8-96所示。

（a）   （b）

图8-94　上海电机学院海绵化改造实景图

（a）整体实景图；（b）沉水植被景观效果

（来源：临港新片区管理委员会）

（a）   （b）

图8-95　上海海事大学海绵化改造实景图

（a）整体实景图；（b）人工湿地

（来源：临港新片区管理委员会）

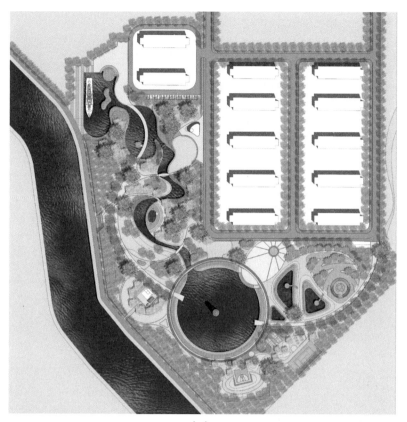

（a）

（b）

图8-96　上海海洋大学海绵化改造效果与实景图对比
（a）设计效果图；（b）建成实景图
（来源：临港新片区管理委员会）

8.5 › 临港沪城环路海绵化改造

8.5.1   建设前基本情况

1. 区域概况

沪城环路位于第6汇水分区内，改造位置在海事大学四号门与古棕路之间，全长680m，面积约为7hm²，如图8-97所示。

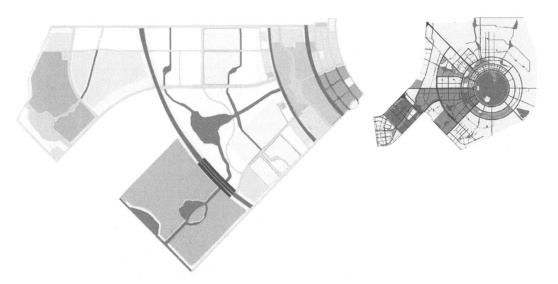

图8-97   沪城环路海绵化改造项目区位图

2. 场地基本情况

本工程南起古棕路、北至海事大学四号门，长约680m，红线宽度150m（道路红线宽度50m，道路两侧绿化带各50m）。道路横断面布置为：2.5m（人行道）+2.5m（非机动车道）+3.0m（侧分带）+13.0m（机动车道）+8.0m（中分带）+13.0m（机动车道）+3.0m（侧分带）+2.5m（非机动车道）+2.5m（人行道），如图8-98所示。

8.5.2   区域问题

区域内主要问题有：

（1）道路排水采用传统快排形式，生态功能较差；

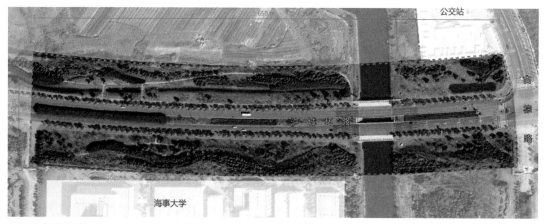

图8-98 沪城环路海绵化改造项目红线范围

（2）道路北侧水塘黑臭，水质急需改善，闭塞空间需重新处理，如图8-99所示。

根据相关项目经验，还需要关注景观效果及科普效果的提升，增加百姓的互动参与积极性，维持后期效果及降低管养成本等。

图8-99 改造前沪城环路实景图

（a）南侧人行道；（b）北侧人行道；（c）北侧水塘1；（d）北侧水塘2

8.5.3　设计目标

本工程海绵化改造目标为：

（1）年径流总量控制率80%，对应降雨量26.87mm；

（2）年径流污染控制率55%；

（3）排水设计和内涝防治标准：5年一遇不积水（2h降雨76mm），100年一遇不内涝（24h降雨279.1mm）。

8.5.4　设计方案

以问题为导向，对整个基地的汇水区水量进行计算及径流组织，根据两侧不同的基地条件选择有针对性的技术措施，来满足雨水消纳及净化的需求，将更多的雨水留存在源头。一方面削减径流总量和径流污染，另一方面对北侧水塘进行生态补水，从而改善水质，提升道路整体的生态性。构建以自然力驱动的景观化海绵水系统，打造可观赏、可游憩、可体验的海绵城市改造示范段，可供主城区其他类似道路参考（图8-100）。

1. 总体方案

项目主要构建了6套系统，分别是：1）主要满足海绵城市指标要求的北侧及南侧道路雨水径流消纳净化系统；2）保证长期水质效果、降低后期管养成本的水体净化保质系统（包括水下草坪及底栖生物复合生态系统构建）；3）太阳能

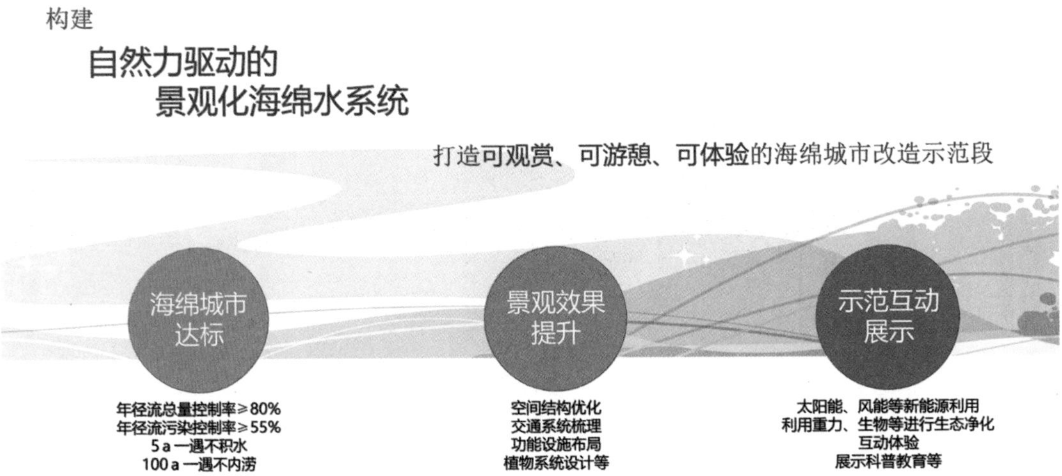

构建
自然力驱动的
　　景观化海绵水系统

打造可观赏、可游憩、可体验的海绵城市改造示范段

海绵城市
达标

年径流总量控制率≥80%
年径流污染控制率≥55%
5a一遇不积水
100a一遇不内涝

景观效果
提升

空间结构优化
交通系统梳理
功能设施布局
植物系统设计等

示范互动
展示

太阳能、风能等新能源利用
利用重力、生物等进行生态净化
互动体验
展示科普教育等

图8-100　设计方案导图

水循环系统；4）风能富氧系统；5）提升科普效果和互动体验的提水净化互动展示系统；6）六角亭雨水收集回用系统。改造总体布局如图8-101所示。

2. 系统设计

（1）雨水径流消纳净化系统

沪城环路是南北双侧排水，海绵化改造依据原本的汇水方向开展，总体雨水径流组织如图8-102所示。

北侧采用平原河网地区开放空间滞蓄行泄技术（详见2.12.2节），道路雨水首先经过环保雨水口进行初雨处理，然后经由管道排至河道边的雨水滞留池进行第二级的消纳净化处理，最终下渗溢流进入河道，如图8-103所示。

南侧机动车道与透水人行道的雨水径流通过人行道盖板沟汇入雨水花园中进行滞留过滤后排至雨水管网，如图8-104所示。

（2）水体净化保质系统

采用雨后水质快速恢复的净水生态系统构建技术（详见2.14节），构建了底栖净水生态系统和水下草坪。

（3）太阳能水循环系统

太阳能水循环系统位于六角亭休闲广场，为整个水循环系统提供能源保障。六角亭上铺设了18块异形组件太阳能板蓄电，使用156mm×156mm单晶电池片为河道里的循环泵提供能量。河道西高东低，水位高差达0.55m，将河道水通过循环泵抽入高处的出水口形成活水，再通过石笼种植池、跌水汀步和绿岛等设施对水体进行层层过滤与净化，以长期保证水体水质效果。分析图如图8-105所示。

（4）风能富氧系统

采用长寿命低维护水体高效风能供氧技术。主入口广场通过小风车风力发电为景观水系曝气提供能源，15个小风车每个发电100W，串联连接，曝气口风机功率0.55kW。曝气设施能增加水中溶解氧，通过增加水中含氧量，防止水质腐臭，同时也丰富场地的感官体验。分析图如图8-106所示。

（5）提水净化互动展示系统

提水净化互动展示系统位于阿基米德休闲广场。为参观者提供一个互动体验的活动区，让人直接参与感受湿地过滤净化的过程。

通过人力手动将河道的水提到人工湿地，人工湿地内构建高密度的沉水植物，并辅以少量水生植物和软体动物，保障该区域水体透明度和景观效果，最后过滤完的水再返回河道，形成一个模拟净化的循环系统。分析图如图8-107所示。

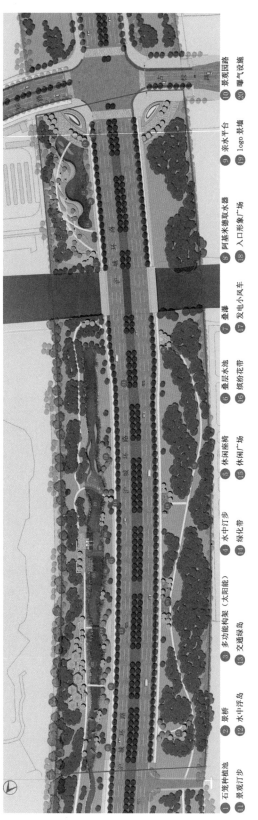

图8-101　沪城环路海绵化改造总体布局图

① 石笼种植池　② 景桥　③ 多功能构架（太阳能）　④ 水中汀步　⑤ 休闲座椅　⑥ 叠层水池　⑦ 叠瀑　⑧ 阿基米德取水器　⑨ 亲水平台　⑩ 景观园路

⑪ 景观汀步　⑫ 水中浮岛　⑬ 交通绿岛　⑭ 绿化带　⑮ 休闲广场　⑯ 缤纷花带　⑰ 发电小风车　⑱ 入口形象广场　⑲ logo 景墙　⑳ 曝气设施

图8-102　总体雨水径流组织图

图例

循环泵

径流雨水

LID 设施

水面

曝气装置

溢流装置

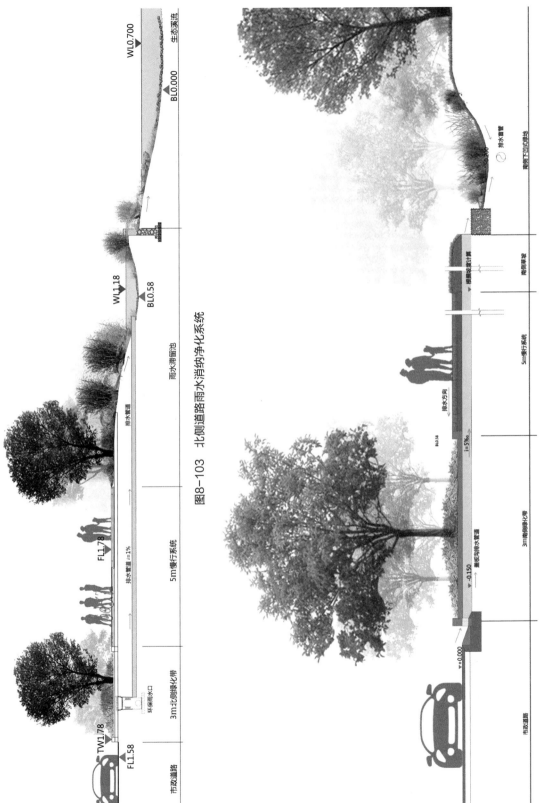

图8-103　北侧道路雨水消纳净化系统

图8-104　南侧道路雨水消纳净化系统

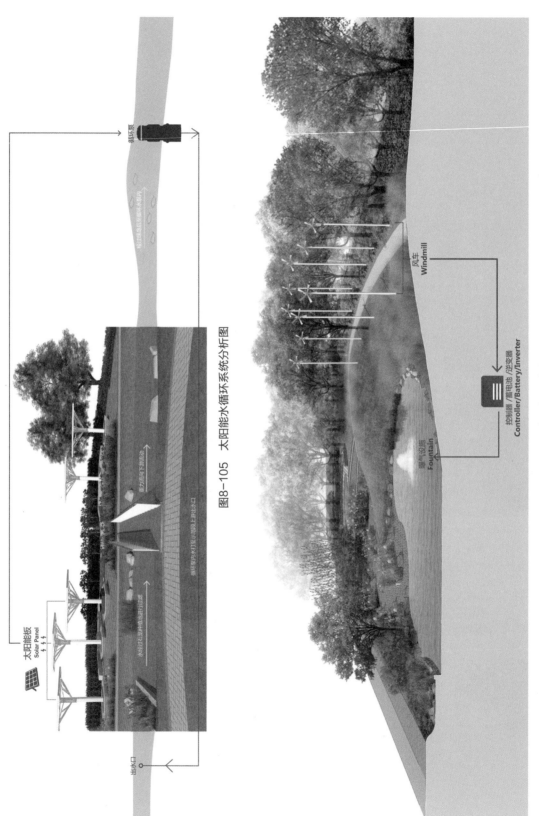

图8-105　太阳能水循环系统分析图

图8-106　风车曝气系统分析图

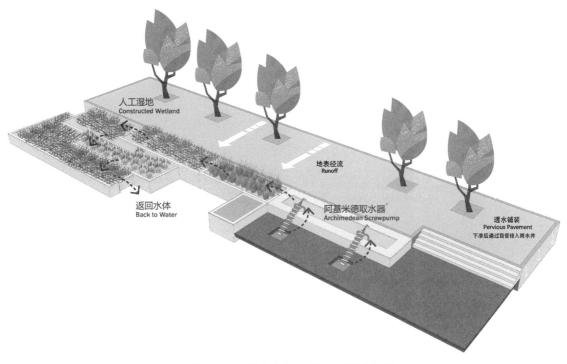

图8-107　提水净化互动展示系统分析图

（6）六角亭雨水收集回用系统

六角亭雨水收集回用系统，主要由六角亭、新型浅层调蓄设施、生物滞留带组成。

六角亭自身有雨水收集的作用，顶面的雨水通过雨落管进入到种植坛内，种植坛内放有新型浅层调蓄设施，能在下雨时像海绵一样大量吸水，平时再慢慢释放其中的雨水确保植物的生长。溢流的雨水会通过集水沟排入就近的生物滞留带内。分析图如图8-108所示。

3. 设计校核

根据南侧下垫面解析情况，人行道总面积4156m²、侧分带绿化总面积1481m²、机动车道总面积10423m²、中央绿化带面积2844m²。按照容积法计算地块26.87mm降雨下（对应年径流总量控制率80%）的产流量，即海绵设施目标调蓄总量为304.77m³，见表8-37。

根据北侧下垫面解析情况，人行道总面积3770m²、侧分带绿化总面积1882m²、机动车道总面积11643m²、中央绿化带面积2844m²。按照容积法计算地块26.87mm降雨下（对应年径流总量控制率80%）的产流量，即海绵设施目标调蓄总量为330.09m³，见表8-38。

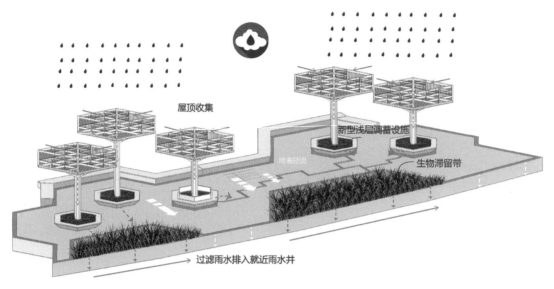

图8-108　六角亭雨水收集回用系统分析图

下垫面统计及调蓄容积设计计算表　　　　表8-37

项目	人行道	侧分带绿化	机动车道	中央绿化带
面积（m²）	4156	1481	10423	2844
径流系数	0.3	0.15	0.9	0.15
年径流总量控制率（%）	80			
设计降雨量（mm）	26.87			
设计调蓄容积（m³）	304.77			

下垫面统计及调蓄容积设计计算表　　　　表8-38

项目	人行道	侧分带绿化	机动车道	中央绿化带
面积（m²）	3770	1882	11643	2844
径流系数	0.2	0.15	0.9	0.15
年径流总量控制率（%）	80			
设计降雨量（mm）	26.87			
设计调蓄容积（m³）	330.09			

通过对海绵设计方案的总调蓄量进行计算，海绵设施总调蓄量为872.4m³，满足目标调蓄量634.86m³的要求，见表8-39。

根据计算分析，年径流污染控制率为56%，满足年径流污染控制率目标值55%，见表8-40。

通过试点区水—陆—网耦合模型对片区排水和内涝标准进行核算，模拟结果表明，片区满足5年一遇不积水，100年一遇无内涝风险的目标要求。

海绵设施调蓄容积设计计算表   表8-39

序号	设施名称	设施规模（m²）	调蓄深度（m）	调蓄水量（m³）
1	湿地	3286	0.2	657.2
2	生物滞留带	538	0.4	215.2
合计				872.4

海绵设施年径流污染控制率计算表   表8-40

序号	LID设施名称	设施控制量（m³）	污染物去除率（%）
1	湿地	985.8	70
2	生物滞留带	53.8	70
年径流污染控制率			56

8.5.5 建设效果

1. 建设成效

本项目通过海绵化改造，一方面提升了所属片区排水防涝能力；另一方面减少了污染物进入河道水系，构建了水生态系统，保障了河道及滴水湖水质。作为可复制可推广的海绵化改造案例，可以在整条沪城环路及其他类似项目中进行推广本案例，将系统化的建设思路很好地融入海绵城市建设实践中。本项目统筹考虑了海绵功能、景观需求、示范功能及互动体验等内容，进行系统化统筹设计。在满足海绵城市建设指标的同时，实现了多项综合性效益的提升。并为建设效果的长期保持提供了系统化的保障。

（1）整体效果

项目整体鸟瞰实景效果如图8-109所示。

（2）各节点建成效果

各节点建成实景效果如图8-110所示。

2. 水质净化效果

本项目于2019年10月施工完成，河道30d内水质清澈见底，45d水质达标，60d水生态效果有良好体现，河道水质提升显著（图8-111）。根据项目建设前（2019年8月12日）和项目建成后（2019年11月21日）两次现场水质采样分析结果，浊度从原来的37.3NTU降低至1.9NTU，COD浓度从22.57mg/L降至8.58mg/L，污染削减效果较为显著。

图8-109　护城环路鸟瞰实景效果

（来源：临港新片区管理委员会）

（a）　　　　　　　　　　　（b）

（c）　　　　　　　　　　　（d）

图8-110　节点建成实景

（a）六角亭；（b）提水净化展示平台；（c）北入口风能曝气；（d）河道汀步

（来源：临港新片区管理委员会）

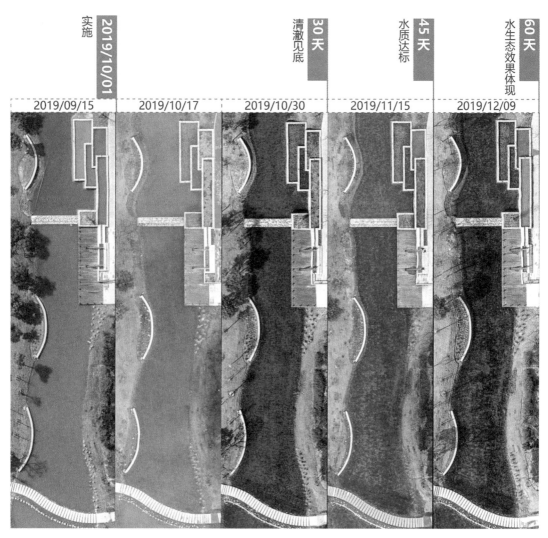

图8-111 河道水质净化效果图

第9章

▶ 试点建设成效和经验启示

9.1 › 建设成效

临港试点区在试点期内计划安排233个项目（含建设工程197个，研究类项目36个），总投资约76.47亿元。试点区所有项目均已完成，所有汇水分区均达到海绵城市建设要求，顺利通过三部委验收。

9.1.1　经济效益

海绵城市建设的经济效益主要体现在以下四个方面：

（1）拉动投资。试点期间通过海绵城市试点建设，临港试点区已累计完成投资约76.47亿元，对新片区固定资产投资具有明显的拉动作用。

（2）减少工程投资。海绵城市建设低影响理念的贯彻，采用生态建设方式代替传统工程建设，可有效减少工程投资。经测算，雨水管渠的排水能力从1年一遇提高到5年一遇的单位投资，传统工程建设约1.0亿～1.3亿元/km²，而海绵城市建设仅约0.8亿元/km²，单位投资降低20%左右。

（3）减少浇灌用水。通过雨水径流量的管控，加强雨水的入渗、滞留，增加土壤的蓄水量，减少浇灌用水的使用量。据估算，试点区海绵项目完工后，每年可以节约浇灌用水约8.4万m³。

（4）其他间接经济效益。海绵城市建设可构建良好片区生态环境，增加区域的吸引力，带动周边地块出让、商业开发，带来片区及周边土地的升值。绿地东岸涟城海绵化改造于2018年11月7日竣工，同步解决了小区积水问题，绿化景观得到提升。经海绵化改造后，该小区二手房价格提升。

9.1.2　社会效益

1. 提升老百姓的获得感和幸福感

海绵城市建设过程中，临港地区集中对22个小区进行改造，小区环境得到了综合提升，彻底解决了小区内道路积水、雨污混接等问题，居民直接受益。改造过程中综合考虑了周边居民活动需求，结合小区改造提升健身区域环境，结合芦茂路海绵化改造同步建设了凉亭、景观桥和观水平台，结合绿化休闲广场建设了透水环形跑道等设施，大幅增加了居民休闲游憩空间。结合景观打造，使城市变得更加宜居。

2. 提升公众生态环境保护意识

海绵展示中心2019年接待参观客流超过3万人。其中：团队229个（外事接待8个、政府接待129个、科研院校46个、社会团体54个），周末课堂46场（403组）。成功申报"2019年浦东新区公民素质科普教育基地""浦东新区科普教育基地"和"上海市科普基地"。开展科普进社区活动，对接临港各所高校、社区，累计组织策划开展6场海绵主题巡展讲座。受疫情影响，自2020年4月初开馆以来，已接待参观人数合计将近2万人，其中团队105个。2020年进社区1次、科普进校园1次、开设周末小课堂32次；举办5次大型主题活动，并参与录制了上海教育电视台《小研究员讲科普》、FM106.5电台的《智慧立方体》"我爱科学"节目。通过展示中心的科普、教育宣传等，提升了公众对海绵城市的认知，加强了公众对生态环境保护的意识。

3. 促进高校"产、学、研"发展

结合校园文化形成高品质海绵城市建设示范，如上海海洋大学整体水系生态修复和海绵城市集中展示园建设、上海电机学院"户外研习社"主题海绵城市建设。

9.1.3　生态效益

1. 改善生态环境

试点区在海绵城市试点建设过程中，打造了滴水湖环湖80米景观带工程、芦潮港公园、二环带公园等一批高品质城市公园，对其中的芦潮港公园等进行了全面整治。通过新开河、湖工程增加试点区内的水面率，并且结合海绵城市建设进行河道疏浚、水环境治理及生态护岸建设，进一步改善试点区水域环境，形成了蓝绿交织的雨洪蓄滞体系。通过公园、湿地、城市绿道等大海绵系统的建设，缓解了临港地区的热岛效应。同时有效改善了城区空气质量，本地栖息生物种类增多，城市人居环境得到显著提升。

结合海绵城市建设，临港滴水湖片区在近几年大规模开发建设过程中，滴水湖水质保持在Ⅲ~Ⅳ类，营养状态指数（图9-1）保持在轻度富营养附近波动，未出现水质恶化现象。

获取6.2.3节中16个河湖水质监测站的2018年9月至2019年8月水质监测数据进行分析。结果显示，16个监测站点中，达标点数15个，未达标点数1个，地表水质达标率为15/16=93%，满足考核要求，见表9-1。

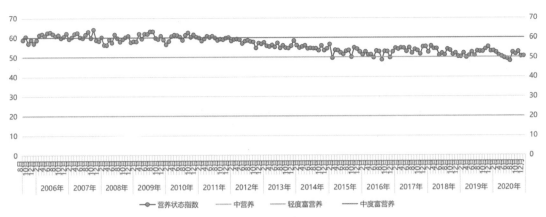

图9-1 滴水湖营养状态指数

（来源：临港新片区管理委员会）

2018年9月至2019年8月水质综合评价表   表9-1

月份 站点	2018年9月	2018年10月	2018年11月	2018年12月	2019年1月	2019年2月	2019年3月	2019年4月	2019年5月	2019年6月	2019年7月	2019年8月	监测点位达标情况
滴水湖北侧	Ⅳ类	Ⅲ类	Ⅲ类	Ⅲ类	Ⅳ类	Ⅲ类	Ⅲ类	Ⅲ类	Ⅳ类	Ⅲ类	Ⅲ类	Ⅲ类	未达Ⅲ类标准
滴水湖南侧	Ⅲ类	Ⅲ类	Ⅲ类	Ⅲ类	Ⅲ类	Ⅳ类	Ⅲ类	Ⅲ类	Ⅳ类	Ⅲ类	Ⅲ类	Ⅲ类	达标
绿丽港	Ⅴ类	Ⅳ类	Ⅳ类	Ⅴ类	Ⅳ类	Ⅳ类	Ⅳ类	Ⅳ类	Ⅳ类	Ⅳ类	Ⅳ类	Ⅳ类	达标
黄日港	Ⅳ类	Ⅳ类	Ⅳ类	Ⅳ类	Ⅳ类	Ⅳ类	Ⅳ类	Ⅳ类	Ⅳ类	Ⅳ类	Ⅳ类	Ⅳ类	达标
橙和港	Ⅳ类	Ⅳ类	Ⅳ类	Ⅳ类	Ⅳ类	Ⅳ类	Ⅳ类	Ⅳ类	Ⅳ类	Ⅳ类	Ⅳ类	Ⅳ类	达标
赤风港	Ⅳ类	Ⅳ类	Ⅳ类	Ⅳ类	Ⅳ类	Ⅳ类	Ⅳ类	Ⅳ类	Ⅳ类	Ⅳ类	Ⅳ类	Ⅳ类	达标
紫飞港	Ⅳ类	Ⅳ类	Ⅳ类	Ⅳ类	Ⅳ类	Ⅳ类	Ⅳ类	Ⅳ类	Ⅳ类	Ⅳ类	Ⅳ类	Ⅳ类	达标
蓝云港	Ⅴ类	Ⅳ类	Ⅴ类	Ⅳ类	Ⅳ类	Ⅳ类	Ⅳ类	Ⅳ类	Ⅳ类	Ⅳ类	Ⅳ类	Ⅳ类	达标
青祥港	Ⅳ类	Ⅳ类	Ⅳ类	Ⅳ类	Ⅳ类	Ⅳ类	Ⅳ类	Ⅳ类	Ⅳ类	Ⅳ类	Ⅳ类	Ⅳ类	达标
大芦东路日新河	Ⅴ类	Ⅲ类	Ⅳ类	Ⅳ类	Ⅴ类	Ⅳ类	Ⅳ类	Ⅳ类	Ⅴ类	Ⅳ类	Ⅳ类	Ⅳ类	达标
海港大道春涟河	Ⅳ类	Ⅳ类	Ⅳ类	Ⅳ类	Ⅳ类	Ⅳ类	Ⅳ类	Ⅳ类	Ⅳ类	Ⅳ类	Ⅳ类	Ⅳ类	达标
杞青路夏涟河	Ⅳ类	Ⅳ类	Ⅳ类	Ⅳ类	Ⅳ类	Ⅳ类	Ⅳ类	Ⅳ类	Ⅳ类	Ⅲ类	Ⅳ类	Ⅳ类	达标
橄榄路夏涟河	Ⅳ类	Ⅳ类	Ⅳ类	Ⅳ类	Ⅳ类	Ⅳ类	Ⅳ类	Ⅳ类	Ⅳ类	Ⅳ类	Ⅳ类	Ⅳ类	达标

续表

月份 站点	2018年9月	2018年10月	2018年11月	2018年12月	2019年1月	2019年2月	2019年3月	2019年4月	2019年5月	2019年6月	2019年7月	2019年8月	监测点位达标情况
塘下公路塘北桥	Ⅳ类	Ⅳ类	Ⅳ类	Ⅳ类	Ⅳ类	Ⅳ类	Ⅳ类	Ⅳ类	Ⅳ类	Ⅳ类	Ⅳ类	Ⅳ类	达标
塘下公路汇闸河	Ⅳ类	Ⅳ类	Ⅳ类	Ⅳ类	Ⅳ类	Ⅳ类	Ⅳ类	Ⅳ类	Ⅳ类	Ⅳ类	Ⅳ类	Ⅳ类	达标
城市公园	Ⅳ类	Ⅳ类	Ⅳ类	Ⅳ类	Ⅳ类	Ⅳ类	Ⅲ类	Ⅳ类	Ⅳ类	Ⅳ类	Ⅳ类	Ⅳ类	达标

注：以各水质监测站的各监测指标月度平均值进行评价，评价方法参考现行国家标准《地表水环境质量评价标准》与《地表水环境质量标准》。滴水湖水体功能区按照Ⅲ类要求，主城区河网水体功能区按照Ⅳ类要求评价，主城区外河道水质不劣于试点前。

2. 提升防灾减灾能力

针对试点区易涝点及整体防灾减灾能力提升，试点区海绵城市建设过程中按照"源头减排—过程控制—系统治理"的总体思路，从全流域尺度构建了"上截—中蓄—下排"大排水系统，从根本上解决了临港地区的城市内涝问题，消除了历史积水点，临港主城区总体排涝能力从20年一遇不到提高至30年一遇，试点区整体满足5年一遇不积水（图9-2）。利用试点区整合模型（试点期结

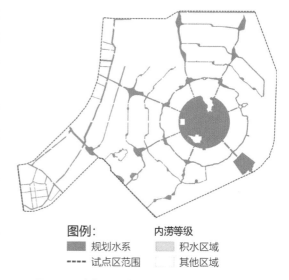

图例：　　　　　　内涝等级
▇ 规划水系　　　▨ 积水区域
---- 试点区范围　　▨ 其他区域

图9-2　试点期结束模拟评估5年一遇积水情况

束）模拟内涝情况，模拟结果显示试点区域均为低风险区，内涝防治标准达到了100年一遇建设要求，结果如图9-3和图9-4所示。2018年9月17日，临港地区出现超过100年一遇短时强降雨，致使主城区部分区域积水严重，新芦苑A区和F区、宜浩佳园等其他近20个海绵改造的住宅小区，未出现长时间大面积积水，且随着降雨的减弱积水很快退去。结合道路海绵改造，将机动车道雨水引入道路红线外的景观旱溪，构建了开放空间滞蓄行泄通道，在"9·17"强降雨中，经过海绵化改造的芦茂路东段，积水情况明显轻于未改造的芦茂路西段。此外，临港试点区成功经受住了2019年8月"利奇马"台风的考验，进一步验证了试点区海绵城市建设在内涝防治方面的成效。

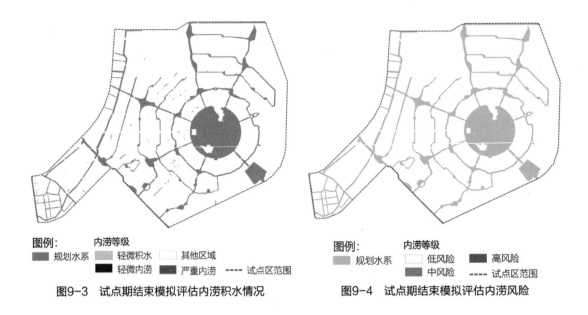

图例：   内涝等级
■ 规划水系   ■ 轻微积水   □ 其他区域
　　　　　■ 轻微内涝   ■ 严重内涝   ---- 试点区范围

图9-3　试点期结束模拟评估内涝积水情况

图例：   内涝等级
■ 规划水系   □ 低风险   ■ 高风险
　　　　　■ 中风险   ---- 试点区范围

图9-4　试点期结束模拟评估内涝风险

3. 增加优质生态产品供给

结合滴水湖水生态构建工程，利用滤食性鱼类控藻原理，在滴水湖水系实行"抓大放小、轮捕轮放"的工作机制，每年投放小鱼苗、河蚬、螺蛳等，并组织人员进行适当捕捞和销售，增加了优质生态产品供给。

整体而言，通过海绵城市建设，临港试点区可以实现水环境污染负荷削减、温室气体的减排、空气质量的改善、热岛效应的缓解等生态环境效益。相较于建设大型调蓄池等传统工程措施而实现上述同等的污染削减等生态环境效益，试点区海绵城市建设可节约工程投资，生态效益明显。经过海绵城市建设，临港试点区生态品质显著提升。

9.2 > 经验启示

9.2.1　以水定城，尊重城市发展规律

海绵城市以"坚持人与自然和谐共生"的习近平生态文明思想核心理念为指引，在城市发展中，坚持以人为本、尊重自然、顺应自然、保护自然，围绕城市水环境保护、水生态治理、水安全保障与水资源节约利用等水生态文明建设，探索城市发展方式变革、治理体系创新与治理能力提升，构建人水和谐可

持续发展的新格局。因此，海绵城市建设必须认识、尊重、顺应城市发展规律，将环境容量和环境承载能力作为确定海绵城市建设定位和目标的基本依据，打造符合区域特色的海绵城市理念，对外树立形象，对内凝聚人心。

一是系统分析城市涉水问题，科学制定规划建设方案。以试点区为例，寻根把脉，抓住临港地区自然本底、用地情况、建设情况、水文水系情况、水务系统情况等特点，以滴水湖水质提升和区域内涝防治为核心，坚持建成区问题导向、新建区目标导向、未利用区涵养保护为导向，进行系统性的顶层设计；二是科学模拟划定汇水分区，因地制宜选择建设路径。试点区遵循平原河网地区水系统水动力学特征，结合自然地形、河流水系、雨水管网、排水模式等因素，开展汇水分区，探索"一区一策"的建设路径，统筹考虑"源头减排、过程控制、系统治理"，制定具有适应性和针对性的建设方案；三是分类施策，合理采用"渗、滞、蓄、净、用、排"等工程措施。综合考虑各类环境基础设施海绵化改造对雨水吸纳、蓄渗、缓释作用的过程条件、实施效果与运维成本，推荐适合的低影响开发技术措施。

9.2.2　四水共治，统筹协调人水和谐关系

传统的城市涉水问题整治措施往往"头痛医头、脚痛医脚"，加之不同主管部门分属不同管理条线，黑臭水体治理和内涝防治往往存在矛盾。海绵城市建设是将"治黑"和"除涝"同步考虑，依托海绵基础设施建设改造，保护和修复水生态、促进雨水资源开发利用，既是系统解决城市涉水问题的灵丹妙药，也是人与自然和谐共生的有效途径。城市涉水问题以水为媒，存在于同一个"社会—经济—自然"复合生态系统当中。因此，要将水环境保护、水生态修复、水安全保障与水资源利用问题放在流域、区域乃至全球变化系统中去考虑，从自然、社会、经济等多方面相互联系和系统综合的角度去探索建设路径。

试点区在实施"四水共治"的过程中，结合问题成因，已建区内制定各分区"源头减排—过程控制—系统治理"综合工程体系，从控源截污、内源治理、生态修复、活水保质等方面制定水环境改善方案，从源头减排、排水管渠、排涝除险等方面制定水安全提升方案；新建区内，强化规划管控，严格保护水系、绿地等大海绵体，打通行泄通道，留足调蓄空间，控制水文竖向，全方位保障城市排水安全，精细管控地块、道路等小海绵体，杜绝点源污染，减少面源污染，全流程保护城市水体环境；水生态保护和修复方面，试点区从源头径流控制、生态岸线恢复、水面率保障、盐碱地改良等方面制定方案，改善水生态系统健康状况；水资源循环利用方面，因地制宜，鼓励雨水等非常规水资源开发利用，缓解水质

型缺水与河湖生态环境补水不足的问题，促进水资源循环利用。可以为其他平原河网地区系统开展城市涉水问题治理，提供全面解决方案。

9.2.3　五个统筹，明确海绵城市建设方向

临港试点区在海绵城市建设过程中响应中央城镇化工作会议上多次强调的"一个尊重，五个统筹"的城市发展要求，通过体制机制创新，将其灵活运用到海绵城市建设当中，总结形成海绵城市建设的"五个统筹"，为全国其他地区海绵城市建设提供方向导引。

一是在源头科学编制海绵城市建设规划的基础上，以地块年径流总量控制、竖向管控为抓手，实现城市空间、规模、产业三大结构的统筹，提高海绵城市建设工作的全局性；二是通过海绵基础设施建设与改造、湿地等自然海绵体保护，锚固城市生态基底，进一步促进生产、生活、生态空间的统筹布局，提高城市发展的宜居性；三是从部门化、条块化的建设方式转向多部门全过程联动的方式，统筹海绵城市规划、建设、管理三大环节，提高海绵城市建设工作的系统性；四是加强建设模式创新，尽最大可能推动政府、社会、市民在海绵城市建设方面的同心同向行动，统筹政府、社会、市民三大主体，提高各方推动海绵城市建设的积极性；五是以智慧平台建设为依托，促进城市管理方式数字化变革、管理科技创新、海绵城市建设文化传播的有机结合，为海绵城市高效持续推进提供驱动，增强海绵城市持续发展能力。

临港试点区海绵城市建设的成功经验，已经被写入联合国南南合作办公室即将发布的可持续城市发展专题报告中，为全球城市发展提供借鉴。临港试点区"以水定城、四水共治、五个统筹"的海绵城市建设模式，是在城市发展过程中践行生态文明思想的有益成果，为新近批准设立的中国自由贸易试验区临港新片区、上海市以及全国其他城市有序推进海绵城市建设提供了方向引领，为系统治理涉水"城市病"开出了"药方"，是未来海绵城市发展的重要样板。未来上海将着力建设生态绿色临港新片区，持续高质量推进海绵城市建设，努力在共建共享中，不断提升人民群众的幸福感和获得感。

第**10**章

▶ 临港新片区系统化全域
推进展望

10.1 › 上海市海绵城市建设"十四五"规划

2013年，习近平总书记在中央城镇化工作会议上首次指出："在提升城市排水系统时要优先考虑把有限的雨水留下来，优先考虑更多利用自然力量排水，建设自然积存、自然渗透、自然净化的海绵城市。"2016年，上海市入选了第二批全国海绵城市建设试点城市，试点区域为浦东临港地区，面积约79km²。上海市高度重视海绵城市建设，按照国家和市政府工作部署，上海注重顶层设计，从体制、机制、政策、标准等各方面系统推进全市海绵城市建设，取得积极成效。

"十四五"时期是上海在新的起点全面深化"五个中心"建设、加快建设具有世界影响力的社会主义现代化国际大都市的关键五年。围绕上海市"十四五"总体发展要求，在总结近五年全市海绵城市建设实施成就的基础上，研判当前发展趋势和问题，明确"十四五"期间上海市海绵城市建设工作的总体目标、主要任务和重点工程，为今后五年全市海绵城市建设工作提供指引。

10.1.1 指导思想

以习近平生态文明思想为指导，深入贯彻落实习近平总书记在2019年11月2日考察上海杨浦滨江时的重要讲话精神，高标准高质量建设"自然积存、自然渗透、自然净化"的海绵城市。海绵城市建设以提升城市基础设施建设的整体性和系统性为核心，把"人民城市人民建，人民城市为人民"重要理念落实到海绵城市建设发展全过程。

10.1.2 基本原则

安全为重。根据不同地区特点开展海绵城市建设，构建蓝、绿、灰相结合的水安全系统，确保城市排水防涝安全；保护和利用城市原有生态系统，保护湿地、绿地、防护林、水体、农田系统，逐步恢复和修复已经受到破坏的水体和其他自然环境，强化雨水径流污染的控制及水体自净能力的提升。

生态优先。最大限度地减少城市开发建设对生态环境的影响，合理控制城市下垫面上的雨水径流，通过海绵基础设施建设与改造、河湖水面绿林湿地等天然海绵体保护与修复，锚固城市生态基底，进一步促进生产、生活、生态空间的统筹布局。

统筹规划。充分发挥规划引领作用，因地制宜确定海绵城市建设目标和具体指标，科学编制和严格实施相关规划，完善技术标准，实施源头减排、过程控制、系统治理，提高城市排水、防涝、防洪和防灾减灾能力。从部门化、条块化的建设方式转向多部门全过程联合互动的方式，完善五大体系建设，统筹海绵城市规划、建设、管理三大环节。

因地制宜。要结合不同自然条件、现状建设条件和经济社会发展状况，因地制宜推进海绵城市建设。针对新城区和老城区等不同地区，坚持问题导向、目标导向、结果导向，分类对待，制定海绵城市建设方案和措施。

建管并重。海绵城市建设是一项综合性系统工程，要做到"规划一张图、建设一盘棋、管理一张网"。统筹协调水务、园林绿地、道路、建筑与小区等建设，在城市规划建设管理各个环节落实海绵城市建设理念。

共建共享。充分发挥财政资金作用，撬动社会资本投入，推动形成"政府引导、企业运作、全社会共建共享"的海绵城市建设新模式，激发海绵城市建设全链条参与方的积极性与创造力。加强建设模式创新，尽最大可能推动政府、社会、市民在海绵城市建设方面的同心同向行动，统筹政府、社会、市民三大主体，提高各方推动海绵城市建设的积极性。

10.1.3 主要目标

1. 总目标

"十四五"上海海绵城市建设应立足超大城市特点和规律，围绕生态文明建设发展理念，补城市建设短板，加强防灾减灾，改善城市环境质量，全域推进海绵城市建设。着力打造农田水利、江河湖泊、生态湿地等"城市生态圈"，统筹产业、环境、水源、水厂等"城市生产圈"，兼顾城市水务、都市产业、市政道路、景观园林等"城市生活圈"。综合采取渗、滞、蓄、净、用、排等措施，实现修复城市水生态、改善城市水环境、涵养城市水资源、保障城市水安全、畅通城市水循环，实现人水和谐可持续发展。

2. 分目标

（1）水安全目标

构建集源头减量、过程调蓄、末端蓄排为一体的降雨径流控制与管理体系。削减降雨径流总量、削减短历时强降雨的峰值流量，减轻城市排水压力，缓解和治理城市内涝问题，提高城市水安全保障水平。

（2）水环境目标

通过各类净化、下渗类海绵城市设施的建设，降低雨水入河量以及初期雨水冲刷所产生的污染负荷量。通过对传统市政管网的改造，降低雨污混接率、提高合流制系统截流能力，实现对由市政管网排入城市水体的负荷减排。通过河道生态建设、人工湿地建设提高水体自净能力与环境容量，实现对污染负荷的生态处理与消纳。

（3）水生态目标

通过水体水质还清、水生动植物培育、富营养化治理、底泥与护岸生态建设，重建、修复或优化全市河湖水生态系统，提高系统韧性。保护城市中的天然海绵体，尽可能恢复自然生态本底。

（4）水资源目标

将供水管网改造、降低漏损率等作为建设目标，提高水资源利用效率。鼓励通过建设蓄水、净化类海绵城市设施，促进雨水调蓄与回用，主要用于市政道路冲洗和绿地浇洒用水，有效提升非常规水资源开发利用效率。

（5）水科技目标

以新一代信息技术为支撑，以更加精细、动态、灵活、高效的方式提升规划、设计和管理水平及涉水企业生产、经营、服务和管理能力。推进海绵产业化发展，开展海绵绿色行动计划，促进海绵企业绿色转型发展。

（6）水文化目标

继承和发扬江南水乡文化，大力开展水文化知识的普及和教育。以水文化为主线，加强教育和宣传，形成人与水、人与自然的和谐。

10.1.4　规划指标

规划明确了至2025年，上海市海绵城市建设主要指标，见表10-1。

上海海绵城市建设"十四五"主要指标　　　　表10-1

序号	指标名称	单位	属性	2025年	备注
1	城市建成区海绵城市建设达标面积占比	%	约束性	40	—
2	年径流总量控制率	%	预期性	不低于70	指40%的建成区
3	年径流污染控制率	%	预期性	不低于50	指40%的建成区
4	雨水资源利用率	%	预期性	2	—
5	排水系统标准		约束性	3～5年一遇	中心城区35%的区域

续表

序号	指标名称	单位	属性	2025年	备注
6	内涝积水点消除比例	%	约束性	100	—
7	河道水系生态防护比例	%	约束性	70	—
8	雨污混接改造率	%	约束性	100	

10.1.5　主要任务

1. 加强体系支撑，完善五大体系

（1）完善管理体系

进一步完善市、区（管委会）两级海绵城市建设管理体制。在市级层面，市住房和城乡建设管理委员会牵头推进全市海绵城市建设工作，负责统筹协调，监督考核，宣传培训等；市发展和改革委员会、财政、规划和国土资源、水务、交通、生态环境、绿化市容、房管、城管等部门、单位应按照职责分工，推进本市海绵城市建设相关工作。在区级层面，各区政府、相关管委会是本辖区海绵城市建设的责任主体，应明确海绵城市建设主管部门，完善工作机制，统筹规划建设。

（2）健全海绵城市规划体系

建立宏观（全市层面）、中观（区、管委会）、微观（区块）三级海绵城市规划体系，将年径流总量控制率、调蓄空间控制等海绵城市建设控制指标及雨水排水规划指标通过不同层级规划逐级落实。在生态空间、水务、道路等专项规划中，应衔接落实海绵城市相关建设要求。在编制国土空间总体规划、国土空间详细规划、城镇雨水排水和防洪除涝专项规划、城市绿地系统专项规划、市道路交通系统专项规划中应衔接落实海绵城市建设有关要求。

（3）完善海绵城市建设标准体系

制定《海绵城市建设工程预算定额》《海绵城市设施运行维护定额》等，依托上海市海绵城市建设专家委员会，为全市海绵城市建设提供技术支撑。编制和修订道路交通、绿化、水务、建筑与小区等各行业建设管理标准应落实海绵城市建设有关要求，确保海绵城市建设理念真正落实到各行业的建设管理中。

（4）强化项目全过程管控体系

落实新改扩建项目、城市维护项目、住宅修缮工程的全过程管控流程，建立完善相关领域海绵设施运行维护管理标准和管理制度。建设全市海绵城市建设信息管理平台，实现海绵城市建设智慧管控。

（5）社会各方共建体系

加强政府引导、广泛宣传，鼓励全社会共同参与。依托网站、新媒体、微信公众号等平台，宣传海绵城市建设理念，增进社会各方对海绵城市建设的理解，让海绵城市建设理念深入人心。

2. 注重系统理念，强化系统推进

（1）统筹大、中、小海绵建设

海绵城市建设是一个雨水综合管理体系，是通过大中小海绵协同运作、系统运行的。"大海绵"是指山、水、林、田、湖生态格局要素，与城市规划建设紧密关联。"中海绵"是指建成区内排水管网、调蓄池、生态滤池、泵站等，传统雨水管渠系统将溢流的雨水外排至河道等自然水体，保证设计场地安全。"小海绵"是指源头控制，是城市中的小海绵体，如绿色屋顶、下沉式绿地、雨水花园、植被草沟等。促进雨水下渗，维持水的生态系统及其循环。

（2）注重海绵整体格局

生态系统的保护和恢复是海绵城市建设的重要途径。一是对城市原有生态系统的保护，最大限度地保护原有的河流、湖泊、湿地、坑塘、沟渠等水生态敏感区，留有足够涵养水源、应对较大强度降雨的林地、草地、湖泊、湿地，维持城市开发前的自然水文特征，这是海绵城市建设的基本要求；二是生态恢复和修复，对传统粗放式城市建设模式下已经受到破坏的水体和其他自然环境，运用生态的手段进行恢复和修复，并维持一定比例的生态空间。

（3）海绵系统方案

根据海绵城市建设目标和具体指标，按照源头减排、过程控制、系统治理的思路，从保护城市水生态、改善城市水环境、保障城市水安全、提升水资源承载能力等方面提出实施方案。

（4）海绵系统实施策略

根据对上海市的排水情况、水系及水环境情况的分析，上海市水问题综合治理主要以提高城市应对灾害性气候的排水能力、改善水环境质量、恢复水生态系统为基本目标，以提升水景观价值、为市民提供更多的亲水空间为增值目标。为实现此目标，需基于海绵城市理念，构建生态型绿色基础设施和传统灰色基础设施相结合的设施体系，并制定"源头—过程—末端"系统整体化治水策略。

（5）坚持因地制宜，分类推进实施

根据新建地区、城市更新地区、生态保护和修复区、城市公园和绿地以及乡村建设等各个方面特点，因地制宜落实海绵城市建设理念。

3. 推进系统治理，统筹"六水"建设

水生态方面，一是保护生态格局，二是按既定的蓝线绿线落实，三是落实年径流总量控制率；水环境方面，一是控源截污，二是内源治理，三是生态修复，四是活水保质，五是长治久清；水安全方面，一是源头减排系统，二是排水管渠系统，三是排涝除险系统，四是应急管理系统；水资源方面，提高雨水收集利用水平，提高再生水、雨水的就地利用水平；水科技方面，大力发展智慧水务，鼓励新科技和新产业发展；水文化方面，呼应黄浦江、苏州河综合开发，市区突出亲水和文化，郊区突出自然和生态，打造集景观、休闲、游览等多功能十一体的景观水系。

4. 注重高质量建设，推进四类建设项目

（1）公园与绿地

公园与绿地及周边区域径流雨水应通过有组织的汇流与转输，经截污等预处理后引入城市绿地内的以雨水渗透、储存、调节等为主要功能的海绵设施，消纳自身及周边区域径流雨水，并衔接区域内的雨水管渠系统和超设计降雨雨水径流排放系统，提高区域内涝防治能力。海绵设施的选择应因地制宜、经济有效、方便易行，如湿地公园和有景观水体的城市公园绿地宜设计雨水湿地、湿塘等。公园与绿地系统应满足如下要求：1）新建项目中，下凹式绿地率≥10%、绿色屋顶率≥50%、透水铺装率≥50%，2）改建项目中，下凹式绿地率≥7%、绿色屋顶率≥50%、透水铺装率≥30%。

（2）道路与广场

道路与广场作为线性用地，海绵城市建设过程中重点要利用人行道透水、中间绿化隔离带、红线内绿地，解决自身雨水问题。道路与广场以系统应满足如下要求：1）新建项目中，道路绿地率≥15%、人行道透水铺装率≥50%、广场透水铺装率≥70%；2）改建项目中，人行道透水铺装率≥30%、广场透水铺装率≥50%。

（3）建筑与小区

新建建筑与小区的海绵城市建设设计应以目标为导向，实现年径流总量控制目标。既有建筑与小区的海绵改造应以问题为导向，解决内涝积水、雨水收集利用、雨污混接等问题。集中开发区、片区海绵化改造、城市双修和老旧小区改造的海绵城市建设设计应进行片区海绵建设方案设计，细化海绵指标分配和设施布局，达到科学合理的目的。历史文化街区应以保护文物和历史风貌为前提，主要解决内涝积水、雨污混接、水体黑臭等问题，不宜设置控制指标。老旧小

区改造应以解决涝、污染等问题为主，经可达性分析制定其他海绵指标。建筑与小区系统应满足如下要求：1）新建项目中，集中绿地率≥10%、公建绿色屋顶率≥30%、住宅和公建透水铺装率≥70%；2）改建项目中，公建绿色屋顶率≥30%、公建透水铺装率≥70%。

（4）河道与水务

河道水系应在满足防洪排涝功能要求的基础上开展海绵城市建设。优先保护区域内原有城市水系自然生态，尊重自然本底，提升城市水系在雨洪调蓄、雨水净化、生物多样性等方面的功能，促进生态良性循环。河湖水系设计应统筹防洪排涝、生态、景观等功能需求。在枯水期应保证河流水系的基本生态水量；在汛期应保障标准内洪涝水的安全排泄。落实"蓝绿结合"的规划设计理念，要充分利用"绿化系统+河道水系"空间，通过增加生物滞留设施，增加道路与路边绿地、公园及水系的连接等措施，构建排水系统与江、河的联动。

5. 聚焦重点区域，构建"1+6+5+16"格局

"十四五"期间，建成区40%的区域达到海绵城市建设要求。推进"1+6+5+16"海绵城市建设格局，即推进1个临港国家海绵试点区，推进虹桥商务区、长三角一体化示范区、虹口北外滩地区、黄浦江和苏州河两岸地区、普陀桃浦科技智慧城、宝山南大和吴淞创新城6个市重点功能建设地区，南汇新城、嘉定新城、松江新城、奉贤新城、青浦新城5大新城和16区海绵城市建设。统筹推进建筑小区、公园绿地、道路广场、水务系统等各类海绵建设项目。新建区应以目标为导向，老城区应以问题为导向。

6. 加强科技支撑，推进智慧海绵和产业化发展

（1）推进智慧海绵城市建设

对接全市"一网统管"平台，建设开发海绵城市建设平台。海绵管控平台从在线监测、项目管理、运维管理、绩效考核、决策支持、公众服务6个方面开展建设。一是在线监测。对区内河湖水系、管网关键节点、重点排口、项目地块及重点海绵设施等进行实时动态监测，实现自动预警动态监管。二是项目管理。对海绵工程项目基本信息、项目改造前情况、项目设计及工程资料、项目监测信息的录入、审批以及档案进行管理，从而掌控项目建设进度，监管项目的建设质量。三是运维管理。海绵城市设施及监测设备巡检、养护、维修等一系列工作的信息化流程管理。四是绩效考核。结合住房和城乡建设部海绵试点城市绩效考核要求，实现海绵考核的自评与自动汇总计算。五是决策支持。基于对水安全、水环境的全天候动态监测及平台内涝积水模型、水质预测模型，进行预警预报和应

急指挥调度，以便应对风险。六是公众服务。向公众提供水情反馈、海绵城市信息互动等等，宣传海绵城市增强社会公众对海绵城市建设的参与度。

（2）推进海绵产业化发展

加大海绵基础设施建设，搭建海绵产业体系，有利于推动绿色发展和高质量发展，促进新时代城市现代化建设。大力发展海绵城市新产品新技术。围绕"渗、滞、蓄、净、用、排"，发展相关技术和产品。充分利用现有传统建材行业产能进行优化升级和创新创造，促进企业转型和产业结构优化；提升现有产品性能，满足现代城市对功能性材料、产品不断提高的要求，实现产品的高性能化、差异化和多样化；充分利用建材行业在协同处置固体废弃物方面的优势，发展"利废型"海绵建材产品。建立海绵城市技术与产品目录，为海绵城市建设提供技术支撑，开展"海绵城市建设先进适用技术与产品"征集和评审，形成一批符合上海实际特点的海绵城市建设适用技术与产品目录。

（3）推进海绵绿色产业发展行动

引导传统产业进行技术和产品优化升级，加大科技投入，生产差异化、高附加值海绵产业产品。海绵建材及装备企业应加强资金的投入以补齐环保设施，加快技术创新以完善生产工艺技术条件，力争企业生产达到废气、废水和废渣的零排放标准。鼓励有条件的海绵建材企业在利用工业固体废弃物生产"利废"型海绵建材产品方面有所作为。重点提高建筑垃圾等工业固体废弃物在海绵建材中的大规模消纳利用，促进海绵建材企业的绿色转型发展。

10.2 ▸ 临港新片区海绵城市建设"十四五"规划

2019年8月，经党中央、国务院批准，在上海大治河以南、浦东机场南侧区域设置中国（上海）自由贸易试验区临港新片区，按照"总体规划、分步实施"原则，先行启动南汇新城、临港装备产业区、小洋山岛、浦东机场南侧等区域。设立新片区是以习近平同志为核心的党中央总揽全局、科学决策做出的进一步扩大开放的重大战略部署，是新时代彰显我国坚持全方位开放鲜明态度、主动引领经济全球化健康发展的重要举措。国务院印发的《中国（上海）自由贸易试验区临港新片区总体方案》要求，将临港新片区打造成为更具国际市场影响力和竞争力的特殊经济功能区，以及开放创新、智慧生态、产城融合、宜业宜居的现代化新城。

站在新的历史起点上，作为生态文明建设的重要抓手和重点内容，临港新片区的海绵城市建设正式从试点探索走向了系统化全域推进的新征程。2019年12月,《中国(上海)自由贸易试点区临港新片区管理委员会关于持续推进海绵城市建设的指导意见》发布,立足临港新片区打造特殊经济功能区以及建设现代化新城的需要,深入贯彻落实习近平生态文明思想和"人民城市人民建、人民城市为人民"的城市发展理念,在新片区全面落实海绵城市建设,把海绵城市建设理念作为指导城市空间规划布局、加强城市开发建设整体衔接、促进城市精细化管理水平提升的重要手段,保护自然生态本底,降低积水内涝风险,改善区域水体质量,提升城市生活品质。

10.2.1　发展趋势

党的十八大以来,习近平总书记为核心的党中央高度重视生态文明建设。依赖土地、环境等资源粗放式消耗的发展模式已不可持续;探索海绵城市等新型城市发展方式,提升城市品质,推动可持续发展已成为共识。

海绵城市是针对我国近年来水灾害频现、水环境污染、水资源短缺等突出问题,由国家层面创新提出的战略解决方案,是习近平生态文明思想的重要理论成果,近年来在包括上海临港在内的全国多地进行了广泛、深入的探索和实践。海绵城市正在引领城镇雨水排水理念产生根本性变革,成为我国生态文明建设的主要内容和重点任务。我国的海绵城市建设在经历前一时期的试点探索后,正逐步走向全域推进的新阶段。

1. 城镇雨水排水理念对源头减排和系统治理的重视程度不断提升

传统的城镇雨水排水系统主要由排水管渠、泵站等灰色设施构成,排水系统的设计和建设以径流雨水的快速收集和排放为主要目标,随着城市的快速发展,排水系统负荷愈来愈大,积水内涝现象频繁发生。近年来,雨水排水理念正在逐步转变,在《上海市排水与污水处理条例(2019)》《上海市城镇雨水排水规划(2020-2035年)》《室外排水设计标准》GB 50014—2021等新出台的排水相关法规、规划、政策文件和技术标准中,更加注重源头减排的作用,通过大量分散的绿色源头减排设施促进雨水的自然积存、自然渗透和自然净化,加强雨水资源化利用,控制外排水量和峰值流量。

在城镇雨水排水系统规划建设和运行管理中更加强调"绿、灰、蓝、管"多措并举,转变原来单纯依赖管渠系统排水的理念,推进"绿色源头削峰、灰色过程蓄排、蓝色末端消纳、管理提质增效",通过系统治理方式实现对雨水的科学管控。"绿"是指在源头建设的雨水蓄滞削峰设施,具有生态、低碳等特征；"灰"指市政排水设施，包括管网、泵站以及大型调蓄设施等；"蓝"指增加河湖面积、打通断头河、底泥疏浚、控制河道水位、提高排涝泵站能力等措施；"管"指加强管网检测、修复、完善、长效养护等精细化措施，以及智慧化管理措施。

上述转变与海绵城市建设理念的落实高度契合。

2. 海绵城市建设逐渐成为生态文明建设的重要内容和重点任务

以习近平总书记为核心的党中央高度重视生态文明建设工作，"绿水青山就是金山银山"理念已经成为全党全社会的共识和行动，成为新发展理念的重要组成部分。海绵城市建设注重对"山水林田湖草"自然系统的保护与修复，着力提升城市地面蓄水、渗水、涵养水源能力，减少城市开发建设对自然水文循环的干扰，是习近平生态文明思想的重要理论成果，自提出以来展现出了蓬勃的生命力，成为各地开展生态文明建设的重点内容和抓手，在河北雄安新区、长三角一体化示范区、长江大保护等重大国家战略的规划、实施中都得到高度重视和积极运用。

3. 海绵城市建设从试点探索逐步走向全域推进

2013年习近平总书记在中央城镇化工作会议的讲话中提出要建设"海绵城市"。2014年根据习近平总书记讲话精神和中央经济工作会要求，财政部、住房和城乡建设部、水利部决定开展中央财政支持海绵城市建设试点工作，目前已顺利完成两批次共30个城市的海绵城市试点建设，在体制机制、技术标准等方面积累了丰富的经验。2015年10月，国务院办公厅印发《关于推进海绵城市建设的指导意见》，明确了总体工作目标：到2020年，城市建成区20%以上的面积达到海绵城市建设要求；到2030年，城市建成区80%以上的面积达到海绵城市建设要求。2017年3月，国务院总理李克强在政府工作报告中提出，"推进海绵城市建设，使城市既有'面子'、更有'里子'"，标志着海绵城市建设从试点探索开始走向全面推广的新阶段。目前，全国各省市绝大部分已完成海绵城市相关规划计划的编制，全域推进海绵城市建设势在必行。

10.2.2　问题和挑战

1. 工程建设项目海绵城市管控体系复杂，各类项目建设标准"一刀切"，适应性有待加强

试点期间，海绵城市建设处于试点探索阶段，海绵管控范围主要集中在试点

区，因时间紧、任务重，为在规定时间内完成试点目标要求，对各类建设项目一刀切地提出了较高的指标要求，同时在项目各个审批环节都进行了较为严格的管控，环节多、流程复杂。

临港新片区成立后，管委会机构设置进行了大规模调整，大力推进工程建设项目审批体制改革，着力优化营商环境，迅速加快招商引资步伐，全力促进产业和投资发展，成为上海投资和贸易发展新的增长极。在新形势下，原有的海绵城市管控体系已经不能满足要求，不利于海绵城市建设的全域推进和长效常态化管理，亟需进行调整优化。同时，滴水湖核心片区、先进智造片区、综合产业片区、新兴产业片区等不同片区，在现状条件、发展定位及发展重点上均有明显不同，住宅小区、工业厂房、市政道路、公园绿地、河湖水系等不同类型项目，在规划条件、建设内容和需求上也各不相同，采用"一刀切"建设标准和管控指标可能挫伤社会投资主体建设的积极性，增加公共财政负担，应进一步提高针对性和适应性，更好地把握各区域、各类型项目的雨水管理目标要求。

2. 海绵城市建设的系统性较弱，与其他涉水相关工作的衔接度不高，海绵城市建设成效难以保证

海绵城市在本质上是一种先进的城市雨洪管理理念，通过加强城市规划建设管理，充分发挥建筑、道路、绿地和水系等生态系统对雨水的吸纳、蓄渗和缓释作用，有效控制雨水径流，实现自然积存、自然渗透、自然净化。因此，海绵城市建设需要以建筑、道路、绿地和水系系统的建设为依托。试点期间，为实现"小雨不积水、大雨不内涝、水体不黑臭、热岛有缓解"的建设目标，强力整合房建、市政、绿化、水务等行业建设工作，包括实施计划、项目推进、工程验收等等。但是上述各个行业建设和管理工作繁杂、庞大，且始终在动态地发展变化，进入常态化推进阶段后，海绵城市建设和管理工作的内容和方式需重新界定，并与相关行业做好衔接，既不能"包打天下"，也不能"各管各家"。

目前海绵城市建设客观上存在破碎化建设的现象，工程项目红线内外之间、开发地块与相邻地块之间以"雨水"为纽带的衔接尚有欠缺，虽然各个项目都落实了具体的海绵城市指标要求，但区域整体能否如期实现水生态、水环境、水安全和水资源方面的海绵城市建设目标，尚缺乏系统统筹，成效难以保证。

3. 社会资本投入积极性不高，海绵城市建设和运营的可持续性有待提升

海绵城市建设有利于保持新片区健康自然的水文循环，提升排水防涝综合能力，提高自然和人居环境质量，具有很高的生态和社会价值。试点期间，海绵城市建设主要集中在道路、水系、公共绿地等基础设施建设方面，由政府财力资金

予以保障。未来随着新片区产业和城市的快速发展，社会资本将成为海绵城市建设的投资主体。海绵城市设施建成后，需要持续不断的管理和维护，方能正常发挥作用。目前，在海绵城市建设和运营方面，尚缺乏有效的激励机制和监管机制，社会资本参与海绵城市建设的积极性和主动性不足，难以保证海绵设施的高标准建设以及设施建成后长期运行，发挥作用。

"十四五"是临港新片区建设的关键期，也是全面推进落实海绵城市建设理念的关键期。根据《上海市海绵城市建设"十四五"规划》和其他相关规划要求，临港新片区管委会组织开展了《临港新片区海绵城市建设"十四五"规划》编制工作，总结经验，补足短板，谋划未来，将海绵城市建设全面纳入生态城市建设总体框架，全方位予以落实，打造更高水平、更高品质的海绵城市。可以预见，通过海绵城市的建设，必将使新片区更加安全、生态、宜居。

10.2.3　发展目标

立足临港新片区自然本底特征和城市发展方向，坚持习近平生态文明理念，全域推进海绵城市建设。到2025年，基本实现"城市生态圈""城市生产圈"和"城市生活圈"的"三圈"融合，总体达到"5年一遇不积水、100年一遇不内涝"的排水防涝要求，城市水生态和水环境状况明显提升，水清岸绿、水城交融、人水和谐的宜居城市初步建成。

（1）统筹空间、规模、产业三大结构

在源头科学编制海绵城市建设规划的基础上，以地块年径流总量控制、竖向管控为抓手，实现城市空间、规模、产业三大结构的统筹，提高海绵城市建设工作的全局性。

（2）统筹生产、生活、生态三大布局

通过海绵基础设施建设与改造、河湖水面绿林湿地等天然海绵体保护与修复，锚固城市生态基底，进一步促进生产、生活、生态空间的统筹布局，提高城市发展的宜居性。

（3）统筹规划、建设、管理三大环节

从部门化、条块化的建设方式转向多部门全过程联合互动的方式，统筹海绵城市规划、建设、管理三大环节，提高海绵城市建设工作的系统性。

（4）统筹政府、社会、市民三大主体

加强建设模式创新，尽最大可能推动政府、社会、市民在海绵城市建设方面的同心同向行动，统筹海绵城市建设的政府、社会、市民三大主体，提高各方推动海绵城市建设的积极性。

10.2.4 主要目标

临港新片区"十四五"期间海绵城市建设具体指标见表10-2。

临港新片区海绵城市建设"十四五"具体指标　　表10-2

类别	序号	指标名称	指标类型	属性	2025年规划值
综合型	1	年径流总量控制率	区域指标	预期性	80%（滴水湖核心片区）
	2	海绵城市建设达标面积占比	区域指标	约束性	45%
水安全	3	雨水系统设计重现期	建设标准	预期性	新建区域5年一遇，其他区域逐步提升
	4	区域除涝	建设标准	预期性	新建区域20年一遇，其他区域逐步提升
	5	内涝防治设计重现期	建设标准	预期性	新建区域100年一遇，其他区域逐步提升
	6	防洪标准	建设标准	预期性	主海塘200年一遇高潮位加12级风正面袭击
	7	河湖水面率	区域指标	约束性	10.2%
水环境	8	主要河流水功能区达标率	区域指标	约束性	100%
	9	年径流污染控制率（SS削减率）	区域指标	预期性	55%（滴水湖核心片区）
水生态	10	河湖水系生态岸线比例	区域指标	预期性	70%（滴水湖核心片区）
水资源	11	雨水资源利用率	区域指标	预期性	2%（滴水湖核心片区）

10.2.5 主要任务

1. 构建海绵城市长效管理机制

在试点期探索建立的工程建设项目海绵城市管控机制上进行查漏补缺、简化优化，构建新的海绵城市长效管理机制，适应临港新片区快速发展的新形势和全面落实海绵城市理念的新要求，明确各单位、各部门管理职责，细化各环节管控流程，着力形成分工明确、相互配合、齐抓共管的良好局面。

（1）形成闭环管理。在工程建设项目审批和监管流程中，按照"+海绵"方式，将海绵城市建设要求落实到土地出让（或划拨）、工程建设项目前期设计审批、施工图审查、竣工验收等全过程，实现闭环管理。

（2）实施精准管控。识别关键阶段，优化简化管控流程，减少实质性审查环节，实施精准管控。根据各类项目不同特点，选择工程可行性研究、方案设计、初步设计中的一个环节开展海绵城市设计的实质性审查，其他阶段以明确建设指标要求、确保海绵城市设计和管理的延续性为主要目标。

（3）允许容缺后补。对重大工程项目的海绵设计施行告知承诺、容缺后补的审批（审查）方式，明确操作口径，建立海绵城市容缺后补项目库，有针对性地加强前期服务和事中事后监管，确保海绵城市建设要求落实到位。

（4）保障长效运维。明确各类海绵设施建成后的监管部门、运维主体和运维资金来源，综合运用智慧监测、成效评估、抽查巡查等多种方式，确保海绵设施建成后得到有效维护，海绵城市建设效果长效发挥。加强试点期已建成海绵设施的管理维护，对老小区海绵改造项目运维提供资金保障。

（5）促进良性竞争。定期开展海绵城市设计、施工质量评估，加强优秀项目的示范引领作用，建立劣质工程警示约谈制度。加大知识产权保护力度，倡导优质优价，促进海绵城市设计和建设质量提升。

（6）开展机制创新。借鉴国内外经验，积极研究探索雨水排放收费机制、海绵城市设施建设运营投资补贴机制等，适时开展试点，进一步提高社会资本参与海绵城市建设和运维的积极性和主动性。

2. 完善海绵城市建设标准体系

（1）完善海绵城市建设规划体系

按照《临港新片区国土空间总体规划》确定的总体目标要求，尽快启动《临港新片区海绵城市专项规划》（规划范围873km^2）编制工作，衔接排水、水利、绿地、交通等其他相关专项规划，提出新片区海绵城市建设的目标、指标和实施策略，确定生态空间格局、生态敏感区域和海绵建设重点方向，合理划分管控区域，将年径流总量控制率、年径流污染控制率等核心指标进行分解落实，为新片区海绵城市建设提供规划和指导依据。

在单元规划、控详规划编制、修编中融入海绵城市建设理念，重点加强城市地面标高竖向管控和上下游衔接，结合项目类型、下垫面布置、容积率和绿化率等指标要求，分解落实海绵城市专项规划确定的控制指标。

（2）优化工程建设项目指标体系

针对不同区域、不同类型项目，结合区域和项目实际特点，以及雨水管理目标要求，制定与之相适应的、更具特色的海绵城市建设指标体系，施行"分级分类分片"管理。

居住用地以源头减排为主要目标，可选取年径流总量控制率、年径流污染控制率作为主要控制指标。公共服务（公建）用地适宜结合绿色建筑设计开展雨水资源化利用，适宜采用绿色屋顶及透水铺装材料，除年径流总量控制率、年径流污染控制率外，可增加雨水资源化利用率、综合径流系数控制要求。工业仓储用地硬质铺装占比高、绿化率低，源头减排指标宜适当降低，雨水管控以面源污染控制为主要目标，可选用初雨收集处理率、雨水资源化利用率作为主要控制指标要求。绿地除控制自身范围内径流雨水外，还需根据实际情况尽量协助消纳周边地块和道路径流雨水。

总结临港海绵城市设计和建设经验，对各类项目海绵设计提出设计指引。在技术措施选用上，倡导优先采用绿色生态海绵设施。居住、公建、工业仓储及绿地内设置的活动广场或人行通道建议优先采用透水铺装材料。集中绿地浇灌、景观水体补水建议优先采用雨水资源化利用措施。市政道路项目中透水铺装材料的应用要充分考虑人行需求，人员稀少（或近期开发强度较低）的区域限制大规模使用；机非分隔绿化带宽度较窄时不建议布设生物滞留设施。

（3）对不同片区的海绵城市建设标准施行差异化管理

在滴水湖核心片区继续保持相对较高的海绵城市建设指标要求，维持国家海绵城市试点成效不降低，打造高品质海绵城市示范区。其他片区根据海绵城市专项规划要求，针对区域实际特点和雨水管理目标要求，因地制宜落实海绵城市建设理念。

3. 分区推进新片区海绵城市建设

根据《临港新片区国土空间总体规划》确定的片区划分和各片区的功能定位、发展方向，按照"分区推进"的思路，提出各分区海绵城市建设的总体思路和建设重点，全面落实海绵城市建设理念。

（1）滴水湖核心片区

以滴水湖水质和水安全保障为核心目标，结合海绵公园、街头绿地等绿色基础设施以及生态水系建设，形成源头拼嵌与系统集成相融合的治理体系，建设高品质海绵城市示范区。

在水安全保障的大前提下，通过片区外引清调度，片区内源头地块、过程管道、末端河道层层净化，结合滴水湖生态修复、赤风港生态园生态补水系统提升，实现滴水湖核心片区近期Ⅳ类、远期Ⅲ类水质目标。

保持试点期系统建设成效，以滴水湖核心片区水生态修复、水环境提升和人居环境的高品质建设需求为着力点，以初期雨水污染控制为突破点，打造高品质海绵城市示范区。示范区内各类建设项目采用相对较高的管控指标要求，积极倡导新技术、新产品的示范应用，打造种类丰富多样的精品示范项目，促进海绵城市建设理念和技术的宣传、展示、交流、推广。

（2）先进智造片区

结合区域内硬化铺装面积占比大的特征，以中水回用、初雨径流控制、雨水收集回用为重点，建设绿色生态的海绵产业区。

结合该片区特殊综合保税区、重装备产业园区和临港奉贤园区三大功能分区，从两方面推进径流雨水源头控制：一是推进污染物源头减排，结合实际合理设置园区污水处理站集中处理后，在产业园区内推进中水回用，减轻市政管网压力；二是减少雨水径流外排峰值流量，对产业区内雨水径流方向进行管控，有序排放，同时对大屋面雨水进行收集处理后回用。农展村、五四村以及沪芦高速、南芦公路沿线以北区域为主的自然村落，在农村生活污水截污纳管的基础上，结合清洁小流域建设落实面源污染控制，注重引导居民的生活习惯改善。依托各级生态廊道，建设垂海渗透的生态空间格局。

（3）综合产业片区

低影响开发与生态修复并重，产业区注重清洁生产和初雨径流污染控制，沿海片注重水土保持和水质净化，为滴水湖片区引清创造有利条件。

围绕打造环境宜人、充满持续活力的"科创森林"的目标，北部、西部和东部三个科创、居住融合的功能分区从源头、过程、系统三方面全过程落实海绵城市规划管控指标。在打造规模化农业的基础上，注重农业面源污染控制，塑造产业与生态相融合的滨海绿洲。

（4）新兴产业片区

以产业和人口聚集区源头管控和农业面源污染治理为重点，将海绵城市建设与水网、农林等生态空间保护修复相结合，建设生态涵养城区。

建设滨水林带、生态廊道，按规构建片区蓝绿空间网络骨架。结合书院、万祥功能分区北侧现状工业用地转型升级，系统规划区域海绵城市建设，因地制宜选用海绵设施，注重与区域功能定位结合。农业区注重面源污染控制，助力打造新江南田园风貌。在农村生活污水截污纳管的基础上，结合清洁小流域建设落实面源污染控制，注重引导居民的生活习惯改善。

4. 加强雨洪设施建设和管理统筹

通过系统方案指引、区域指标统筹和项目建设统筹等多种方式，以雨水为纽带，把海绵城市建设理念作为指导城市空间规划布局、加强城市开发建设整体衔接、促进城市精细化管理水平提升的重要手段。

（1）加强海绵城市建设系统方案指引

重点建设区域编制海绵城市建设系统方案，围绕水生态修复、水环境提升、水安全保障和水资源利用等方面海绵城市建设目标和存在问题，结合房建工程、市政道路工程、绿化工程、水利工程近期建设计划，统筹低影响开发设施、排水管道、泵站、河道水系、湿塘、湿地等雨洪设施建设，加强涉水基础设施建设的系统性。

　　1）修复区域水生态系统。从加强自然水体保护、促进生态岸线建设、加强水土流失治理等三方面开展。水体、岸线和滨水区应作为整体进行保护；河湖水系蓝线范围内不得非法占用、填埋，保持水体的连通性和完整性。以现代生活为核心的城市片区的河道，建设人行可达的亲水岸线，为市民提供更多滨水休闲活动空间；穿越农田、林带、水产养殖等区域的河道，岸线设计考虑过滤净化功能的措施；市级及区级生态廊道周边河道，建设水绿林湿一体的生态岸线。

　　2）改善区域水环境质量。一是构建滴水湖引清净化系统。利用东引河建设滴水湖引清通道，在蓝云港和二环带城市公园形成两层净化空间。将赤风港生态公园打造成滴水湖的留清空间，为滴水湖及周边河道提供优质生态补水。二是加强初期雨水收集处理。初期雨水收集处理以生态治理为先，结合年径流污染控制率的实现，建设绿色排水基础设施，进行源头削减。已建强排地区，可结合强排泵站对初期雨水进行截流调蓄。

　　3）提升区域排水除涝能力。一是加强地面标高竖向管控，改善排水压差条件，降低局部内涝风险。二是源头削减径流量、完善雨水排水系统、完成骨干河网联通、挖掘岸上调蓄空间、构建地表行泄通道，建设内涝防治系统工程设施。三是结合海绵城市智慧管控平台，建立完善排水防涝综合信息管理平台，实现智慧化引排水调度。

　　4）促进雨水资源化利用。提高公共设施用地、工业仓储用地、公共绿地用水中的雨水替代率，将雨水回用在景观用水、绿化浇灌、道路冲洗等方面。开展节水减排宣传，提高水资源利用效率，积极有效地开展节水型社会建设工作。

　　（2）推进海绵城市指标区域统筹

　　加强海绵城市建设的区域统筹，对105社区、顶科社区等整体开发（或改建）区域，鼓励建设主体根据上位规划要求，结合本区域实际情况，编制本区域海绵城市建设整体方案，允许海绵城市建设指标在区域内部进行调整、平衡。

　　（3）加强工程项目设计和建设统筹

　　加强建设项目红线内外海绵城市建设统筹，特别是对于硬化比例较高的市政道路和广场类项目，在不影响周边绿地自身功能的前提下，充分发挥绿地消纳净化雨水的生态服务功能。

5. 促进海绵理念推广和成效评估

（1）加强海绵城市理念宣传推广

　　继续保持临港海绵城市展示中心免费对外开放，依托稳定、专业的运营团队持续开展海绵进校园、海绵进社区、周末小课堂等科普教育活动。有计划地举办海绵城市专业宣贯和技术交流活动，促进海绵城市设计、建设和管理水平提升。

充分利用传统媒体、网络媒体、公众号，对海绵城市建设情况和建设成效进行深度报道。

（2）推进海绵城市建设共治共享

通过网络平台，打破信息壁垒，建立海绵城市建设问题、需求、成效收集反馈机制，特别是动态掌握地面积水点、水体问题点等信息，以便在后续相关工程项目中予以整改落实，充分依托广大市民群众开展海绵城市建设，提高市民群众在海绵城市创建中的参与度和满意度。

（3）完善海绵城市建设智慧管控

加强已建海绵城市监测设施管理维护，结合环境保护、水务管理等方面需求，从水质预警、内涝预警、防汛调度等方面完善海绵城市智慧管控平台功能，提高财政资金使用效益。随着新片区开发建设和海绵城市里面的全面推广，拓展平台外接检测设备覆盖范围，为远期雨水排水收费机制的实施创造条件。

（4）促进海绵城市建设成效评估

对照海绵城市建设目标要求，每年度对新片区海绵城市建设情况进行达标评估；结合海绵城市智慧管控平台，对建设项目海绵城市建设成效进行跟踪评估，建立问题整改机制。

参考文献

[1] 戚仁海. 生境破碎化对城市化地区生物多样性影响的研究[D]. 上海：华东师范大学，2008.

[2] 上海市规划和自然资源局，上海市水务局，上海市城市规划设计研究院. 上海市河道规划设计导则[M]. 上海：同济大学出版社，2019.

[3] 上海市水务局. 2020年上海市河道（湖泊）报告[R]. 2020.

[4] 上海市规划和国土资源管理局. 2017年上海市地质环境公报[R]. 2017.

[5] 吕永鹏，张格，莫祖澜等. 再谈平原河网地区汇水分区划分[J]. 给水排水，2019，55（9）：55–59.

[6] 顾晓鹏. 我国低影响开发存在的问题及对策研究[J]. 城市道桥与防洪，2015，（10）：153–156，164.

[7] 廖朝轩，高爱国，黄恩浩. 国外雨水管理对我国海绵城市建设的启示[J]. 水资源保护，2016，32（1）：42–45.

[8] 谢映霞. 中国的海绵城市建设：整体思路与政策建议[J]. 人民论坛·学术前沿，2016（21）：29–37.

[9] 张辰，陈涛，吕永鹏等. 海绵城市建设的规划管控体系研究[J]. 城乡规划，2019，（2）：7–17，48.

[10] 张辰，吕永鹏，邓婧等. 上海市系统化全域推进海绵城市建设体系与技术研究[J]. 环境工程，2020，38（4）：5–9，107.

[11] 肖娅，徐骅. 澳大利亚水敏城市设计工作框架内容及其启示[J]. 规划师，2019，（6）：78–984.

[12] 李敏，姜涛，胡作佳等. 城市绿色基础设施总体规划编制内容研究——以美国纳什维尔都会区为例[J]. 农业与技术. 2020，40（21）：168–171.

[13] 姜丽宁，应君，徐俊涛. 基于绿色基础设施理论的城市雨洪管理研究——以美国纽约市为例[J]. 中国城市林业，2012，10（6）：59–62.

[14] 丁年，胡爱兵，任心欣. 深圳市低冲击开发模式应用现状及展望[J]. 给水排水. 2012，38（11）：141–144.

[15] 李俊奇，任艳芝，聂爱华等. 海绵城市：跨界规划的思考[J]. 规划师论坛. 2016，32（5）：5–9.

[16] 车生泉. 西方海绵城市建设的理论实践及启示[J]. 人民论坛·学术前沿. 2016,（21）：47-55，65.

[17] 吕永鹏，杨凯，车越等. 面向非点源污染调控的平原河网地区城市集水区划分方法初探[J]. 华东师范大学学报（自然科学版），2012（4）：164-172，189.

[18] 赵剑强. 城市地表径流污染与控制[M]. 北京：中国环境科学出版社，2002：153.

[19] 赵剑强，邱艳华. 公路路面径流水污染与控制技术探讨[J]. 长安大学学报（建筑与环境科学版）. 2004，21（3）：50-53.

[20] 张辰. 上海市海绵城市建设指标体系研究[J]. 给水排水. 2016，42（6）：52-56.

[21] 王盼，陈嫣. 适用于上海的海绵城市建设技术分析[J]. 城市道桥与防洪. 2019.（4）：198-201.

[22] 梁小光，王盼，吕永鹏等. 内河水位对管网系统排水能力的影响模拟[J]. 城市道桥与防洪. 2014，11（11）：11-14.

[23] 莫祖澜，吕永鹏，谢胜等. 河道水位优化在高密度建成区海绵城市建设中的应用[J]. 给水排水. 2016，42（9）：45-49.

[24] 莫祖澜，吕永鹏，尹冠霖等. 涝水分流措施在雨水系统提标改造中的应用[J]. 城市道桥与防洪. 2014，11（11）：15-17，25.

[25] 张梦，李田. 上海市排水系统雨天出流及地表径流沉降特性初探[J]. 环境污染与防治，2007，29（9）：668-670.

[26] 上海港城生态园林有限公司，复旦大学. 滴水湖水系补水平衡下的水质生态控制研究[R]. 2017.

[27] 邓婧，张辰，莫祖澜等. 感潮河网地区水安全保障系统方案[J]. 给水排水，2019，45（9）：50-54.

[28] 张辰，吕永鹏，莫祖澜等. 以TP控制为主导的滴水湖水质保障系统方案探讨[J]. 给水排水，2019，45（9）：46-49，54.

[29] 莫祖澜，马玉，张格等. 基于模型优化的流域监测方案研究[J]. 给水排水，2019，45（9）：60-64.